普通高等教育土建学科专业"十二五"规划教材
高校建筑电气与智能化学科专业指导委员会
规划推荐教材

建筑供配电与照明

上册

王晓丽　主　编
刘　航　孙宇新　副主编
段春丽　主　审

中国建筑工业出版社

图书在版编目(CIP)数据

建筑供配电与照明 上册/王晓丽主编. —北京:中国建筑工业出版社,2013.5

(普通高等教育土建学科专业"十二五"规划教材·高校建筑电气与智能化学科专业指导委员会规划推荐教材)

ISBN 978-7-112-15485-2

Ⅰ.①建… Ⅱ.①王… Ⅲ.①房屋建筑设备-供电系统-高等学校-教材②房屋建筑设备-配电系统-高等学校-教材③房屋建筑设备-电气照明-高等学校-教材 Ⅳ.①TU852②TU113.8

中国版本图书馆 CIP 数据核字(2013)第 114047 号

上册共分 8 章,主要介绍 35kV 及以下工业与民用供配电系统的相关知识,内容包括供配电系统的负荷计算、一次接线、短路电流及其计算、电气设备选择、电能质量、系统保护与供配电系统的自动监控。每章后附有思考题与习题,书后附有习题参考答案,便于学习。

本书以国家颁布的新标准、新规范为依据,从基础着手,以系统构成与设计为主线,合理安排章节,深入浅出,图文并茂,数据全面,便于自学和工程实际用书。

本书不仅可作为本科电气类专业教学用书,也可供从事供配电系统工程及相关工程技术人员参考。

课件网络下载地址:http://www.cabp.com.cn/td/cabp 24082.rar

责任编辑:张 健 王 跃 齐庆梅
责任设计:李志立
责任校对:肖 剑 陈晶晶

普通高等教育土建学科专业"十二五"规划教材
高校建筑电气与智能化学科专业指导委员会规划推荐教材

建筑供配电与照明

上册

王晓丽 主编 刘 航 孙宇新 副主编

段春丽 主审

*

中国建筑工业出版社出版、发行(北京西郊百万庄)

各地新华书店、建筑书店经销

北京科地亚盟排版公司制版

北京市书林印刷有限公司印刷

*

开本:787×1092 毫米 1/16 印张:18 字数:456 千字
2013 年 9 月第一版 2017 年 1 月第三次印刷
定价:**35.00** 元(附网络下载)
ISBN 978-7-112-15485-2
(24082)

教材编审委员会名单

主　任： 方潜生

副主任： 寿大云　任庆昌

委　员：（按姓氏笔画排序）

于军琪　于海鹰　王立光　王　娜　王晓丽　付保川

朱学莉　李界家　杨　宁　杨晓晴　肖　辉　汪小龙

张九根　张桂青　陈志新　范同顺　周玉国　郑晓芳

项新建　胡国文　段春丽　段培永　徐晓宁　徐殿国

黄民德　韩　宁　谢秀颖

序

自 20 世纪 80 年代中期智能建筑概念与技术发端以来，智能建筑蓬勃发展而成为长久热点，其内涵不断创新丰富，外延不断扩展渗透，具有划时代、跨学科等特性，因之引起世界范围教育界与工业界高度瞩目与重点研究。进入 21 世纪，随着我国经济社会快速发展，现代化、信息化、城镇化迅速普及，智能建筑产业不但完成了"量"的积累，更是实现了"质"的飞跃，成为现代建筑业的"龙头"，赋予了节能、绿色、可持续的属性，延伸到建筑结构、建筑材料、建筑能源以及建筑全生命周期的运营服务等方面，更是促进了"绿色建筑"、"智慧城市"中建筑电气与智能化技术日新月异的发展。

坚持"节能降耗、生态环保"的可持续发展之路，是国家推进生态文明建设的重要举措，建筑电气与智能化专业承载着智能建筑人才培养重任，肩负现代建筑业的未来，且直接关乎建筑"节能环保"目标的实现，其重要性愈来愈加突出！2012 年 9 月，建筑电气与智能化专业正式列入教育部《普通高等学校本科专业目录（2012 年）》（代码：081004），这是一件具有"里程碑"意义的事情，既是十几年来专业建设的成果，又预示着专业发展的新阶段。

全国高等学校建筑电气与智能化学科专业指导委员会历来重视教材在人才培养中的基础性作用，下大气力紧抓教材建设，已取得了可喜成绩。为促进建筑电气与智能化专业的建设和发展，根据住房和城乡建设部《关于申报普通高等教育土建学科专业"十二五"部级规划教材的通知》（建人专函 [2010] 53 号）要求，委员会依据专业规范，组织有关专家集思广益，确定编写建筑电气与智能化专业 12 本"十二五"规划教材，以适应和满足建筑电气与智能化专业教学和人才培养需要。望各位编者认真组织、出精品，不断夯实专业教材体系，为培养专业基础扎实、实践能力强、具有创新精神的高素质人才而不断努力。同时真诚希望使用本规划教材的广大读者多提宝贵意见，以便不断完善与优化教材内容。

全国高等学校建筑电气与智能化学科专业指导委员会

主任委员 方潜生

前　　言

本书是普通高等教育土建学科专业"十二五"规划教材，由高等学校建筑电气与智能化专业指导委员会组织编写。本书不仅可作为本科电气类专业教学用书，也可供从事供配电系统工程及相关工程技术人员参考。

上册共分八章，教材内容可根据不同专业要求和学时要求进行取舍。书中首先概括了工业及民用建筑供配电系统及供配电系统的设计思路与方法，然后全面系统地介绍了工业与民用建筑供配电系统的构成与保护、计算方法、设备选择与校验、电能质量、供配电系统的自动监控等基本知识和方法。本书的特点是内容结构以供配电系统构成与设计为主线进行编排，并依据国家颁布的新标准与新规范，讲解详细，深入浅出，图文并茂，数据全面，实用性强。由于近年来有关建筑电气和供配电系统国家标准、规范以及行业规范更新的较多，因此本书突出新标准、新规范、新技术、新产品的应用。为了便于学生理解所学内容，每章后都附有思考题和习题，并附有参考答案。

本书是在查阅大量相关书籍和资料的基础上，结合编写组成员多年的教学经验与工程实践经验编写而成。在此向所有参考文献的作者致以衷心的感谢。本书的出版得到中国建筑工业出版社的关心和重视，谨此感谢。

本书由吉林建筑大学王晓丽任主编，负责全书的构思、编写组织和统稿工作，并编写第1、2、3章；第6、8章由吉林建筑大学刘航编写；第5、7章由江苏大学孙宇新编写，第4章由上海师范大学沈明元编写；主审工作由长春工程学院段春丽高级工程师担任，并对教材的内容提出了许多宝贵意见，在此表示真诚的感谢！

由于作者水平有限，编写时间仓促，书中难免出现纰漏与不妥之处，恳请各位同行、专家和广大读者指正，并将意见和建议寄往吉林建筑大学，以便再版时修正。

目　　录

第1章 绪 论

供配电系统是工业与民用建筑领域的重要组成部分，是关系到工业与民用建筑内部系统能否安全、可靠、经济运行的重要保证，也是提高人们工作质量与效率的保障。因此，本章简要介绍电力系统的组成及特点，重点介绍工业与民用建筑供配电系统及组成，最后概述供配电系统设计的基本知识及本课程的主要任务和要求。

1.1 供配电系统

1.1.1 电力系统的组成及特点

1. 组成

电力系统由发电厂、电力网及电能用户组成，如图 1-1 所示。

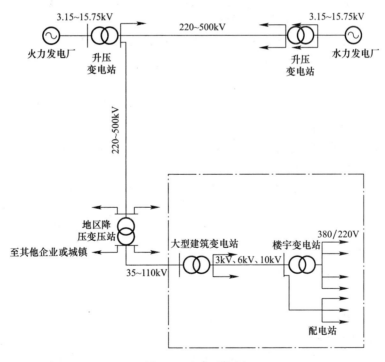

图 1-1 电力系统图

发电厂一般是建在水力、燃料资源比较丰富的边远地区，而电能用户往往集中在城市和工业中心，因此，电能从发电厂必须经过升压变电站、高压输电线路送到用电中心，然后再经过降压变电站和配电站才能合理地把电能分配到电能用户，现将各环节简要说明如下。

（1）发电厂：是将水力、煤炭、石油、天然气、风力、太阳能及原子能等能量转变成电能的工厂。

（2）变电站：是变换电压和交换电能的场所，由电力变压器和配电装置所组成，按变压的性质和作用又可分为升压变电所和降压变电所两种，对于没有电力变压器的称为配电站。

（3）电力网：是输送、交换和分配电能的装备，由变电所和各种不同电压等级的电力线路所组成。电力网是联系发电厂和用户的中间环节。

（4）供配电系统：由发电、输电、变电、配电构成的系统。而企业内部的建筑物、构筑物的供配电系统是由变（配）电站、供配电线路和用电设备组成。如图1-1所示虚线部分。

本书重点讨论10kV及以下供配电系统，即工业、民用建筑供配电系统。

2. 特点

电能与其他能量的生产与运用有显著的区别，其特点如下：

（1）电能不能大量储存，传输速度快，输送距离远。电能从发电—输电—变（配）电—消费，几乎是同时进行的。

（2）电力系统中的暂态过程非常短。电力系统发生短路或由一种运行状态切换到另一种状态的过渡过程非常短暂，仅有百分之几甚至千分之几秒。因此为了使电力系统安全、可靠地运行，必须有一整套的继电保护装置。

（3）易实现自动化，分配控制简单，可进行远距离自动控制。随着电子技术和计算机技术的发展，可实现对电力系统的计算机监控和管理，大大提高了供配电系统的可靠性、安全性、灵活性。

3. 供电质量

供电质量可由以下两个指标来衡量

供电可靠性：是指供电系统对用户持续供电的能力，即供电的连续性。

电能质量：是指电压、波形和频率的质量。

（1）供电可靠性。供电可靠性是衡量供电质量的一个重要指标，由于供电中断将给生产、生活等造成很大影响，甚至造成人身伤亡和重大的政治影响和经济损失，所以为保证电力系统的正常运行，必须保证供电的可靠性。

（2）电压。良好的电压质量是确保电气设备的工作性能，关系到电力系统能否正常运行的主要指标。电压质量是指电压偏差、电压波动和闪变。

由于种种原因造成系统中电压偏差、电压波动和电压波形畸变，使电压质量下降，电气设备不能正常工作。《电能质量　供电电压偏差》GB/T 12325—2008规定，用电单位受电端供电电压的偏差限值为：

1）由35kV及以上供电电压正、负偏差绝对值之和不超过标称电压的10%。

2）由20kV及以下三相供电电压偏差为标称电压的±7%。

3）由220V单相供电电压偏差为标称电压的+7%、−10%。

正常运行情况下，用电设备端子处的电压偏差允许值宜符合下列要求：

1）对于照明，室内场所宜为±5%；对于远离变电所的小面积一般工作场所，难以满足上述要求时，可为+5%、−10%；应急照明、景观照明、道路照明和警卫照明宜为

+5%、-10%;

2）一般用途电动机宜为±5%;

3）电梯电动机宜为±7%;

4）其他用电设备,当无特殊规定时宜为±5%。

(3) 频率。电气设备必须在一定的频率下才能正常工作,即额定频率。我国电力设备的额定频率为50Hz,称为"工频",它是由电力系统决定的。供电频率允许偏差,电网容量在300万kW及以上者不得超过0.2Hz,电网容量在300万kW以下者不得超过0.5Hz。

1.1.2 电力系统的标称电压及电压选择

1.1.2.1 标称电压

根据我国国民经济发展的需要、电力工业发展水平,为了使电气设备实现标准化和系列化,根据《标准电压》GB/T 156—2007规定,我国交流电网和电力设备常用的标称电压如表1-1所示,下面对此表中的标称电压进行一些说明。

我国三相交流电网和电力设备的标准电压　　　　　表 1-1

(单位:低压为 V;高压为 kV)

电压等级	电力网和用电设备标称电压	发电机额定电压	电力变压器额定电压	
			一次绕组	二次绕组
低压	380/220	230	220/127	230/133
	660/380	400	380/220	400/230
	1000 (1140)	690	660/380	690/400
高压	3	3.15	3 及 3.15	3.15 及 3.3
	6	6.3	6 及 6.3	6.3 及 6.6
	10	10.5	10 及 10.5	10.5 及 11
	(20)	13.8,15.75,18,20,22,24,26	13.8,15.75,18,20	—
	35	—	35	
	66	—	66	38.5
	110	—	110	72.0
	220	—	220	121
	330	—	330	242
	500	—	500	363
	(750)	—	750	550

注:1. 表中斜线"/"左边数字为三相电路的线电压,右边数字为相电压。

　　2. 括号中的数值为用户有要求时使用。

1. 系统标称电压

用以标志或识别系统电压的给定值称系统标称电压。《电能质量　供电电压偏差》GB/T 12325—2008把过去沿用的系统额定电压改为系统标称电压。由于线路在运行时有电压损耗,因此一般线路首末两端电压不同,所以把首末两端电压的平均值作为电力系统电网的标称电压,如图1-2所示。

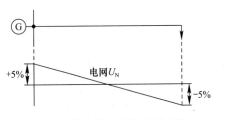

图 1-2　供电线路上的电压变化

2. 用电设备的额定电压

额定电压通常是指电气设备能够正常运行，且具有最佳经济效果时的电压。用电设备上的额定电压是按电网标称电压来制定的，即用电设备的额定电压规定与同级电网的标称电压相等。

3. 发电机的额定电压

由图 1-2 可看出，同一电压等级的线路一般允许的电压偏移是 ±5%，为了保证线路平均电压在额定值上，线路首端（发电机处）的电压应比电网标称电压高 5%，满足线路损耗，因此发电机的额定电压高于同级电网标称电压 5%。

4. 电力变压器额定电压

由于变压器一次绕组是接受电能的，相当于用电设备，而变压器二次绕组是发送电能的，相当于发电机，因此变压器具有发电机和用电设备的双重地位。

(1) 电力变压器一次绕组的额定电压分两种情况讨论：

1) 当变压器与发电机直接相连时，如图 1-3 所示变压器 T_1，其一次绕组额定电压应与发电机额定电压相等，即高于同级电网标称电压的 5%。

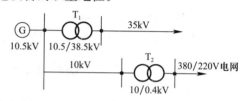

图 1-3　变压器额定电压

2) 当变压器连接在供电线路上，而不与发电机直接相连时，如图 1-3 中变压器 T_2，则其一次绕组可看作用电设备，因此一次绕组的额定电压与同级电网标称电压相等。

(2) 电力变压器二次绕组的额定电压。由于变压器二次侧额定电压定义为当一次侧加额定电压，二次侧空载时的电压，因此变压器在满载时内部有 5% 的电压降，下面也分两种情况讨论：

1) 当变压器二次侧供电线路比较长（如为较大的高压电网），如图 1-3 中 T_1，则二次侧额定电压高于电网标称电压 10%（一方面补偿变压器内部电压损耗，另一方面作为电源要高于电网标称电压 5%）。

2) 当变压器二次侧供电线路不太长，直接供电给用电设备，或二次侧为低压电网时，如图 1-3 中 T_2，则二次侧额定电压高于同级电网标称电压 5%，只需考虑变压器内部电压损耗 5%，无需考虑线路电压损耗。

[例 1-1]　试确定图 1-4 所示的供电系统中发电机，变压器 T_1 二次绕组，变压器 T_2、T_3 的一、二次绕组，供电线路 L_2、L_3 的标称电压。

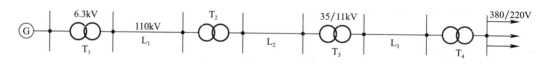

图 1-4　电力系统示意图

解：(1) 因为变压器 T_1 靠近发电机 G，所以发电机额定电压与 T_1 一次绕组额定电压相等为 6.3kV。T_1 二次绕组高于 L_1 额定电压 10% 为 121kV。

(2) 线路 L_2 标称电压等于变压器 T_3 一次绕组额定电压为 35kV。

(3) 变压器 T_2 一次绕组额定电压与线路标称电压相等为 110kV，二次绕组额定

电压高于线路 L_2 的标称电压 10%，为：35kV＋10%（35kV）＝38.5kV

即 T_2：110/38.5kV。

（4）线路 L_3 标称电压确定：

因为变压器 T_3 额定电压高于线路 L_3 标称电压 10%，所以只有当线路 L_3 的标称电压为 10kV 时，T_3 的额定电压才为：10kV＋10%（10kV）＝11kV。

（5）变压器 T_4 一次绕组的额定电压为线路 L_3 的标称电压，即为 10kV。二次绕组的额定电压应高于低压电网标称电压 5%，所以应为：0.38kV＋5%（0.38kV）＝0.4kV

即 T_4：10/0.4kV。

1.1.2.2 电压选择

GB/T 2900.50—2008 规定电力系统标称电压等级：

1. 低压：用于配电的交流电力系统中 1000V 及其以下的电压等级。
2. 高压：电力系统中高于 1kV、低于 330kV 的交流电压等级。
3. 超高压：电力系统中高于 330kV、低于 1000kV 的交流电压等级。
4. 特高压：电力系统中 1000kV 及以上的交流电压等级。

电压选择主要取决于用电负荷容量、电能输送距离和地区电网电压。表 1-2 列出了线路电压等级与输送功率和输送距离的关系

线路电压等级与输送功率和输送距离的关系   表 1-2

线路标称电压（kV）	输送容量（MW）	输送距离（km）	线路标称电压（kV）	输送容量（MW）	输送距离（km）
0.38	＜0.1	＜0.6	110	10.0～50.0	150～50
3	0.1～1.0	3～1	220	100.0～300.0	300～100
6	0.1～1.2	15～4	330	200.0～1000.0	600～200
10	0.2～2.0	20～6	500	800.0～2000.0	1000～400
35	2.0～10.0	50～20	750		

220kV 及以上电压等级多用于大电力系统的输电线路；大型企业可选用 110kV、35kV 电压为电源电压；而一般企业可选用 10kV 为供电电压，如果企业内部 6kV 用电设备较多，以经济技术综合比较，采用 6kV 电压供电较合理时，可采用 6kV 供电或作为供电电压的一种（企业内部可有两种电压供电）；企业内部的低压配电电压，一般采用 220/380V。

1.1.3 工业与民用建筑供配电系统及其组成

工业与民用建筑供配电系统在电力系统中属于建筑楼（群）内部供配电系统，见图 1-1 所示虚线部分由高压供电（电源系统）、变电站（配电所）、低压配电线路和用电设备组成。

一般大型、特大型建筑楼（群）设有总降压变电所，把 35～110kV 电压降为 6～10kV 电压，向各楼宇小变电站（或车间变电所）供电，小变电所再把 6～10kV 电压降为 380/220V，对低压用电设备供电，如有 6kV 高压用电设备，再经配电站引出 6kV 高压配电线路送至高压设备。

一般中型建筑楼（群）由电力系统的 6～10kV 高压供电，经高压配电站送到各建筑物变电站，经变电站把电压降至 380/220V 送给低压用电设备。

一般小型建筑楼（群），只有一个 6～10kV 降压变电所，使电压降至 380/220V 供给

低压用电设备。

一般用电设备容量在250kW或需用变压器容量在160kVA及以下，可以采用低压方式供电。

1.2 供配电系统设计的基本知识

这里介绍供配电系统设计的主要内容、程序及要求。

在进行供配电系统设计中，要按照国家建设工程的政策与法规，依据现行国家标准及设计规范，按照建设单位的要求及工程特点进行合理设计。所设计的供配电系统既要安全、可靠，又要经济、节约，还要考虑系统今后的发展。

1.2.1 供配电系统设计程序及要求

供配电系统设计首先进行可行性研究，然后分三个阶段进行：①确定方案意见书。②扩大初步设计（简称扩初设计）。③施工图设计。在建造用电量大、投资高的工业或民用建筑时，需要对其进行可行性研究，即采用方案意见书，对于技术要求简单的民用建筑工程建筑供配电系统设计，把方案意见书和扩初设计合二为一，即只包括两个阶段：①方案设计。②施工图设计。

1. 扩初设计

（1）收集相关图纸及技术要求，并向当地供电部门、气象部门、消防部门等收集相关资料。

（2）选择合理的供电电源、电压，采取合理的防雷措施及消防措施，进行负荷计算确定最佳供配电方案及用电量。

（3）按照"设计深度标准"做出有一定深度的规范化的图纸，表达设计意图。

（4）提出主要设备及材料清单、编制概算、编制设计说明书。

（5）报上级主管部门审批。

2. 施工图设计

施工图设计是在扩初设计方案经上级主管部门批准后进行。

（1）校正扩大初步设计阶段的基础资料和相关数据。

（2）完成施工图的设计。

（3）编制材料明细表。

（4）编制设计计算书。

（5）编制工程预算书。

1.2.2 供配电系统设计的内容

供配电系统设计的内容包括变配电所设计、配电线路设计、照明设计和防雷接地设计等。

1. 供配电线路设计

供配电线路设计主要分两方面，一是建筑物外部供配电线路电气设计，包括供电电源、电压和供电线路的确定。二是建筑物内部配电线路设计，包括高压和低压配电系统的设计。

2. 变配电所设计

变电所设计内容包括：

1）负荷计算和无功补偿。

2）确定变电所位置。

3）确定变压器容量、台数、形式。

4）确定变电所高、低压系统主接线方案。

5）确定自备电源及其设备选择（需要时）。

6）短路电流计算。

7）开关、导线、电缆等设备的选择。

8）确定二次回路方案及继电保护的选择与整定。

9）防雷保护与接地装置设计。

10）变电所内电气照明设计。

11）绘制变电所高低压和照明系统图，绘制变电所平剖面图、防雷接地平面图及相关施工图纸，最后编制设计说明、计算书、材料设备清单及概预算。

配电所设计除不含有变压器的设计外，其余部分同变电所设计。

3. 照明设计

照明设计包括室内和室外照明系统设计。

4. 防雷接地设计

根据当地的雷电情况及建筑物的特点，确定建筑物防雷等级，选择不同的防雷措施，确定合理的防雷设计方案。

思 考 题

1-1 电力系统的组成及特点是什么？

1-2 供电质量、电能质量由哪些指标来衡量？

1-3 什么是额定电压？我国对电网、发电机、变压器和用电设备的额定电压是如何确定的？

1-4 供配电系统设计的内容主要包括哪几方面？

1-5 供配电系统设计程序是什么？

习 题

1-1 试确定图 1-5 所示供电系统中发电机、变压器和输电线路的标称电压。

1-2 试画出一个工厂电力系统图。

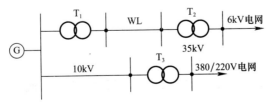

图 1-5

第2章 负荷计算

2.1 概　　述

1. 负荷计算的目的

负荷计算主要是确定"计算负荷"。其目的主要是为了选择电气设备、导线和电缆；进行变压器损耗、线路能量损耗、电压损失和年用电量的计算。

2. 负荷计算的内容

（1）求计算负荷

是作为按发热条件选择导线、电缆、电气设备的依据，计算负荷产生的热效应和实际变动负荷产生的最大热效应相等，使在实际运行时导体及电气设备的最高温升不会超过允许值。计算负荷确定的是否合理，直接影响电气设备和导体的选择、安全和经济性。如果计算负荷过大，造成投资和有色金属的浪费；如果计算负荷过小，可能使供配电系统无法正常运行，或使电气设备和导线、电缆超负荷运行，使线路能量损耗过大，导致绝缘过早老化，引起火灾。但是电气设备在运行过程中有许多不确定因素，故计算负荷不可能十分准确，只要不影响设备的选择是允许的。

（2）求尖峰电流

是计算线路的电压损失、电压波动和选择熔断器以及确定保护装置整定值的重要依据。

（3）季节性负荷计算

用于确定变压器台数、容量以及计算变压器经济运行的依据。

（4）一级、二级负荷的计算

用于确定变压器台数、备用电源和应急电源。

3. 负荷计算的常用方法

负荷计算的方法比较多，每种方法都具有不同的适用范围。常用的方法有：

（1）需要系数法。

（2）二项式法。

（3）利用系数法

（4）单位指标法。

（5）负荷密度法。

目前，许多国家已经建立负荷计算的数据库和计算软件，使计算速度大大加快，准确性提高。

2.2　负荷曲线与负荷计算的基本概念

2.2.1　负荷曲线

负荷曲线是电力负荷随时间变化的图形。负荷曲线画在直角坐标内，纵坐标表示电力负荷大小，横坐标表示对应的时间。

负荷曲线又分为有功负荷曲线、无功负荷曲线；日负荷曲线、年负荷曲线。

1. 日负荷曲线

代表电能用户 24 小时内用电负荷变化的情况，如图 2-1（a）所示。通常，为了使用方便，负荷曲线绘制成阶梯形，如图 2-1（b）所示。

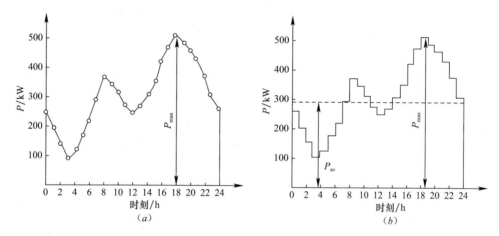

图 2-1　某厂日有功负荷曲线

（a）逐点描绘的日有功负荷曲线；（b）阶梯形的日有功负荷曲线

P_{max}—日最大有功负荷；P_{av}—日平均有功负荷

2. 年负荷曲线

代表电能用户全年（8760h）内用电负荷变化情况。通常绘制方法取全年中具有代表性的夏季和冬季的日负荷曲线，如图 2-2（a）、（b）所示，按功率递减的方法绘制出全年负荷曲线，如图 2-2（c）所示。

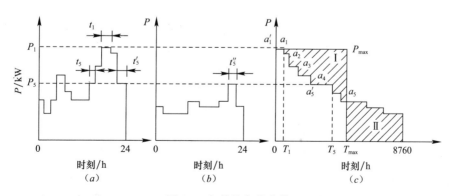

图 2-2　年持续负荷曲线

（a）冬季代表日负荷曲线；（b）夏季代表日负荷曲线；（c）全年持续负荷曲线

负荷曲线可直观地反映出电能用户的用电特点和规律，即最大负荷 P_{max}、平均负荷 P_{av} 和负荷波动程度。同类型的企业或民用建筑有相近的负荷曲线。对于从事供配电系统设计和运行人员是很有益的。

2.2.2　负荷计算的几个基本概念

1. 最大负荷

在负荷曲线中用 P_{max} 表示的负荷就称为最大负荷。分为日最大负荷和年最大负荷。

2. 计算负荷

用 P_C（Q_C，S_C 或 I_C）表示，负荷曲线的时间间隔为半小时，则曲线上的最大负荷就是计算负荷，通常又用 P_{30}、Q_{30}、S_{30} 或 I_{30} 分别表示有功、无功、视在计算负荷和计算电流。

"计算负荷"是按发热条件选择导体和电气设备的一个"假想负荷"。其物理意义是：这个不变的"计算负荷"持续运行时所产生的热效应，与实际变动负荷长期运行所产生的最大热效应相等。即：当"假想负荷"在 t 时间内通过一个导体或电器产生的热效应，与这个导体或电器在同样时间内通过一个实际变动负荷产生的热效应相等。我们把这个不变的"假想负荷"称作这个实际变动负荷的"计算负荷"。

由于导体通过电流使其发热，导体温度上升，通过实验表明，当通过电流的时间大约为 $3T = 3 \times 10\text{min} = 30\text{min}$（$T$ 为发热时间常数）时，导体的温度不再升高，达到稳定状态。

因此在选择导体或电气设备时，短暂的尖峰负荷不足以使其达到最高温度就已消失了，只有持续时间在 30min 以上的负荷值，才能使导体或电气设备的温度达到最高值。所以按照发热条件选择导体或电气设备采用 30min 平均最大负荷 P_{30}、Q_{30}、S_{30} 或 I_{30} 作为计算负荷是合乎实际的。

即：

$$\begin{cases} P_C = P_{30} = P_{max} \\ Q_C = Q_{30} = Q_{max} \\ S_C = S_{30} = S_{max} \\ I_C = I_{30} = I_{max} \end{cases} \tag{2-1}$$

3. 最大负荷年利用小时数

用 "T_{max}" 表示，是一个"假想时间"，其物理意义是指电能用户按年最大负荷 P_{max} 持续运行 T_{max} 小时所消耗的电能恰好等于全年实际消耗的电能，如图 2-2c 所示，虚线下矩形面积恰好等于阶梯形下的面积。其表达式为：

$$T_{max} = \frac{W_P}{P_{max}} \tag{2-2}$$

式中　T_{max}——最大负荷年利用小时数（h）；

W_P——全年消耗的有功电量（kWh）。

T_{max} 是标志电能用户的用电负荷是否均匀的一个重要指标。它与企业类型及生产班制有关，相同类型的企业具有相近的 T_{max}，因此在设计过程中可以参考同类型企业最大负荷年利用小时数。表 2-1 给出了各类企业的最大负荷年利用小时数。

各类工厂的最大负荷年利用小时数 T_{max}　　　　　　　表 2-1

工厂类别	最大负荷年利用小时数		工厂类别	最大负荷年利用小时数	
	有功（h）	无功（h）		有功（h）	无功（h）
化工厂	6200	7000	农业机械制造厂	5330	4220
苯胺颜料工厂	7100	—	仪器制造厂	3080	3180
石油提炼工厂	7100	—	汽车修理厂	4370	3200
重型机械制造厂	3770	4840	车辆修理厂	3560	3660
机床厂	4345	4750	电器工厂	4280	6420
工具厂	4140	4960	氮肥厂	7000～8000	—
滚珠轴承厂	5300	6130	金属加工厂	4355	5880
起重运输设备厂	3300	3880	电机制造厂	2800	
汽车拖拉机厂	4960	5240			
电线电缆制造厂	3500	—			
电气开关制造厂	4280	6420			

4. 平均负荷

用 P_{av}、Q_{av} 和 S_{av} 表示，平均负荷是指电能用户在一段时间内消耗功率的平均值，如图 2-1 （b）中的 P_{av}。

5. 负荷系数

用 α 和 β 分别表示有功负荷系数和无功负荷系数，负荷系数又称负荷率，它表明负荷波动程度的一个参数，其值越大负荷曲线越平坦，负荷波动越小。其关系式为：

$$\begin{cases} \alpha = \dfrac{P_{av}}{P_{max}} \\ \beta = \dfrac{Q_{av}}{Q_{max}} \end{cases} \tag{2-3}$$

一般企业负荷系数年平均值为：$\alpha = 0.7 \sim 0.75$；$\beta = 0.76 \sim 0.82$。

[**例 2-1**]　某电气开关厂全厂计算负荷为 3000kW，功率因数为 0.75，求（1）该厂全年有功及无功电能需要量；（2）求该厂的平均负荷。

解：（1）由表 2-1 查得该类型工厂最大负荷年利用小时数分别为

$$T_{max \cdot p} = 4280h, \quad T_{max \cdot Q} = 6420h$$

则全年有功电能需要量由公式（2-1）和（2-2）知：

$$W_p = T_{max \cdot P} \cdot P_{max} = T_{max \cdot P} \cdot P_c = 4280 \times 3000 = 12.84 \times 10^6 kW \cdot h$$

同理全年无功电能需要量为：

$$W_Q = T_{max \cdot Q} \cdot Q_{max} = T_{max \cdot Q} \cdot Q_C$$

其中 $\cos\varphi = 0.75$，则 $\tan\varphi = 0.88$

则 $Q_{max} = P_{max} \cdot \tan\varphi = 3000 \times 0.88 = 2640kvar$

所以 $W_Q = 6420 \times 2640kvar \cdot h = 16.47 \times 10^6 kvar \cdot h$

（2）在 α、β 的取值范围内我们取 $\alpha = 0.74$，$\beta = 0.78$

由公式（2-3）可知：

$$P_{av} = \alpha \cdot P_{max} = 0.74 \times 3000 = 2220kW$$

$$Q_{av} = \beta \cdot Q_{max} = 0.78 \times 2640 = 2059.2kvar$$

2.3 按需要系数法确定计算负荷

2.3.1 设备容量的确定

用电设备铭牌上都标有设备的额定功率，用"P_N"表示。但是由于各用电设备的额定工作条件不同，例如有长期工作的，有短时工作的，因而在进行负荷计算时，不能把这些铭牌上的额定功率简单直接地相加，必须首先换算成统一规定的工作制下的额定功率。我们把这个额定功率称作"设备容量"，用"P_e"表示。

1. 长期连续工作制或短时连续工作制的用电设备，设备容量即为额定功率，$P_e = P_N$。

2. 反复短时工作制的用电设备，设备容量要换算到统一标准暂载率下的功率。

由于反复短时工作制的用电设备，其工作时间与间歇时间相互交替，我们把一个周期内的工作时间的百分数称作暂载率，又称负载持续率，用 JC 表示，即：

$$JC = \frac{t}{t + t_0} \times 100\% \tag{2-4}$$

式中　t——工作周期内的工作时间；

　　　t_0——工作周期内的停歇时间。

设备铭牌上暂载率为额定暂载率，用 JC_N 表示。

（1）电焊机及电焊装置的设备容量

电焊机及电焊装置的设备容量规定统一换算到标准暂载率 $JC_{100} = 100\%$ 时的功率。其公式为：

$$P_e = P_N \sqrt{\frac{JC_N}{JC_{100}}} = P_N \sqrt{JC_N} = S_N \cos\varphi \sqrt{JC_N}$$

即：

$$P_e = S_N \cos\varphi \sqrt{JC_N} \tag{2-5}$$

式中　P_e——换算到 JC_{100} 时的电焊机设备容量（kW）；

　　　P_N——电焊机的铭牌额定功率（kW）；

　　　S_N——电焊机的铭牌额定容量（kVA）；

　　$\cos\varphi$——电焊机的额定功率因数；

　　　JC_N——电焊机的铭牌规定的额定暂载率；

　　JC_{100}——其值为 100% 的暂载率。

（2）吊车电动机的设备容量

吊车电动机的设备容量规定统一换算到标准暂载率 $JC_{25} = 25\%$ 时的功率，其公式为：

$$P_e = P_N \sqrt{\frac{JC_N}{JC_{25}}} = 2P_N \sqrt{JC_N} \tag{2-6}$$

式中　P_e——换算到 JC_{25} 时的吊车电动机设备容量（kW）；

　　　P_N——吊车电动机的铭牌额定功率（kW）；

　　　JC_N——吊车电动机的铭牌规定的额定暂载率；

　　JC_{25}——其值为 25% 的暂载率。

（3）照明灯具的设备容量

①白炽灯、高压卤钨灯的设备容量为灯泡上标出的额定容量。②气体放电灯、金属卤化物灯除灯管的额定容量外，还应考虑镇流器的功率损耗。③低压卤钨灯除灯泡的额定容量外，还应考虑变压器的功率损耗。

（4）单相负荷应均衡分配到三相上，其设备容量计算详见 2.6 节单相负荷的负荷计算。

（5）所有备用设备的容量不计入总用电设备容量之中。

（6）消防用电设备（如消火栓水泵、喷淋水泵、防火卷帘门等）的容量一般不计入总用电设备容量之中，只有当消防用电设备的计算有功功率大于火灾时切除的一般电力、照明的计算有功功率时，才将这部分容量的计算有功功率与未切除的一般电力、照明负荷相加作为总的计算有功功率。

（7）夏季有系统空调的制冷等用电设备，冬季利用锅炉采暖，在确定设备容量时应选择其中较大一项计入总的设备容量之中，而不应同时把两项容量都计入。

[例 2-2]　有一台吊车起重机，其铭牌上的额定功率 $P_N=11kW$，额定暂载率 $JC_N=15\%$，试求该起重机的设备容量。

解：由公式（2-6）知该起重机的设备容量为

$$P_e=2P_N\sqrt{JC_N}=2\times11\sqrt{0.15}=8.52kW$$

2.3.2　按需要系数法确定计算负荷

用需要系数法进行负荷计算，其方法简便适用，为工业企业及民用建筑供配电系统负荷计算的主要方法。在计算过程中，需要把用电设备按照工艺性质不同、需要系数不同分成不同若干组，然后分组进行计算，最后再算出总的计算负荷，即逐级计算的方法。

1. 需要系数

需要系数定义为：$K_d=\dfrac{P_{max}}{P_e}$　　或

$$K_d=\frac{P_c}{P_e}\quad(K_d\leqslant1)\tag{2-7}$$

需要系数就是用电设备组在最大负荷时所需的有功功率与其设备容量之比。用电设备组的设备容量 P_e，是指用电设备组所有设备的额定容量之和，即 $P_e=\sum P_N$，也就是所有这些设备在额定条件下的最大输出功率。而设备实际运行中，不是用电设备组所有设备都同时运行，而运行的这些设备也不一定都是满负荷工作。另外，在运行过程中，设备本身有功率损耗，而供电线路上也有功率损耗，把诸多因素都考虑进去，就获得了需要系数的公式：

$$K_d=\frac{K_L\cdot K_\sum}{\eta_e\cdot\eta_{WL}}\tag{2-8}$$

式中　K_L——用电设备组的负荷系数，即用电设备组在最大负荷时，工作着的用电设备实际所需的功率与这些用电设备总容量之比；

$K_\sum$——用电设备组的同时系数，即用电设备组在最大负荷时，工作着的用电设备容量与该用电设备总容量之比；

η_e——用电设备组的平均效率，即用电设备组输出与输入功率之比；

η_{WL}——供电线路的平均效率，即供电线路末端与线路首端功率之比。

因此，由上面分析可知，需要系数 K_d 是一个综合指标，其值一般小于1，常见用电设备组的需要系数见表2-2。

实际上，影响需要系数 K_d 的因素是很复杂的，是很难准确的计算出来的，所以经过长期实践，进行实测和统计得出，表2-2～表2-9为常用需要系数表。

常见用电设备组的需要系数 k_d 及 $\cos\varphi$　　　　　　　　　表2-2

用电设备组名称	K_d	$\cos\varphi$	$\tan\varphi$
单独传送的金属加工机床			
小批生产的金属冷加工机床	0.12～0.16	0.50	1.73
大批生产的金属冷加工机床	0.17～0.20	0.50	1.73
小批生产的金属热加工机床	0.20～0.25	0.55～0.60	1.51～1.33
大批生产的金属热加工机床	0.25～0.28	0.65	1.17
锻锤、压床、剪床及其他锻工机械	0.25	0.60	1.33
木工机械	0.20～0.30	0.50～0.60	1.73～1.33
液压机	0.30	0.60	1.33
生产用通风机	0.75～0.85	0.80～0.85	0.75～0.62
卫生用通风机	0.65～0.70	0.80	0.75
泵、活塞型压缩机、空调设备送风机、电动发电机组	0.75～0.85	0.80	0.75
冷冻机组	0.85～0.90	0.80～0.90	0.75～0.48
球磨机、破碎机、筛选机、搅拌机等	0.75～0.85	0.80～0.85	0.75～0.62
电阻炉（带调压器或变压器）			
非自动装料	0.60～0.70	0.95～0.98	0.33～0.20
自动装料	0.70～0.80	0.95～0.98	0.33～0.20
干燥箱、电加热器等	0.40～0.60	1.00	0
工频感应电炉（不带无功补偿装置）	0.80	0.35	2.68
高频感应电炉（不带无功补偿装置）	0.80	0.60	1.33
焊接和加热用高频加热设备	0.50～0.65	0.70	1.02
熔炼用高频加热设备	0.80～0.85	0.80～0.85	0.75～0.62
表面淬火电炉（带无功补偿装置）			
电动发电机	0.65	0.70	1.02
真空管振荡器	0.80	0.85	0.62
中频电炉（中频机组）	0.65～0.75	0.80	0.75
氢气炉（带调压器或变压器）	0.40～0.50	0.85～0.90	0.62～0.48
真空炉（带调压器或变压器）	0.55～0.65	0.85～0.90	0.62～0.48
电弧炼钢炉变压器	0.90	0.85	0.62
电弧炼钢炉的辅助设备	0.15	0.50	1.73
点焊机、缝焊机	0.35，0.20*	0.60	1.33
对焊机	0.35	0.70	1.02
自动弧焊变压器	0.50	0.50	1.73
单头手动弧焊变压器	0.35	0.35	2.68
多头手动弧焊变压器	0.40	0.35	2.68
单头直流弧焊机	0.35	0.60	1.33
多头直流弧焊机	0.70	0.70	1.02

续表

用电设备组名称	K_d	$\cos\varphi$	$\tan\varphi$
金属、机修、装配车间、锅炉房用起重机	0.10～0.15	0.50	1.73
铸造车间用起重机	0.15～0.30	0.50	1.73
连锁的连续运输机械	0.65	0.75	0.88
非连锁的连续运输机械	0.50～0.60	0.75	0.88
一般工业用硅整流装置	0.50	0.70	1.02
电镀用硅整流装置	0.50	0.75	0.88
电解用硅整流装置	0.70	0.80	0.75
红外线干燥设备	0.85～0.90	1.00	0
电火花加工装置	0.50	0.60	1.33
超声波装置	0.70	0.70	1.02
X 光设备	0.30	0.55	1.52
电子计算机主机	0.60～0.70	0.80	0.75
电子计算机外部设备	0.40～0.50	0.50	1.73

＊电焊机的需要系数 0.2 仅用于电子行业。

各种工厂全厂需要系数及功率因数　　　　　　表 2-3

工厂类别	K_d	$\cos\varphi$	$\tan\varphi$	工厂类别	K_d	$\cos\varphi$	$\tan\varphi$
汽轮机制造厂	0.38～0.49	0.8	0.75	阀门厂	0.38		
锅炉厂	0.26～0.33	0.73	0.93	蒸汽机车厂	0.22～0.32		
柴油机厂	0.32～0.34	0.74		内燃机车厂	0.32～0.36		
重型机械厂	0.25～0.47	0.79		电力机车厂	0.32～0.38		
机床厂	0.13～0.3	0.71		货车车辆厂	0.25～0.4		
工具厂	0.34～0.35			客车车辆厂	0.25～0.35		
仪器仪表厂	0.31～0.42	0.81		钢结构桥梁厂	0.35～0.4	0.6	1.34
滚动轴承厂	0.24～0.34			混凝土桥梁厂	0.3～0.45	0.55	1.52
量具刃具厂	0.26～0.35			混凝土轨枕厂	0.35～0.45		
电动机制造厂	0.25～0.38			铁路木材防腐厂	0.15～0.3		
石油机械厂	0.45～0.5	0.78		铁路公务器材厂	0.3～0.4	0.65	1.17
电缆电线厂	0.35～0.36	0.73		铁路养路机械厂	0.35～0.4	0.7	1.02
电气开关厂	0.3～0.6	0.75					

照明用电设备需要系数　　　　　　表 2-4

建筑类别	K_d	建筑类别	K_d
生产厂房（有天然采光）	0.80～0.90	体育馆	0.70～0.80
生产厂房（无天然采光）	0.90～1.00	集体宿舍	0.60～0.80
办公楼	0.70～0.80	医院	0.50
设计室	0.90～0.95	食堂，餐厅	0.80～0.90
科研楼	0.80～0.90	商店	0.85～0.90
仓库	0.50～0.70	学校	0.60～0.70
锅炉房	0.90	展览馆	0.70～0.80
托儿所、幼儿园	0.80～0.9	旅馆	0.60～0.70
综合商业服务楼	0.75～0.85		

民用建筑用电设备的需要系数 表 2-5

序号	用电设备分类	K_d	$\cos\varphi$	$\tan\varphi$
1	通风和采暖用电			
	各种风机、空调器	0.7～0.8	0.8	0.75
	恒温空调箱	0.6～0.7	0.95	0.33
	冷冻机	0.85～0.9	0.8	0.75
	集中式电热器	1.0	1.0	0
	分散式电热器（200kW 以下）	0.85～0.95	1.0	0
	分散式电热器（100kW 以上）	0.75～0.85	1.0	0
	小型电热设备	0.3～0.5	0.95	0.33
2	给排水用电			
	各种水泵（15kW 以下）	0.75～0.8	0.8	0.75
	各种水泵（17kW 以上）	0.6～0.7	0.87	0.57
3	起重运输用电			
	客梯（1.5t 及以下）	0.35～0.5	0.5	1.73
	客梯（2t 及以上）	0.6	0.7	1.02
	货梯	0.25～0.35	0.5	1.73
	输送带	0.6～0.65	0.75	0.88
	起重机械	0.1～0.2	0.5	1.73
4	锅炉房用电	0.75～0.85	0.85	0.62
5	消防用电	0.4～0.6	0.8	0.75
6	厨房及卫生用电			
	食品加工机械	0.5～0.7	0.80	0.75
	电饭锅、电烤箱	0.85	1.0	0
	电炒锅	0.70	1.0	0
	电冰箱	0.60～0.7	0.7	1.02
	热水器（淋浴用）	0.65	1.0	0
	除尘器	0.3	0.85	0.62
7	机修用电			
	修理间机械设备	0.15～0.20	0.5	1.73
	电焊机	0.35	0.35	2.68
	移动式电动工具	0.2	0.5	1.73
8	打包机	0.20	0.60	1.33
	洗衣房动力	0.65～0.75	0.50	1.73
	天窗开闭机	0.1	0.5	1.73
9	通信及信号设备			
	载波机	0.85～0.95	0.8	0.75
	收讯机	0.8～0.9	0.8	0.75
	发讯机	0.7～0.8	0.8	0.75
	电话交换台	0.75～0.85	0.8	0.75
	客房床头电气控制箱	0.15～0.25	0.6	1.33

旅游宾馆主要用电设备的需要系数 表 2-6

序号	负荷名称	需要系数 K_d		自然平均功率因数 $\cos\varphi$	
		平均值	推荐值	平均值	推荐值
1	全馆总负荷	0.45	0.4～0.5	0.84	0.8
2	全馆总照明	0.55	0.5～0.6	0.82	0.8
3	全馆总电力	0.4	0.35～0.45	0.9	0.85

续表

序　号	负荷名称	需要系数 K_d		自然平均功率因数 $\cos\varphi$	
		平均值	推荐值	平均值	推荐值
4	冷冻机房	0.65	0.65～0.75	0.87	0.8
5	锅炉房	0.65	0.65～0.75	0.8	0.75
6	水泵房	0.65	0.6～0.7	0.86	0.8
7	风机	0.65	0.6～0.7	0.83	0.8
8	电梯	0.2	0.18～0.5	直流 0.5 交流 0.8	直流 0.4 交流 0.8
9	厨房	0.4	0.35～0.45	0.7～0.75	0.7
10	洗衣机房	0.3	0.3～0.35	0.6～0.65	0.7
11	窗式空调	0.4	0.35～0.45	0.8～0.85	0.8
12	总同时系数 K_Σ	0.92～0.94			

民用住宅用电负荷需要系数　　　　　　表 2-7

按单相配电计算时所连接的基本户数	按三相配电计算时所连接的基本户数	需要系数
1～3	3～9	0.90～1
4～8	12～24	0.65～0.90
9～12	27～36	0.50～0.65
13～24	39～72	0.45～0.50
25～124	75～300	0.40～0.45
125～259	375～600	0.30～0.40
260～300	780～900	0.26～0.30

常见光源的功率因数　　　　　　表 2-8

光源类别	$\cos\varphi$	$\text{tg}\varphi$	光源类别	$\cos\varphi$	$\text{tg}\varphi$
白炽灯、卤钨灯	1.00	0.00	高压汞灯	0.40～0.55	2.29～1.52
荧光灯			高压钠灯	0.40～0.50	2.29～1.73
电感镇流器（无补偿）	0.50	1.73	金属卤化物灯	0.40～0.55	2.29～1.52
电感镇流器（有补偿）	0.90	0.48	氙灯	0.90	0.48
电子镇流器	0.95～0.98	0.33～0.20	霓虹灯	0.40～0.50	2.29～1.73

各类设备负荷需要系数及功率因数　　　　　　表 2-9

负荷名称	规模（台数）	需要系数（K_d）	功率因数（$\cos\varphi$）	备　注
照明	面积<500m²	1～0.9	0.9～1	含插座容量，荧光灯就地补偿或采用电子镇流器
	500～3000m²	0.9～0.7	0.9	
	3000～15000m²	0.75～0.55		
	>15000m²	0.6～0.4		
	商场照明	0.9～0.7		
冷冻机房、锅炉房	1～3 台	0.9～0.7	0.8～0.85	
	>3 台	0.7～0.6		
热力站、水泵房、通风机	1～5 台	1～0.8	0.8～0.85	
	>5 台	0.8～0.6		

续表

负荷名称	规模（台数）	需要系数（K_d）	功率因数（$\cos\varphi$）	备 注
电梯		0.18~0.22	0.7（交流梯） 0.8（直流梯）	
自动扶梯，步行道，传输设备		0.6	0.5	
卷帘门		0.6	0.7	
实验室电力		0.2~0.4	0.6	
医院电力		0.4~0.5	0.6	
弱电等控制用电		0.8	0.8	
洗衣机房 厨房	≤100kW	0.4~0.5	0.8~0.9	
	>100kW	0.3~0.4		
窗式空调	4~10 台	0.8~0.6	0.8	
	10~50 台	0.6~0.4		
	50 台以上	0.4~0.3		
舞台照明	<200kW	1~0.6	0.9~1	
	>200kW	0.6~0.4		

注：1. 一般动力设备为 3 台及以下时，需要系数取为 $K_d=1$。

2. 照明负荷需要系数的大小与灯的控制方式和开启率有关。大面积集中控制的灯比相同建筑面积的多个小房间分散控制的灯的需要系数大。插座容量的比例大时，需要系数的选择可以偏小些。

2. 确定用电设备组的计算负荷

设备容量确定之后，将用电设备进行分组，即将工艺性质相同，需要系数相近的用电设备划为一组，进行负荷计算，其计算公式为：

$$\begin{cases} P_{C1} = K_d \cdot \sum P_e \\ Q_{C1} = P_{C1} \cdot \tan\varphi \\ S_{C1} = \sqrt{P_{C1}^2 + Q_{C1}^2} \\ I_{C1} = \dfrac{S_{C1}}{\sqrt{3}U_N} \end{cases} \qquad (2\text{-}9)$$

式中　　P_{C1}、Q_{C1}、S_{C1}——该用电设备组的有功、无功、视在计算负荷（kW）、（kvar）、（kVA）；

　　　　　$\sum P_e$——该用电设备组的设备容量总和（kW），不包括备用设备容量；

　　　　　K_d——该用电设备组的需要系数（参看表 2-2~表 2-9），设备台数小于等于 3 台时，K_d 取 1；

　　　　　I_{C1}——该用电设备组的计算电流（A）；

　　　　　$\tan\varphi$——与运行功率因数角相对应的正切值；

　　　　　U_N——该用电设备组的额定电压（kV）。

3. 确定多个用电设备组的计算负荷（配电干线或变电所低压母线计算负荷）

在配电干线上或变电所低压母线上，常有多个用电设备组同时工作，但这些用电设备组不会同时以最大负荷形式工作，因此在确定多个用电设备组的计算负荷时引入一个系数称同期系数 $K_\sum$（又称同时系数），$K_\sum$ 的取值为 0.8~1 之间，其计算公式为：

$$\begin{cases} P_{C2} = K_{\sum} \cdot \sum P_{C1} \\ Q_{C2} = K_{\sum} \cdot \sum Q_{C1} \\ S_{C2} = \sqrt{P_{C2}^2 + Q_{C2}^2} \\ I_{C2} = \dfrac{S_{C2}}{\sqrt{3}U_N} \end{cases} \tag{2-10}$$

式中　P_{C2}、Q_{C2}、S_{C2}——配电干线或车间变电所低压母线上的有功、无功、视在计算负荷（kW）、（kvar）、（kVA）；

$\sum P_{C1}$、$\sum Q_{C1}$——分别为各用电设备组的有功、无功计算负荷的总和；

$K_{\sum}$——同时系数；

I_{C2}——配电干线或车间变电所低压母线上的计算电流（A）；

U_N——配电干线或车间变电所低压母线上的额定电压（kV）。

如果需要进行低压补偿，低压干线或母线上的总的无功负荷 Q_{C2} 应为：

$$Q_{C2} = K_{\sum} \cdot \sum Q_{C1} - Q_{补偿}$$

4. 确定车间变电所高压侧计算负荷

车间变电所高压侧的计算负荷即为低压侧计算负荷加上变压器损耗和厂区高压配电线路的功率损耗。一般厂区高压线路不长，其线路损耗不大，在负荷计算时往往忽略不计，因此变电所高压侧计算负荷公式可简化为：

$$\begin{cases} P_{C3} = P_{C2} + \Delta P_T \\ Q_{C3} = Q_{C2} + \Delta Q_T \\ S_{C3} = \sqrt{P_{C3}^2 + Q_{C3}^2} \\ I_{C3} = \dfrac{S_{C3}}{\sqrt{3}U_N} \end{cases} \tag{2-11}$$

式中　P_{C3}、Q_{C3}、S_{C3}——车间变电所高压侧有功、无功、视在计算负荷（kW）、（kvar）、（kVA）；

P_{C2}、Q_{C2}——车间变电所低压侧有功、无功计算负荷；

I_{C3}——车间变电所高压侧母线上计算电流（A）；

U_N——车间变电所高压侧额定电压（kV）；

ΔP_T、ΔQ_T——变压器的有功、无功损耗（kW）、（kvar）。

计算方法详见 2.8 节。

在负荷估算中，变压器的损耗可近似计算，对于低损耗变压器通常为：

$$\begin{cases} \Delta P_T \approx 0.01 S_{C2} \\ \Delta Q_T \approx 0.05 S_{C2} \end{cases} \tag{2-12}$$

式中　S_{C2}——车间变电所低压母线上的视在计算负荷（kVA）。

5. 确定总降压变电所的计算负荷

其方法同车间变电所的高、低压侧计算负荷的确定方法。这里出现的 $K_{\sum}$ 与低压母线上的 $K_{\sum}$ 连乘建议不小于 0.8。因为愈趋向电源端负荷愈平稳，回路又少，所以对应的 $K_{\sum}$ 愈大。例如低压母线端 $K_{\sum}$ 取 0.8，高压母线段 $K_{\sum}$ 可取 1。

[**例2-3**]　某车间380V线路上，接有金属冷加工机床，电动机40台，共112kW，其中较大容量电动机有10kW的4台，4kW的6台；通风机5台共5kW；电阻炉1台2kW。试确定该线路的计算负荷。

解： 首先按照工艺性质相同，需要系数相近的用电设备分组进行负荷计算。

1. 同类用电设备组的计算负荷：

（1）冷加工机床组，查表取$K_d=0.2$，$\cos\phi=0.5$，$\tan\phi=1.73$，

$$P'_{C1}=K_d \cdot \sum P_e=0.2 \times 112=22.4\text{kW}$$

$$Q'_{C1}=P'_{C1} \cdot \tan\varphi=22.4 \times 1.73=38.75\text{kvar}$$

（2）通风机组，查表取$K_d=0.75$，$\cos\phi=0.8$，$\tan\phi=0.75$，

$$P''_{C1}=K_d \cdot \sum P_e=0.75 \times 5=3.75\text{kW}$$

$$Q''_{C1}=P''_{C1} \cdot \tan\varphi=3.75 \times 0.75=2.81\text{kvar}$$

（3）电阻炉，1台取$K_d=1$，$\cos\phi=1$，$\tan\phi=0$，

$$P'''_{C1}=K_d \cdot P_e=1 \times 2=2.0\text{kW}$$

$$Q'''_{C1}=P'''_{C1} \cdot \tan\varphi=0\text{kvar}$$

2. 配电线路上的计算负荷：

取$K_{\sum}=0.9$

$$P_{C2}=K_{\sum} \cdot \sum P_{C1}=0.9 \times (22.4+3.75+2.0)=25.34\text{kW}$$

$$Q_{C2}=K_{\sum} \cdot \sum Q_{C1}=0.9 \times (38.75+2.81+0)=37.4\text{kvar}$$

$$S_{C2}=\sqrt{P_{C2}^2+Q_{C2}^2}=\sqrt{25.34^2+37.4^2}=45.18\text{kVA}$$

$$I_{C2}=\frac{S_{C2}}{\sqrt{3}U_N}=\frac{45.18}{\sqrt{3} \times 0.38}=68.64\text{A}$$

2.4　按二项式法确定计算负荷

需要系数法进行负荷计算比较简便，应用广泛，但是对于企业中用电设备数量少、容量相差悬殊的配电线路进行负荷计算，应用需要系数法计算出的结果往往偏小，与实际相差较大，因此在这种情况下，采用二项式法进行负荷计算比较接近实际。其指导思想是考虑大容量负荷的影响，因此计算负荷由平均最大负荷和几台大容量用电设备的附加负荷组成。其方法如下：

2.4.1　相同工作制的单组用电设备的计算负荷

$$
\begin{cases}
P_C=bP_e+cP_x \\
Q_C=P_C\tan\varphi \\
S_C=\sqrt{P_C^2+Q_C^2} \\
I_C=\dfrac{S_C}{\sqrt{3}U_N}
\end{cases}
\tag{2-13}
$$

式中　P_c、Q_c、S_c、I_c——该用电设备组的计算负荷（kW）、（kvar）、（kVA）、（A）；

　　　　P_e——该用电设备组的设备容量总和（kW）；

　　　　P_x——该用电设备组中 x 台容量最大用电设备的设备容量之和（kW）；

　　　　X——该用电设备组取用大容量用电设备的台数（参见表 2-10，如金属冷加工机床 X 取 5，起重机 X 取 3 等）；

　　　　b、c——二项式系数（参见表 2-10），由长期实践统计得出；

　　　　U_N——额定电压（kV）；

　　　　bP_e——该用电设备组的平均负荷；

　　　　cP_x——X 台容量最大用电设备的附加负荷（考虑容量最大用电负荷使计算负荷大于平均负荷的影响）。

用电设备的二项式系数、$\cos\varphi$ 及 $\tan\varphi$ 　　　　表 2-10

负荷种类	用电设备组名称	二项式系数			$\cos\varphi$	$\tan\varphi$
		b	c	x		
金属切削机床	小批及单件金属冷加工	0.14	0.4	5	0.5	1.73
	大批及流水生产的金属冷加工	0.14	0.5	5	0.5	1.73
	大批及流水生产的金属热加工	0.26	0.5	5	0.65	1.16
长期运转机械	通风机、泵、电动机	0.65	0.25	5	0.8	0.75
铸工车间连续运输及整砂机械	非连锁连续运输及整砂机械	0.4	0.4	5	0.75	0.88
	连锁连续运输及整砂机械	0.6	0.2	5	0.75	0.88
反复短时负荷	锅炉、装配、机修的起重机	0.06	0.2	3	0.5	1.73
	铸造车间的起重机	0.09	0.3	3	0.5	1.73
	平炉车间的起重机	0.11	0.3	3	0.5	1.73
	压延、脱模、修整间的起重机	0.18	0.3	3	0.5	1.73
电热设备	定期装料电阻炉	0.5	0.5	1	1	0
	自动连续装料电阻炉	0.7	0.3	2	1	0
	实验室小型干燥箱、加热器	0.7			1	0
	熔炼炉	0.9			0.87	0.56
	工频感应炉	0.8			0.35	2.67
	高频感应炉	0.8			0.6	1.33
焊接设备	单头手动弧焊变压器	0.35			0.35	2.67
	多头手动弧焊变压器	0.7~0.9			0.75	0.88
	点焊机及缝焊机	0.5			0.5	1.73
	对焊机	0.35			0.6	1.33
	平焊机	0.35			0.7	1.02
	铆钉加热器	0.35			0.7	1.02
	单头直流弧焊机	0.7			0.65	1.16
	多头直流弧焊机	0.35			0.6	1.33
		0.5~0.9			0.65	1.16
电镀	硅整流装置	0.5	0.35	3	0.75	0.88

　　当用电设备的台数 n 等于最大容量用电设备的台数 X，且 $n = X \leqslant 3$ 时，一般将用电设备的设备容量总和作为最大计算负荷

2.4.2　不同工作制的多组用电设备计算负荷

$$
\begin{cases}
P_{\mathrm{C}} = \sum (bP_{\mathrm{e}}) + (cP_{\mathrm{x}})_{\mathrm{m}} \\
Q_{\mathrm{C}} = \sum (bP_{\mathrm{e}}\tan\varphi) + (cP_{\mathrm{x}})_{\mathrm{m}}\tan\varphi_{\mathrm{x}} \\
S_{\mathrm{C}} = \sqrt{P_{\mathrm{C}}^2 + Q_{\mathrm{C}}^2} \\
I_{\mathrm{C}} = \dfrac{S_{\mathrm{C}}}{\sqrt{3}U_{\mathrm{N}}}
\end{cases}
\tag{2-14}
$$

式中　P_{C}、Q_{C}、S_{C}、I_{C}——多组用电设备组的计算负荷总和（kW）、（kvar）、（kVA）、（A）；

$\qquad\sum (bP_{\mathrm{e}})$——各用电设备组平均负荷 $b \cdot P_{\mathrm{e}}$ 的总和；

$\qquad (cP_{\mathrm{x}})_{\mathrm{m}}$——各用电设备组附加负荷 $c \cdot P_{\mathrm{x}}$ 中最大值；

$\qquad\tan\varphi_{\mathrm{x}}$——与 $(cP_{\mathrm{x}})_{\mathrm{m}}$ 相对应的功率因数角的正切值；

$\qquad\tan\varphi$——与各用电设备组对应的功率因数角的正切值。

如果每组中的用电设备数量小于最大容量用电设备的台数 X，则采用小于 X 的两组或更多组中最大的用电设备附加负荷的总和，作为总的附加负荷。

注意，用二项式法进行负荷计算时，把所有用电设备统一划组，按照不同工作制分组，不应逐级计算。

另外二项式法进行负荷计算的局限性很大，因此仅限于某些机械加工行业低压干线上应用，原因是计算结果偏大，二项式系数 b、c 不够科学准确，相关资料又较少，因此应用受到了限制。

[**例 2-4**]　试用二项式法确定例 2-3 所列配电线路的计算负荷。

解：

1. 相同工作制用电设备组的计算负荷

（1）冷加工机床组

查表 2-10 得：$b=0.14$，$c=0.5$，$x=5$，$\cos\varphi=0.5$，$\tan\varphi=1.73$

$P_{\mathrm{C1}} = b \cdot P_{\mathrm{e}} + c \cdot P_{\mathrm{x}} = 0.14 \times 112 + 0.5 \times (10 \times 4 + 4) = 15.68 + 22 = 37.7\mathrm{kW}$

$Q_{\mathrm{C1}} = P_{\mathrm{C1}} \cdot \tan\varphi = 37.7 \times 1.73 = 65.2\mathrm{kvar}$

（2）通风机组

查表 2-10 得：$b=0.65$，$c=0.25$，$x=5$，$\cos\varphi=0.8$，$\tan\varphi=0.75$

$\qquad P_{\mathrm{C2}} = b \cdot P_{\mathrm{e}} + c \cdot P_{\mathrm{x}} = 0.65 \times 5 + 0.25 \times 5 = 3.25 + 1.25 = 4.5\mathrm{kW}$

$\qquad Q_{\mathrm{C2}} = P_{\mathrm{C2}} \cdot \tan\varphi = 4.5 \times 0.75 = 3.4(\mathrm{kvar})$

（3）电阻炉

一台取：$b=1$，$\cos\varphi=1$，$\tan\varphi=0$

$\qquad\qquad P_{\mathrm{C3}} = b \cdot P_{\mathrm{e}} = 1 \times 2 = 2.0\mathrm{kW}$

$\qquad\qquad Q_{\mathrm{C3}} = P_{\mathrm{C3}} \cdot \tan\varphi = 0\mathrm{kvar}$

2. 配电线路上的计算负荷

$P_{\mathrm{C}} = \sum (b \cdot P_{\mathrm{e}}) + (c \cdot P_{\mathrm{x}})_{\mathrm{m}} = (15.68 + 3.25 + 2.0) + 22 = 20.93 + 22 = 42.93\mathrm{kW}$

$Q_{\mathrm{C}} = \sum (b \cdot P_{\mathrm{e}}\tan\varphi) + (c \cdot P_{\mathrm{x}})_{\mathrm{m}} \cdot \tan\varphi_{\mathrm{x}}$

$$= (15.68 \times 1.73 + 3.25 \times 0.75 + 1.4 \times 0) + 22 \times 1.73 = 29.56 + 38.06 = 67.6 \text{kvar}$$

$$S_C = \sqrt{P_C^2 + Q_C^2} = \sqrt{42.93^2 + 67.6^2} = 80.08 \text{kVA}$$

$$I_C = \frac{S_C}{\sqrt{3} U_N} = \frac{80.08}{\sqrt{3} \times 0.38} = 121.67 \text{A}$$

从例 2-3、例 2-4 计算结果看出，二项式法计算数值偏大，主要原因是过分强调了最大用电设备的容量。

2.5　计算负荷的常用估算方法

2.5.1　单位指标法

单位指标法计算有功功率 P_C 的公式为

$$P_c = \frac{P_e' N}{1000} \text{kW} \tag{2-15}$$

式中　P_e'——单位用电指标，如 W/户、W/人、W/床；

N——单位数量，如户数、人数、床位数。见表 2-11、表 2-12。

每套住宅用电负荷和电度表的选择　　　　　　　　表 2-11

套　型	建筑面积 S（m^2）	用电负荷（kW）	电能表（单相）（A）
A	$S \leqslant 60$	3	5（20）
B	$60 < S \leqslant 90$	4	10（40）
C	$90 < S \leqslant 150$	6	10（40）

旅游宾馆的负荷密度及单位指标值　　　　　　　　表 2-12

用电设备组名称	K_s（W/m^2）		K_n（W/床）	
	平　均	推荐范围	平　均	推荐范围
全馆总负荷	72	65～79	2242	2000～2400
全馆总照明	15	13～17	928	850～1000
全馆总电力	56	50～62	2366	2100～2600
冷冻机房	17	15～19	969	870～1100
锅炉房	5	4.5～5.9	156	140～170
水泵房	1.2	1.2	43	40～50
风机	0.3	0.3	8	7～9
电梯	1.4	1.4	28	25～30
厨房	0.9	0.9	55	30～60
洗衣机房	1.3	1.3	48	45～60
窗式空调	10	10	357	320～400

2.5.2　负荷密度法

当已知车间生产面积或某建筑物面积负荷密度 ρ 时，则可估算其计算负荷：

$$P_C = \rho A \tag{2-16}$$

式中　ρ——负荷密度（kW/m^2）；

A——某生产车间或某建筑面积（m²）。

各类建筑负荷密度见表2-13、表2-14。

各类建筑物单位面积推荐负荷指标　　　　　　表2-13

建筑类别	用电指标（W/m²）	建筑类别	用电指标（W/m²）
公寓	30～50	医院	40～60（无中央空调），70～90
旅馆	40～70	高等学校	20～40
办公	40～80	中小学	12～20
商业	一般：40～80	展览馆	50～80
	大中型：70～130		
体育	40～70	演播室	250～500
剧场	50～80	汽车库	8～15

注：1. 当空调冷水机组采用直燃机时，用电指标一般比采用电动压缩机制冷时的用电指标降低25～35VA/m²。表中所列用电指标的上限值是按空调采用电动压缩机制冷时的数值。

　　2. 广东省推荐负荷指标：办公楼、商场、宾馆为80～100W/m²。

机场航站楼的负荷密度　　　　　　表2-14

序　号	工程名称	建筑面积（m²）	变压器安装容量（kVA）	装机密度（VA/m²）	推荐指标（VA/m²）
1	西安咸阳机场	20000	2000	100	
2	武汉天河机场	28000	2600	93	
3	上海虹桥机场	30000	5000	167	
4	深圳宝安机场	40000	6500	163	
5	郑州新郑机场	45000	6000	133	100～170
6	桂林两江国际机场	53000	6000	113.2	
7	哈尔滨国家岗机场	63561	5000	78.7	
8	海口美兰机场	90000	11600	128.9	
9	长沙黄花机场	34000	4000	117.6	
10	澳门机场	47000	17000	362	

[例2-5]　某办公楼建筑面积2万 m²，负荷密度为60W/m²，试估算计算负荷。

解：$P_C = \rho A = 60 \times 2 \times 10^4 = 1200kW$

2.6　单相负荷的负荷计算

在企业中，除广泛应用三相用电设备外，尤其在民用建筑中，还有单相用电设备，如照明用电。在配电设计中，应尽量使单相设备均衡地分配在三相线路上，尽量减少三相不平衡状态。当单相负荷的总容量小于计算范围内三相对称负荷总容量的15%时，全部按三相对称负荷计算，当超过15%时，应将单相负荷换算为等效三相负荷，再与三相负荷相加。等效三相负荷计算方法如下：

2.6.1　单相用电设备接于相电压

等效三相负荷取最大一相负荷的三倍，即

$$P_{eq} = 3P_m$$

（2-17）

式中　　P_{eq}——等效三相负荷容量；

　　　　P_m——最大负荷相的设备容量（kW）。

2.6.2　单相用电设备仅接于线电压

1. 当只有单台设备或设备只接在一个线电压上时，等效三相负荷为线间负荷的$\sqrt{3}$倍，即：

$$P_{eq} = \sqrt{3} P_e \tag{2-18}$$

式中　　P_e——线间负荷容量（kW）。

2. 当有多台设备时，等效三相负荷取最大线间负荷的$\sqrt{3}$倍加上次大线间负荷的$(3-\sqrt{3})$倍，当$P_{ab} \geqslant P_{bc} \geqslant P_{ca}$，则：

$$P_{eq} = \sqrt{3} P_{ab} + (3-\sqrt{3}) P_{bc} \tag{2-19}$$

式中　　P_{ab}、P_{bc}、P_{ca}——分别接于ab、bc、ca线间负荷容量（kW）。

2.6.3　既有线间负荷，又有相间负荷时，应将线间负荷换算成相负荷，然后各相负荷分别相加，取最大相负荷的3倍作为等效三相负荷

换算方法如下：

1. 各相负荷换算

$$\begin{cases} P_a = P_{ab} p_{(ab)a} + P_{ca} p_{(ca)a} \\ Q_a = P_{ab} q_{(ab)a} + P_{ca} q_{(ca)a} \\ P_b = P_{ab} p_{(ab)b} + P_{bc} p_{(bc)b} \\ Q_b = P_{ab} q_{(ab)b} + P_{bc} q_{(bc)b} \\ P_c = P_{bc} p_{(bc)c} + P_{ca} p_{(ca)c} \\ Q_c = P_{bc} q_{(bc)c} + P_{ca} q_{(ca)c} \end{cases} \tag{2-20}$$

2. 等效三相负荷

$$P_{eq} = 3 P_m \tag{2-21}$$

式中　　　　P_{ab}、P_{bc}、P_{ca}——分别接于ab、bc、ca线间负荷（kW）；

P_a、P_b、P_c、Q_a、Q_b、Q_c——换算为a、b、c相的有功负荷（kW）和无功负荷（kvar）；

$p_{(ab)a}$、$p_{(ab)b}$、$p_{(bc)b}$、$p_{(bc)c}$、$p_{(ca)c}$、$p_{(ca)a}$ 及 $q_{(ab)a}$、$q_{(ab)b}$、$q_{(bc)b}$、$q_{(bc)c}$、$q_{(ca)c}$、$q_{(ca)a}$——功率换算系数，见表2-15；

　　　　　　P_m——最大相负荷（kW）；

　　　　　　P_{eq}——等效三相负荷（kW）。

换算系数表　　　　　　　　　　　　　　表 2-15

换算系数	负荷功率因数							
	0.35	0.4	0.5	0.6	0.65	0.7	0.8	0.9
$p_{(ab)a}$，$p_{(bc)b}$，$p_{(ca)c}$	1.27	1.17	1.0	0.89	0.84	0.8	0.72	0.64
$p_{(ab)b}$，$p_{(bc)c}$，$p_{(ca)a}$	−0.25	−0.17	0	0.11	0.16	0.2	0.28	0.36
$q_{(ab)a}$，$q_{(bc)b}$，$q_{(ca)c}$	1.05	0.86	0.58	0.38	0.3	0.22	0.09	−0.05
$q_{(ab)b}$，$q_{(bc)c}$，$q_{(ca)a}$	1.63	1.44	1.16	0.96	0.88	0.8	0.67	0.53

2.7　尖峰电流的计算

用电设备持续 $1\sim2s$ 的短时最大负荷电流，称尖峰电流。确定尖峰电流的目的是为了计算线路的电压波动，选择断路器、熔断器和保护装置电流整定值，以及检验电动机能否自启动的依据。

2.7.1　单台设备的尖峰电流

单台设备的尖峰电流主要是由感性负载在启动瞬间产生的电流。即

$$I_{pk} = K_{st} I_N \tag{2-22}$$

式中　I_{pk}——单台设备的尖峰电流（A）；

I_N——用电设备的额定电流；

K_{st}——用电设备的启动电流倍数，一般鼠笼式电动机为 $5\sim7$，绕线型电动机为 $2\sim3$，直流电动机为 $1.5\sim2$，电焊变压器为 $3\sim4$（详细值可查产品样本）。

2.7.2　多台用电设备的尖峰电流

一般只考虑启动电流最大的一台电动机的启动电流，因此多台用电设备的尖峰电流为：

$$I_{pk} = (K_{st} I_N)_m + I_{c(n-1)} \tag{2-23}$$

式中　$(K_{st} I_N)_m$——启动电流最大的一台电动机启动电流（A）；

$I_{c(n-1)}$——除启动电流最大的那台电动机之外，其他用电设备的计算电流。

2.7.3　电动机组同时启动的尖峰电流

$$I_{PK} = \sum_{i=1}^{n} K_i \cdot I_{ni} \tag{2-24}$$

式中　n——同时启动的电动机台数；

K_i、I_{ni}——对应于第 i 台电动机的启动倍数和额定电流。

[例2-6]　某车间有一条 380V 线路给三台电动机供电，已知 $K_1=6$，$I_{n1}=10.2A$；$K_2=5$，$I_{n2}=30A$；$K_3=6$，$I_{n3}=6A$，试计算该线路的尖峰电流。

解：由已知条件可知，第二台电动机启动电流最大，所以该线路尖峰电流应为

$$I_{PK} = K_2 \cdot I_{n2} + (I_{n1} + I_{n3}) = 5 \times 30 + (10.2 + 6) = 166.2A$$

2.8　节　约　电　能

2.8.1　节约电能

1. 节约电能的意义

电能由于具备容易转换、输送、分配、控制等主要特点，因此应用极其广泛。电能是我国国民经济发展的重要能源，因此节约电能与开发电能同样重要。其原因如下：

1）节约电能可降低能源的消耗，缓解电力供需的矛盾，减少环境污染。

2）节约电能可减少企业的成本。

3）节约电能可促进新技术、新工艺、新设备的开发与利用，大大提高生产力水平。

2. 节约电能的方法

1) 建立科学用电管理制度与措施。

2) 实行计划供电，合理分配负荷，削峰填谷，提高电网供电能力，降低线损。

3) 采用新技术、新工艺、新设备，改造旧设备，提高用电设备效率，减少电源损失，减少线路损耗。

4) 提高自然功率因数和进行无功补偿，使电网功率因数提高，从而减少损耗。

2.8.2　功率损耗

1. 变压器功率损耗的计算

变压器的功率损耗，包括有功功率损耗 ΔP_T 和无功功率损耗 ΔQ_T。有功损耗又分为空载损耗和负载损耗两部分。空载损耗又称铁损，它是变压器主磁通在铁芯中产生的有功功率损耗。因为主磁通只与外加电压和频率有关，当外加电压 U 和频率 f 为恒定时，铁损也为常数，与负荷大小无关。负载损耗又称铜损，它是变压器负荷电流在一次、二次绕组的电阻中产生的有功功率损耗，其值与负载电流平方成正比。同样无功功率损耗也由两部分组成，一部分是变压器空载时，由产生主磁通的励磁电流所造成的无功功率损耗，另一部分是由变压器负载电流在一、二次绕组电抗上产生的无功功率损耗。

ΔP_K、ΔQ_K 通过短路试验测得，ΔP_O、ΔQ_O 由空载试验测得，由制造厂提供，或由下式计算。

$$\begin{cases} \Delta P_\mathrm{T} = \Delta P_\mathrm{O} + \Delta P_\mathrm{K}\left(\dfrac{S_\mathrm{C}}{S_\mathrm{NT}}\right)^2 \\[2mm] \Delta Q_\mathrm{T} = \Delta Q_\mathrm{O} + \Delta Q_\mathrm{K}\left(\dfrac{S_\mathrm{C}}{S_\mathrm{NT}}\right)^2 \\[2mm] \Delta Q_\mathrm{O} = \dfrac{I_\mathrm{O}\%}{100} S_\mathrm{NT} \\[2mm] \Delta Q_\mathrm{K} = \dfrac{U_\mathrm{z}\%}{100} S_\mathrm{NT} \end{cases} \qquad (2\text{-}25)$$

式中　ΔP_T、ΔQ_T——变压器的有功功率损耗（kW）、无功功率损耗（kvar）；

　　　ΔP_O、ΔQ_O——变压器的空载有功功率损耗（kW）、空载无功功率损耗（kvar）；

　　　ΔP_K、ΔQ_K——变压器负载有功功率（kW）、负载无功功率（kvar），即变压器的短路有功功率损耗和无功功率损耗；

　　　　　S_C——变压器低压侧计算视在功率（kVA）；

　　　　S_NT——变压器的额定容量（kVA）；

　　　　$I_\mathrm{O}\%$——变压器空载电流占额定电流的百分数；

　　　　$U_\mathrm{z}\%$——变压器阻抗电压占额定电压的百分数。

变压器的功率损耗也可用下式概略计算。

$$\begin{cases} \Delta P_\mathrm{T} \approx 0.01 S_\mathrm{C} \\ \Delta Q_\mathrm{T} \approx 0.05 S_\mathrm{C} \end{cases} \qquad (2\text{-}26)$$

变压器参数详见附表 C-37、C-38、C-39。

2. 供电线路功率损耗的计算

供电线路的有功功率损耗、无功功率损耗可按下式计算：

$$\Delta P_l = 3 I_\mathrm{C}^2 R \times 10^{-3}$$

$$\Delta Q_l = 3I_C^2 X \times 10^{-3} \tag{2-27}$$

式中　ΔP_l、ΔQ_l——线路的有功功率损耗（kW），无功功率损耗（kvar）；

　　　　R、X——每相线路电阻、电抗。

R、X 可按下式计算：

$$R = r_0 l$$
$$X = x_0 l \tag{2-28}$$

式中　r_0、x_0——线路单位长度的交流电阻和电抗（Ω/km）；

　　　　l——线路计算长度（km）。

2.8.3　无功补偿

1. 无功补偿的意义

在企业和民用建筑中的用电设备大多数是具有电感特性的。如电力变压器、感应电动机、电焊机、日光灯等，这些设备在工作中向电网吸收大量无功功率，而这部分功率又不是实际做功的功率，因此电网向负载提供有功功率的同时，又要提供无功功率，由公式 $S=\sqrt{P^2+Q^2}$ 可知，无功功率 Q 的增加，可使视在功率 S 增加，因此无功功率增加可导致：（1）供电系统的设备容量和投资增加，如 S 愈大，变压器容量愈大；（2）当电源电压一定时，由公式 $S=\sqrt{3}UI$ 可知，S 增加，势必导致线路的电流 I 增加，使输电线路导线截面增加；（3）线路电流的增加，使得线路的电压损失 Ir 增加，线路及设备的有功损耗 I^2r 增加。

2. 无功补偿的方法

由于上述原因，无功功率的增加，不仅浪费能源，又使设备投资增加，为了减少向电网索取的无功功率，由公式 $S=\dfrac{P}{\cos\varphi}$ 可知，提高功率因数 $\cos\varphi$，即可减少系统容量 S。提高功率因数的方法主要分两方面。一是采用提高自然功率因数的方法，这种方法不需要增加设备，如合理选择感应电动机和变压器容量。因为电动机在空载下运行，功率因数比满载下要低，即避免"大马拉小车"。变压器容量选择过大，也会使功率因数降低。二是采用人工补偿的方法，提高功率因数。采用人工补偿的方法，需要增加新设备，这种方法通常有：（1）采用静电电容器；（2）采用同步调相机。在工业企业和民用建筑中，主要采用静电电容器进行无功补偿。根据负荷的分布，可采用个别补偿（如大容量用电设备）和集中补偿（如变电所可采用集中补偿）。根据需要还可进行低压和高压补偿，对于中小型企业和民用建筑一般采用低压补偿，对于大型企业和大型建筑可采用高压补偿，这需要进行经济指标论证。

3. 补偿容量的计算方法

采用静电电容器进行无功补偿的计算方法如下：

$$Q_{cc} = P_c(\tan\varphi_1 - \tan\varphi_2) = P_c \cdot \Delta q_c \tag{2-29}$$

式中　Q_{cc}——补偿容量（kvar）；

　　　　P_c——有功计算负荷（kW）；

　　　$\tan\varphi_1$——补偿前计算负荷对应的功率因数的正切值；

　　　$\tan\varphi_2$——补偿后计算负荷对应的功率因数的正切值；

　　　Δq_c——补偿率（kvar/kW），见表 2-16。

补偿率 Δq_{c} （kvar/kW）　　　　　　　表 2-16

$\cos\varphi_1$ \ $\cos\varphi_2$	0.8	0.82	0.84	0.85	0.86	0.88	0.90	0.92	0.94	0.96	0.98	1.00
0.40	1.54	1.60	1.65	1.67	1.70	1.75	1.87	1.87	1.93	2.00	2.09	2.29
0.42	1.41	1.47	1.52	1.54	1.57	1.62	1.68	1.74	1.80	1.87	1.96	2.16
0.44	1.29	1.34	1.39	1.41	1.44	1.50	1.55	1.61	1.68	1.75	1.84	2.04
0.46	1.18	1.23	1.28	1 31	1.34	1.39	1.44	1.50	1.57	1.64	1.73	1.93
0.48	1.08	1.12	1.18	1.21	1.23	1.29	1.34	1.40	1.46	1.54	1.62	1.83
0.50	0.98	1.04	1.09	1.11	1.14	1.19	1.25	1.31	1.37	1.44	1.52	1.73
0.52	0.89	0.94	1.00	1.02	1.05	1.02	1.16	1.21	1.28	1.35	1.44	1.64
0.54	0.81	0.86	0.91	0.94	0.97	0.94	1.07	1.13	1.20	1.27	1.36	1.56
0.56	0.73	0.78	0.83	0.86	0.89	0.87	0.99	1.05	1.12	1.19	1.28	1.48
0.58	0.66	0.71	0.76	0.79	0.81	0.79	0.92	0.97	1.04	1.12	1.20	1.41
0.60	0.58	0.64	0.69	0.71	0.74	0.78	0.85	0.90	0.97	1.04	1.13	1.33
0.62	0.52	0.57	0.62	0.65	0.67	0.66	0.76	0.84	0.90	0.98	1.06	1.27
0.64	0.45	0.50	0.56	0.58	0.64	0.68	0.72	0.78	0.84	0.91	1.00	1.20
0.66	0.39	0.44	0.49	0.52	0.55	0.60	0.65	0.71	0.78	0.85	0.94	1.14
0.68	0.33	0.38	0.43	0.46	0.48	0.54	0.50	0.65	0.71	0.79	0.88	1.08
0.70	0.27	0.32	0.38	0.40	0.43	0.48	0.54	0.59	0.66	0.73	0.82	1.02
0.72	0.21	0.27	0.32	0.34	0.37	0.42	0.48	0.54	0.60	0.67	0.76	0.96
0.74	0.16	0.21	0.26	0.29	0.31	0.37	0.42	0.48	0.54	0.62	0.71	0.91
0.76	0.10	0.16	0.21	0.23	0.26	0.31	0.37	0.43	0.49	0.56	0.65	0.85
0.78	0.05	0.11	0.16	0.18	0.21	0.26	0.32	0.38	0.44	0.51	0.60	0.80
0.80	—	0.05	0.10	0.13	0.16	0.21	0.27	0.32	0.39	0.46	0.55	0.73
0.82	—	—	0.05	0.08	0.10	0.16	0.21	0.27	0.34	0.41	0.49	0.70
0.84	—	—	—	0.03	0.05	0.11	0.16	0.22	0.28	0.35	0.44	0.65
0.85	—	—	—	—	0.03	0.08	0.14	0.19	0.26	0.33	0.42	0.62
0.86	—	—	—	—	—	0.05	0.11	0.14	0.23	0.30	0.39	0.59
0.88	—	—	—	—	—	—	0.06	0.11	0.18	0.25	0.34	0.54
0.90	—	—	—	—	—	—	—	0.06	0.12	0.19	0.28	0.49

[例 2-7]　某建筑变电所低压侧有功计算负荷为 980kW，功率因数为 0.78，欲使功率因数提高到 0.9，需并联多大容量的电容器？

解： 由式 2-29 知 $Q_{cc}=P_c（\tan\varphi_1-\tan\varphi_2）=P_c \cdot \Delta q_c$

查表 2-16 知 $\Delta q_c=0.32$

$\therefore Q_{cc}=980\times0.32=313.6$（kvar）

$\therefore$ 可采用 2 台 160kvar 自动静电电容补偿柜。

2.9　变压器的选择

2.9.1　一般原则

1. 35kV 主变压器的台数和容量应根据地区供电条件、负荷性质、用电容量和运行方式综合考虑确定。

2. 10（6）kV 配电变压器台数和容量应根据负荷情况、环境条件确定，如果为民用建筑变电所，还应根据建筑物性质确定。

2.9.2　变压器的形式选择

应选用节能型变压器。

变压器的型号有很多，按绝缘材料可分为油浸变压器、干式变压器；按线圈材料可分为铜芯和铝芯的。

1. 油浸自冷式电力变压器常用的型号有：S7、SL7、S9、SL9、S10-M、S11、S11-M 等（属于低损耗变压器），型号中"L"表示铝芯线圈，没有"L"则是铜芯线圈，目前铜芯居多，"M"表示全封闭。

2. 有载自动调压变压器常用的型号有：SLZ7、SZ7、SZ9、SFSZ、SGZ3 等，"Z"表示有载自动调压，"G"表示干式空气自冷。

3. 干式电力变压器常用型号有：SC、SCZ、SCL、SCB、SG3、SG10、SC6 等，"C"表示用环氧树脂浇铸的。

4. 防火防爆电力变压器有：SF6、SQ、BS7、BS9 等，采用气体绝缘全封闭形式。

变压器参数详见附表 C-37、C-38、C-39。

工厂供电系统没有特殊要求的和民用建筑独立变电所常采用三相油浸自冷电力变压器；对于高层建筑、地下建筑、机场、发电厂（站）、石油、化工等单位对消防要求较高场所，宜采用干式电力变压器；对电网电压波动较大，为改善电压质量采用有载调压电力变压器；对于工作环境恶劣，有防尘、防火、防爆要求的，应采用密闭式、防火、防爆电力变压器。近年来，箱式变压器在城市中的小区和车间也不断采用，与高、低压配电柜并列安装组成箱式变压站。

2.9.3　变压器台数的选择

变压器台数要依据以下原则选择：根据负荷等级确定；根据负荷容量确定；根据运行的经济性确定。

1. 为满足负荷对供电可靠性的要求，根据负荷等级确定变压器的台数，对具有大量一、二级负荷或只有大量二级负荷，宜采用两台及以上变压器，当一台故障或检修时，另一台仍能正常工作。

2. 负荷容量大而集中时，虽然负荷只为三级负荷，也可采用两台及以上变压器。

3. 对于季节负荷或昼夜负荷变化比较大时，以供电的经济性角度考虑，为了方便、灵活地投切变压器，也宜采用两台变压器。

除以上情况外，可采用一台变压器。

当符合下列条件之一时，可设专用变压器：

1. 电力和照明采用共用变压器将严重影响照明质量及光源寿命时，可设照明专用变压器；

2. 季节性负荷容量较大或冲击性负荷严重影响电能质量时，设专用变压器；

3. 单相负荷容量较大，由于不平衡负荷引起中性导体电流超过变压器低压绕组额定电流的 25% 时，或只有单相负荷其容量不是很大时，可设置单相变压器；

4. 出于功能需要的某些特殊设备，可设专用变压器；

5. 在电源系统不接地或经高阻抗接地，电气装置外露可导电部分就地接地的低压系统中（IT 系统），照明系统应设专用变压器。

2.9.4 变压器容量的确定

1. 在民用建筑中，低压为 0.4kV 单台变压器容量不宜大于 1250kVA。因为容量太大，供电范围和半径太大，电能损耗大，对断路器等设备要求也严格。对于户外预装式变电所，单台变压器容量不宜大于 800kVA。

单台变压器容量确定：

$$S_{NT} = \frac{S_C}{\beta} \qquad (2-30)$$

式中　S_{NT}——单台变压器容量（kVA）；

　　　S_C——计算负荷的视在功率（kVA）；

　　　β——变压器的最佳负荷率（一般取 70%～80% 为宜）。

从长期经济运行角度考虑，配电变压器的长期工作负荷率不宜大于 85%。

2. 如果是具有两台及以上变压器的变电所，要求其中任一台变压器断开时，其余主变压器的容量应满足一、二级负荷用电。

在同一变电所内，变压器的容量等级不宜过多，以便于安装、维护。

3. 变压器允许事故过负荷倍数和时间

变压器允许事故过负荷倍数和时间，应按制造厂的规定执行，如制造厂无规定时，对油浸及干式变压器可参照表 2-17，表 2-18 规定执行。

油浸变压器允许事故过负荷倍数和时间　　　　　　　　表 2-17

过负荷倍数	1.30	1.45	1.60	1.75	2.00
允许持续时间（min）	120	80	45	20	10

干式变压器允许事故过负荷倍数和时间　　　　　　　　表 2-18

过负荷倍数	1.20	1.30	1.40	1.50	1.60
允许持续时间（min）	60	45	32	18	5

2.9.5 变压器连接组别的选择

1. 变压器绕组连接方式

变压器绕组连接方式　　　　　　　　表 2-19

类别及连接方式	高、中压	低压
单相	I	i
三相星形	Y	y
三相三角形	D	d
有中性线时	YN、ZN	yn、zn

不同绕组间电压相位差，即相位移为30°的倍数，故有0、1、2，······，11共12个组别。通常绕组的绕向相同，端子和相别标志一致，连接组别仅为0和11两种，中、低压绕组连接组标号有Y、Yn0（或Y、Yn12）与D、Yn12。

2. 变压器连接组别的选择

（1）D，yn11连接组别

具有以下三种情况之一者应选用D，yn11连接方式：

1）三相不平衡负荷超过变压器每相额定功率15%以上；

2）需要提高单相短路电流值，确保低压单相接地保护装置动作灵敏度；

3）需要限制三次谐波含量。

在民用建筑供电系统中，因单相负荷较多，而且存在较多的谐波源，所以配电变压器宜选用D，yn11接线组别的变压器。

（2）Y，yn0连接组别

当三相负荷基本平衡，或不平衡负荷不超过变压器每相额定功率15%，且供电系统中谐波干扰不严重时选择Y，yn0连接方式。

2.9.6 变压器并列运行的条件

变压器并列运行时，应使各台变压器二次侧不出现环流，并使各变压器承担的负载按变压器的额定容量成正比分配，因此要满足这两点，变压器必须符合下列条件：

1. 变比应相等，最大误差不超过0.5%。

2. 连接组标号必须一致。

3. 短路电压应相等，最大误差不超过±10%。

4. 变压器容量比不应超过1/3。

5. 连接相序必须相同。

2.10 负荷计算示例

2.10.1 工业建筑负荷计算示例

现以某工厂机修车间为例，按需要系数法确定车间的计算负荷，并进行无功补偿。设备种类、参数及计算结果见表2-20，其中行车的暂载率为$JC_N=15\%$，点焊机的暂载率为65%，采用220/380V三相四线制供电。

由计算结果可见，补偿后视在功率和总的计算电流减小很多，因此变压器容量可以减小，供电线路导线截面可减小，减少系统设备投资，节约有色金属。

2.10.2 民用建筑负荷计算示例

现以一个办公楼为例，用需要系数法确定计算负荷，选择变压器台数及容量，并进行无功补偿，使功率因数达到0.9，设备种类参数及计算结果见表2-21。

本工程有消防用电、应急照明等，为满足负荷对供电可靠性的要求，选择两台变压器，根据计算结果总负荷容量为319kVA，可选择两台200kVA变压器，负荷率可达80%，比较合理。

注意：计算总负荷容量时消防泵容量不计入总负荷容量之中。

某厂机修车间负荷计算结果

表 2-20

序号	设备名称	设备台数	设备容量 P_e (kW) 铭牌值	设备容量 P_e (kW) 换算值	需要系数 K_d	$\cos\varphi$	$\tan\varphi$	计算负荷 P_C (kW)	计算负荷 Q_C (Kvar)	计算负荷 S_C (kVA)	计算负荷 I_C (A)
1	机床	52	200	200	0.2	0.5	1.73	40	69.2		121.6
2	行车	1	5.1	3.95	1	0.5	1.73	3.95	6.83		12
3	通风机	4	5	5	0.8	0.8	0.75	4	3		7.6
4	点焊机	3	10.5	8.47	1	0.6	1.33	8.47	11.27		21.45
车间总计 取 $K_\Sigma = 0.9$		60	220.5	217.4		0.53		56.42 / 50.78	90.30 / 81.27	95.83	145.60
补偿后						0.9		50.78	25.27	56.72	86.18

$Q_C = P_C \cdot \Delta q_C = 56 \text{kvar}$

某办公楼负荷计算结果

表 2-21

序号	设备名称	设备容量 (kW)	需要系数 K_d	$\cos\varphi$	$\tan\varphi$	计算负荷 P_C (kW)	计算负荷 Q_C (Kvar)	计算负荷 S_C (kVA)	计算负荷 I_C (A)
1	正常照明	200	0.8	0.8	0.75	160	120		303.87
2	应急照明	11.7	1	0.8	0.75	11.7	8.8		22.23
3	热水器	72	0.9	1	0	64.8	0		98.5
4	消防泵	45	1	0.8	0.75	45	33.8		85.5
5	电梯	23.82	1	0.7	1.02	23.82	24.30		51.69
6	排烟及正压风机	32.5	0.7	0.8	0.75	22.8	17.1		43.32
7	消防控制室	3.56	1	0.8	0.75	3.56	2.7		6.76
8	动力	32.15	0.8	0.7	1.02	25.7	26.2		55.77
9	生活水泵	11	0.8	0.8	0.75	8.8	6.6		16.72
总计		387		0.86		321	196	376	571
取 $K_\Sigma = 0.9$						289	176	338	514
补偿后						289	136	319	485

补偿容量: $Q_C = P_C \Delta q_C = 32 \text{kvar}$, 选择 $Q_C = 40 \text{kvar}$, 实际 $\cos\varphi = 0.91$

思 考 题

2-1　负荷计算的目的。

2-2　负荷计算的内容。

2-3　负荷计算主要有哪几种方法?

2-4　什么是计算负荷? 其物理意义是什么?

2-5　什么是最大负荷年利用小时数?

2-6　需要系数法和二项式法计算的特点是什么?

2-7　单相负荷分配原则是什么?

2-8　什么是尖峰电流? 计算尖峰电流的目的是什么?

2-9　节约电能的意义是什么?

2-10　无功补偿的意义是什么? 常用哪几种补偿方法?

习 题

2-1　有一大批生产的机械加工车间,拥有金属切削电动机容量共800kW,通风机容量共56kW,线路电压为380V。试分别确定各组和车间的计算负荷 P_c、Q_c、S_c 和 I_c。

2-2　有一380V的三相线路,供电给35台小批生产的冷加工机床电动机,总容量为85kW,其中较大容量的电动机有:7.5kW、1台;4kW、3台;3kW、12台。试分别用需要系数法和二项式法确定其计算负荷。

2-3　在习题2-1中,欲使功率因数达到0.9,需总容量为多大的电容器?

2-4　某办公楼一区照明的设备容量为80kW,二区照明的设备容量为40kW,使用同一线路供电,用需要系数法求计算负荷。

第3章 供配电系统一次接线

3.1 概　　述

1. 供配电系统设计依据

无论是工业还是民用建筑，供配电系统的设计依据主要是满足负荷等级的要求，按照负荷容量的大小和地区的供电条件进行设计。

2. 供配电系统设计基本要求

供配电系统设计原则是在满足负荷要求的基础上，尽量节约电能。

(1) 可靠性。根据不同负荷的等级，保证供电的连续性，满足用电设备对供电可靠性的不同要求。

(2) 电能质量。为保证电网安全、经济运行，保障企业产品质量和用电设备的正常工作，电能质量的优劣是很重要的因素。

(3) 安全性。供配电系统在运行、维护等过程中要保证人身安全和设备、建筑物的安全。

(4) 灵活性。运行灵活，维护、操作方便，在保证供电可靠性、安全性的前提下，力求系统简便，并具有可扩展性。

(5) 经济性。在满足上述要求的同时，要考虑经济性，尽量减少投资和运行费用，节约能源。

3. 一次接线

供配电系统一次接线又称主接线，是将电力变压器、开关电器、互感器、母线、电力电缆等电气设备按一定顺序连接而成的接受和分配电能的电路。一般用单线图绘制。

3.2 负 荷 分 级

3.2.1 负荷分级

用电负荷应根据对供电可靠性的要求及中断供电所造成的损失或影响程度分为三级。

1. 一级负荷

(1) 中断供电将造成人身伤亡的负荷；

(2) 中断供电将造成重大政治影响的负荷；

(3) 中断供电将造成重大经济损失的负荷；

(4) 中断供电将破坏有重大影响的用电单位的正常工作，或造成公共场所秩序严重混乱。例如：重要通信枢纽、重要交通枢纽、重要的经济信息中心、特级或甲级体育建筑、国宾馆、承担重大国事活动的会堂、经常用于重要国际活动的大量人员集中的公共场所等的重要用电负荷。

在一级负荷中，当中断供电将发生中毒、爆炸和火灾等情况的负荷，以及特别重要场所的不允许中断供电的负荷，应为一级负荷中特别重要的负荷。

2. 二级负荷

（1）中断供电将造成较大影响或损失；

（2）中断供电将影响重要用电单位的正常工作或造成公共场所秩序混乱。

3. 三级负荷

不属于一级和二级的用电负荷。

民用建筑中各类建筑物的主要用电负荷分级参见表3-1。

民用建筑中各类建筑物的主要用电负荷分级

表3-1

序　号	建筑物名称	用电负荷名称	负荷级别
1	国家级会堂、国宾馆、国家级国际会议中心	主会场、接见厅、宴会厅照明，电声、录像、计算机系统用电	一级*
		客梯、总值班室、会议室、主要办公室、档案室用电	一级
2	国家及省部级政府办公建筑	客梯、主要办公室、会议室、总值班室、档案室及主要通道照明用电	一级
3	国家及省部级计算中心	计算机系统用电	一级*
4	国家及省部级防灾中心、电力调度中心、交通指挥中心	防灾、电力调度及交通指挥计算机系统用电	一级*
5	地、市级办公建筑	主要办公室、会议室、总值班室、档案室及主要通道照明用电	二级
6	地、市级及以上气象台	气象业务用计算机系统用电	一级*
		气象雷达、电报及传真收发设备、卫星云图接收机及语言广播设备、气象绘图及预报照明用电	一级
7	电信枢纽、卫星地面站	保证通信不中断的主要设备用电	一级*
8	电视台、广播电台	国家及省、市、自治区电视台、广播电台的计算机系统用电，直接播出的电视演播厅、中心机房、录像室、微波设备及发射机房用电	一级*
		语音播音室、控制室的电力和照明用电	一级
		洗印室、电视电影室、审听室、楼梯照明用电	二级
9	剧场	特、甲等剧场的调光用计算机系统用电	一级*
		特、甲等剧场的舞台照明、贵宾室、演员化妆室、舞台机械设备、电声设备、电视转播用电	一级
		甲等剧场的观众厅照明、空调机房及锅炉房电力和照明用电	二级
10	电影院	甲等电影院的照明与放映用电	二级
11	博物馆、展览馆	大型博物馆及展览馆安防系统用电；珍贵展品展室照明用电	一级*
		展览用电	二级
12	图书馆	藏书量超过100万册及重要图书馆的安防系统、图书检索用计算机系统用电	一级*
		其他用电	二级

续表

序　号	建筑物名称	用电负荷名称	负荷级别
13	体育建筑	特级体育场（馆）及游泳馆的比赛场（厅）、主席台、贵宾室、接待室、新闻发布厅、广场及主要通道照明、计时记分装置、计算机房、电话机房、广播机房、电台和电视转播及新闻摄影用电	一级*
		甲级体育场（馆）及游泳馆的比赛场（厅）、主席台、贵宾室、接待室、新闻发布厅、广场及主要通道照明、计时记分装置、计算机房、电话机房、广播机房、电台和电视转播及新闻摄影用电	一级
		特级及甲级体育场（馆）及游泳馆中非比赛用电、乙级及以下体育建筑比赛用电	二级
14	商场、超市	大型商场及超市的经营管理用计算机系统用电	一级*
		大型商场及超市营业厅的备用照明用电	一级
		大型商场及超市的自动扶梯、空调用电	二级
		中型商场及超市营业厅的备用照明用电	二级
15	银行、金融中心、证交中心	重要的计算机系统和安防系统用电	一级*
		大型银行营业厅及门厅照明、安全照明用电	一级
		小型银行营业厅及门厅照明用电	二级
16	民用航空港	航空管制、导航、通信、气象、助航灯光系统设施和台站用电，边防、海关的安全检查设备用电，航班预报设备用电，三级以上油库用电	一级*
		候机楼、外航驻机场办事处、机场宾馆及旅客过夜用房、站坪照明、站坪机务用电	一级
		其他用电	二级
17	铁路旅客站	大型站和国境站的旅客站房、站台、天桥、地道用电	一级
18	水运客运站	通信、导航设施用电	一级
		港口重要作业区、一级客运站用电	二级
19	汽车客运站	一、二级客运站用电	二级
20	汽车库（修车库）、停车场	Ⅰ类汽车库、机械停车设备及采用升降梯作车辆疏散出口的升降梯用电	一级
		Ⅱ、Ⅲ类汽车库和Ⅰ类修车库、机械停车设备及采用升降梯作车辆疏散出口的升降梯用电	二级
21	旅游饭店	四星级及以上旅游饭店的经营及设备管理用计算机系统用电	一级*
		四星级及以上旅游饭店的宴会厅、餐厅、厨房、康乐设施、门厅及高级客房、主要通道等场所的照明用电，厨房、排污泵、生活水泵、主要客梯用电，计算机、电话、电声和录像设备、新闻摄影用电	一级
		三星级旅游饭店的宴会厅、餐厅、厨房、康乐设施、门厅及高级客房、主要通道等场所的照明用电，厨房、排污泵、生活水泵、主要客梯用电，计算机、电话、电声和录像设备、新闻摄影用电，除上栏所述之外的四星级及以上旅游饭店的其他用电	二级
22	科研院所、高等院校	四级生物安全实验室等对供电连续性要求极高的国家重点实验室用电	一级*
		除上栏所述之外的其他重要实验室用电	一级
		主要通道照明用电	二级

续表

序 号	建筑物名称	用电负荷名称	负荷级别
23	二级以上医院	重要手术室、重症监护等涉及患者生命安全的设备（如呼吸机等）及照明用电	一级*
		急诊部、监护病房、手术部、分娩室、婴儿室、血液病房的净化室、血液透析室、病理切片分析、核磁共振、介入治疗用CT及X光机扫描室、血库、高压氧舱、加速器机房、治疗室及配血室的电力照明用电，培养箱、冰箱、恒温箱用电，走道照明用电，百级洁净度手术室空调系统用电、重症呼吸道感染区的通风系统用电	一级
		除上栏所述之外的其他手术室空调系统用电，电子显微镜、一般诊断用CT及X光机用电，客梯用电，高级病房、肢体伤残康复病房照明用电	二级
24	一类高层建筑	走道照明、值班照明、警卫照明、障碍照明用电，主要业务和计算机系统用电，安防系统用电，电子信息设备机房用电，客梯用电，排污泵、生活水泵用电	一级
25	二类高层建筑	主要通道及楼梯间照明用电，客梯用电，排污泵、生活水泵用电	二级

注：1. 负荷分级表中"一级*"为一级负荷中特别重要负荷；

2. 各类建筑物的分级见现行的有关设计规范；

3. 本表未包含消防负荷分级，消防负荷分级见相关的国家标准、规范；

4. 当序号1~23各类建筑物与一类或二类高层建筑的用电负荷级别不相同时，负荷级别应按其中高者确定。

3.2.2 电力负荷对供电的要求

1. 一级负荷对供电的要求

一级负荷应由双电源供电（双电源供电：由两个相互独立的电源回路以安全供电条件向负荷供电称双电源供电），当一个电源发生故障时，另一个电源不应同时受到损坏。一级负荷中特别重要负荷，除上述两个电源外，还必须增设应急电源。并严禁将其他负荷接入应急供电系统。常用的应急电源有不受正常电源影响的独立的发电机组、专门馈电线路、蓄电池和干电池等。

2. 二级负荷对供电的要求

二级负荷宜由两回路供电，当发生电力线路常见故障或电力变压器故障时应不至于中断供电或中断供电后能迅速恢复。当负荷较小或地区供电条件困难时，也可由一回6kV及以上专用架空线或电缆供电。当采用架空线时，可为一回路架空线供电；当采用电缆线路时，应采用两根电缆组成的线路供电，其每根电缆应能承受100%的二级负荷。

3. 三级负荷对供电的要求

三级负荷对供电无特殊要求。

3.3 自备应急电源

3.3.1 备用电源和应急电源

备用电源和应急电源是两个完全不同用途的电源。备用电源是当正常电源断电时，由于非安全原因用来维持电气装置或其某些部分所需的电源；而应急电源，又称安全设施电源，是用作应急供电系统组成部分的电源，是为了人体和家畜的健康和安全，以及避免对环境或其他设备造成损失的电源。为安全起见，规范严禁应急供电系统接入其他负荷。

3.3.2　常用应急电源的种类及用途

应急电源类型的选择，应根据特别重要负荷的容量、允许中断供电的时间、备用供电时间以及要求的电源为交流或直流等条件来进行。在一项工程中，根据负荷性质和市电电源的具体情况，可以同时设置不同的应急电源装置。

1. 独立于正常电源的发电机组：包括燃气轮机发电机组、柴油发电机组。快速自动启动的应急发电机组，适用于允许中断供电时间为 15～30s 的供电。

2. 带有自动投入装置的独立于正常电源的专用馈电线路：适用于允许中断供电时间大于电源切换时间的供电。

3. 不间断电源装置（UPS），适用于要求连续供电或允许切换时间为毫秒级的供电。如实时性计算机等电容性负载。

4. 应急电源装置（EPS），适用于允许切换时间为 0.1s 以上的供电。如：电机、水泵、电梯及应急照明等电感性负载和混合性负载。

5. 灯内带蓄电池或干电池，适用于容量不大或分散的重要负荷。

在一项工程中，根据负荷性质和市电电源的具体情况，可以同时设置不同的应急电源装置。不同的市政电源条件下应急电源的配置要求，参见附录 D。

3.3.3　不间断电源（UPS）

1. 不间断电源 UPS 的结构与工作原理

UPS 一般由整流器、蓄电池、逆变器、静态开关和控制系统组成。如图 3-1 所示，它是一种含有储能装置、以逆变器为主要组成部分的恒压恒频的电源设备。

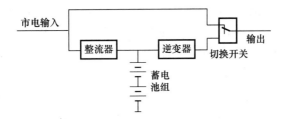

图 3-1　不间断电源 UPS 的结构

UPS 按工作原理分成后备式、在线式与在线互动式三大类，通常采用的是在线式UPS。当市电输入正常时，UPS 将市电稳压后供应给负载使用，此时的 UPS 就是一台交流市电稳压器，同时它还向机内蓄电池充电；当市电中断（事故停电）时，UPS 立即将机内蓄电池的电能，通过逆变器向负载继续供应交流电，由它的结构决定 UPS 电源可提供频率、电压和波形良好的电源。UPS 主要用于计算机、网络系统或其他精密电力电子系统，防止停电或电网污染造成系统数据丢失或设备损坏。

2. 选型

（1）UPS 用于电子计算机时，它的输出功率应大于电子计算机各台设备额定功率总和的 1.2 倍；对其他电子设备供电时，为最大计算电流的 1.3 倍。负荷的冲击电流不应大于 UPS 额定电流的 150%。

（2）大型计算机用的 UPS，医疗机械设备使用的 UPS，气象、导航、监控设备的 UPS，都是与设备配套供应。只有终端微机，按需要可自配 UPS。

（3）不间断电源 UPS 的切换时间一般为 2～10ms；应急供电时间可按用电设备停机所需最长时间来确定，如有其他备用电源时，应急供电时间可按等待备用电源投入时间确定。

3.3.4　应急电源（EPS）

1. EPS 的结构与工作原理

EPS 主要由充电器、逆变器和蓄电池组成，如图 3-2 所示。当市电电网正常时（有电），充电器给蓄电池充电，当市电电网停电或电压过低时，通过逆变器给负载提供电能。

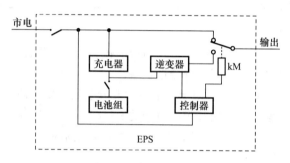

图 3-2　EPS 的结构

EPS 与 UPS 的不同主要是 UPS 在电网供电正常时也工作，属于不间断电源，只要开机就连续不断工作，EPS 在电网供电正常时处于睡眠（备用）状态。UPS 主要适用于电容性和电阻性负载，即不能带感性负载，过载能力差，供电质量稳定，有稳压、稳频装置，适用于计算机网络和电力电子设备，而 EPS 可用于感性负载，过载能力较强，供电质量比 UPS 差，因此适用于应急照明与动力设备（如应急灯和消防水泵等）。

2. 选型

EPS 应按负荷的容量、允许中断供电的时间、备用供电时间以及要求的电源为交流或直流等条件来进行。电感性和混合性的照明负荷宜选用交流制式；纯阻性及交直流共用的照明负荷宜选用直流制式。

（1）EPS 容量必须同时满足：

1）负载中最大的单台直接启动的电机容量，只占 EPS 容量的 1/7 以下。

2）EPS 容量应是所供负荷中同时工作容量总和的 1.1 倍以上。

3）当 EPS 带多台电动机且都同时启动时，则：

EPS 容量＝带变频启动电动机功率之和×1.1 倍＋带软启动电动机功率之和×2.5 倍＋带星三角启动电动机功率之和×3 倍＋直接启动电动机功率之和×5 倍。

（2）不间断电源 EPS 的切换时间一般为 0.1～0.25s；应急供电时间一般为 60、90、120min 三种规格。

3.3.5　柴油发电机组

凡是允许中断供电时间在 15s 以上，并符合下列条件之一时，可采用柴油发电机组作自备电源：

（1）为保证一级负荷中特别重要的负荷用电时；

（2）用电负荷为一级负荷，但从市电取得第二电源有困难或技术经济不合理时。

当市电中断时，机组应立即启动，机组应与电力系统连锁，避免与其并列运行。当市电恢复时，机组应自动退出工作，并延时停机。当电源系统发生故障停电时，对不需要机组供电的配电回路应自动切除。

1. 应急柴油发电机组的供电范围一般为

（1）消防设施用电：消防水泵、消防电梯、防烟排烟设施、火灾自动报警、自动灭火装置、应急照明和电动的防火门、窗、卷帘门等；

（2）保安设施、通信、航空障碍灯、电钟等设备用电；

（3）航空港、星级饭店、商业、金融大厦中的中央控制室及计算机管理系统；

（4）大、中型电子计算机室等用电；

（5）医院手术室、重症监护室等用电；

（6）具有重要意义场所的部分电力和照明用电。

2. 柴油发电机组的性能及规格

目前我国柴油发电机市场主要分两大类：一是功率 100～2000kW 进口机组。二是国产机组，大多功率在 400kW 以下。

柴油发电机组大部分用在高层或大面积建筑群中作自备应急电源，要求启动灵活，快速加载，占地面积少，噪声低。柴油发电机通用型号含义如图 3-3 所示：

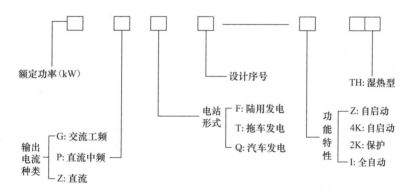

图 3-3　柴油发电机通用型号含义

常用进口柴油发电机有：英国伯琼斯·劳斯莱斯的柴油发电机组。它是由威尔信史丹福生产的发电机组与伯琼斯·劳斯莱斯生产的柴油机组装而成；美国的卡特彼勒柴油发电机组；佩得波柴油发电机组；日本三菱发电机组；美国 CUMMINS（康明斯）；德国 DEUTZ（道依茨）；韩国 DAEWOO（大宇）；瑞典 VOLVO（沃尔沃）等发电机组。英国伯琼斯·劳斯莱斯的柴油发电机组和美国的卡特彼勒柴油发电机组的共同性能为：

（1）50Hz（60Hz）、三相 Y 形接线，中性点直接接地，电压为 380/220V，$\cos\varphi = 0.8$，H 级绝缘，IP22 级防护。

（2）励磁方式为无刷自励，机组带短路、超负荷保护。

（3）装有电压表、电流表、功率表、周波表、行车计时表、水温表、油压表、蓄电池电压表及启动/停止锁匙开关的仪表盘，附在整机的底座上。

（4）机组自带排烟消声器、启动蓄电池组。整机噪声60～65dB。

（5）机组可自带并车屏、市电自动切换屏。市电停电时，0～3s内（可调）能自启动，由市电转成机组全负荷供电仅6～8s，满足备用电源在15s内切换的要求。市电恢复后，机组将在0～30s（可调）后自动停机。

（6）600kVA及以下的机组可在机组底部自带8h的日用油箱。大于600kVA时，可在订货时提出带8h独立安装的日用油箱。

（7）伯琼斯·劳斯莱斯机组的连续输出功率，即为发电机的长期工作时的出力，因为它提供的条件是可安装在地下室，任何气温均可正常工作，其柴油发电机组参数见表3-2。事实上年最高月份的平均气温达35℃时，其出力应有所下降，否则会影响使用寿命。因此，在高温环境下选择机组时，应留有10%的余量。

英国伯琼斯·劳斯莱斯柴油发电机组参数（50Hz、60Hz、1500r/min）　表3-2

型　号	50Hz、380V、cosφ=0.5（连续输出）			最大输出（kW）	柴油机型号	耗油量（L/h）		燃气量（m³/min）	排气量（m³/min）	排烟量		外形尺寸（mm）			质量（kg）
	kV·A	kW	A			柴油	汽油			（m³/min）	温度（℃）	长	宽	高	
P150E	150	120	228	146	1006TAG	31.2	0.14	8.8	240	25.7	585	2700	900	1435	1458
P250	250	200	380	246	1306.9TAG3	55.3		15.5	324	46.1	570	3023	990	1717	2393
P330E	330	264	501	293	2006TWG2	67.6	0.31	19.2	490	53	550	3400	990	1808	2896
P380	380	304	577	376	2006TTAG	87.9		31.9	480	85.5	526	3563	990	2135	3475
P425E	425	340	646	376	2006TTAG	99.2		31.9	480	85.5	526	3563	990	2135	3475
P500E	500	400	760	442	3008TAG3A	109.2	0.48	33.8	665	90.5	525	3308	1385	2125	3944
P563	563	450	855	545	3012TWG2	114.5		40.8	765	102	480	3667	1400	2275	4589
P625E	625	500	950	545	3012TWG2	130.7	0.58	40.8	765	102	480	3667	1400	2275	4589
P800	800	640	1215	756	3012TAG3A	172.2		53.4	914	139	505	3892	1400	2195	5310
P1000	1000	800	1515	985	4008TAG2	233		76.0	1284	201	500	4860	1880	2417	7625
P1250	1250	1000	1893	1207	4012TWG2	268		98.1	1764	245	460	5374	1760	2462	10650
P1500E	1500	1200	2272	1300	4012TAG1	326	0.69	96.4	1830	238	440	5250	2220	2895	10550
P1700	1700	1360	2575	1612	4016TWG2	358		127	1698	336	495	5760	2524	3100	12600
P1875E	1875	1500	2840	1612	4016TWG2	400	0.90	127	1698	336	495	5760	2524	3100	12600
P1750	1750	1400	2651	1649	4016TAG	369		146	1916	379	480	5760	2524	3100	12600
P2000	2000	1600	3030	1937	4016TAG2	457		158	2748	405	480	5760	2524	3151	12600
P2200E	2200	1760	3333	1937	4016TAG2	512	1.09	158	2748	405	480	5760	2524	3151	12600

卡特彼勒机组中的"主机容量"是指机组连续工作时的出力；"备机容量"是指机组年运行100h的容量。仅作为消防用的自备电源，可按"备机容量"值选用；若在市电停电后，还要供应商场等部分用户工作用电，则自备机组的容量应按"主机容量"值选用。

卡特彼勒机组的容量是在 40℃ 高温下做试验所得，因此在我国任何地方使用可以不降容，其柴油发电机组参数见表 3-3。

卡特彼勒（CATER PILLAR）柴油发电机组参数（50Hz、1500r/min）　　表 3-3

型　号	连续输出功率（kW）			燃油量（L/h）	进风量（m³/min）	出风量（m³/min）	排烟量		外形尺寸（mm）			总质量（kg）
	备机	主机	cosφ				（m³/min）	℃	长	宽	高	
3304T	100	80	0.8	30.5	7.6	189	23.2	618	2556	1219	1480	1678
3208T	140	120	0.8	40.8	10.7	161	32	608	2759	978	1413	1664
3208ATAAC	160	—	0.8	44.6	11.1	235	32	573	2759	978	1413	1755
3306ATAAC	220	180	0.8	62.3	17.3	235	49.5	580	3194	1143	1669	2488
3406T	240	220	0.8	71.1	17.4	340	53.8	603	3556	1422	1850	3057
3406TA	280	256	0.8	80.1	19.8	354	60.4	596	3556	1422	2002	3178
3406TA	320	292	0.8	86.1	23.4	500	70.4	583	3556	1422	2002	3260
3412T	400	364	0.8	112.9	32.4	561	92.4	570	3758	1483	1844	1200
3412TA	440	400	0.8	125.1	34.4	561	101.5	597	3758	1483	1844	4200
3412TA	520	480	0.8	147.3	42	660	120	566	3758	1844	1483	4532
3412TA	560	508	0.8	155.1	38.6	820	116.2	613	3772	1483	2143	5334
3508	620	—	0.8	169,5	58.3	952	151	496	4269	1703	2235	7940
3508	640	584	0.8	178	61.0	952	159	500	4269	1703	2235	8170
3508	720	656	0.8	192	65.4	982	172	505	4583	1703	2361	8400
3508	800	728	0.8	213.5	71.3	982	190	617	4583	1703	2361	8400
3512	880	800	0.8	229.4	85.5	1330	210	460	5148	2092	2459	10700
3512	1000	920	0.8	259.1	95.3	1330	238	469	5326	2092	2459	10750
3512	1120	1020	0.8	289.1	103	1330	264	483	5182	2092	2459	11125
3516	1200	1088	0.8	307.2	105	2404	280	516	5760	2092	2459	12030
3516	1280	1200	0.8	327.3	111	2404	298	521	5835	2092	2459	12630
3516	1400	1280	0.8	356.5	119	2404	322	531	5835	2092	2459	13200
3516	1600	1460	0.8	406.8	133	2404	367	546	6000	2092	2459	14760
3516	1800	1555	0.8	451.0	144	2325	402	552	6170	2319	2545	15260

（8）机组的冷却方式有水冷及风冷两种，设在主体建筑中的自备机组常以风冷为主。

常用国产柴油发电机有：上柴东风系列柴油发电机组；济南 DS、E 系列柴油发电机组；上柴康明斯柴油发电机组；潍柴系列柴油发电机组；无锡万迪柴油发电机组等。

民用建筑备用应急发电机组宜选用高速柴油发电机组和无刷励磁交流同步发电机，配自动电压调整装置。选用的机组应装设快速自启动装置和电源自动切换装置。

3. 柴油发电机组的容量及台数选择

机组容量与台数应根据应急负荷大小和投入顺序以及单台电动机最大启动容量等因素综合确定。当应急负荷较大时，可采用多机并列运行，机组台数宜为 2～4 台。当受并列条件限制，可实施分区供电。多台机组时，应选择型号、规格和特性相同的机组和配套设备。在方案或初步设计阶段，其容量选择可按变压器容量的 10%～20% 估算机组容量。在施工图设计阶段，可根据一级负荷、消防负荷和重要的二级负荷的容量按下列方法确定：

按稳定负荷计算发电机容量；

按最大的单台电动机或成组电动机启动的需要，计算发电机容量；

按启动电动机时，发电机母线允许电压降计算发电机容量。

当有电梯负荷时，在全电压启动最大容量笼型电动机情况下，发电机母线电压不应低于额定电压的80%；当无电梯负荷时，其母线电压不应低于额定电压的75%。当条件允许时，电动机可采用降压启动方式。

（1）按稳定负荷计算发电机容量：

$$S_{G1} = \frac{\alpha}{\cos\varphi} \sum_{k=1}^{n} \frac{P_k}{\eta_k} \qquad (3-1)$$

式中　S_{G1}——柴油发电机容量（kVA）；

P_k——每台或每组计算容量（kW）；

η_k——每台或每组设备效率（0.82～0.88）；

α——总负荷率；

$\cos\varphi$——发电机额定功率因数，可取0.8。

（2）按最大的单台电动机或成组电动机启动的需要，计算发电机容量：

$$S_{G2} = \frac{1}{\cos\varphi} \left(\sum_{k=1}^{n-1} \frac{P_k}{\eta_k} + P_m KC\cos\varphi_m \right) \qquad (3-2)$$

式中　S_{G2}——柴油发电机容量（kVA）；

P_m——启动容量最大的电动机或成组电动机容量（kW）；

K——电动机的启动倍数；

$\cos\varphi_m$——启动功率因数，一般取0.4；

C——按电动机启动方式确定的系数。全压启动时：$C=1.0$；Y-Δ启动时：$C=0.67$。

式中括号内第一项不含最大一台电动机。

（3）按启动电动机时，发电机母线允许电压降计算发电机容量：

$$S_{G3} = P_{\sum} KCX_d'' \left(\frac{1}{\Delta U\%} - 1 \right) \qquad (3-3)$$

式中　S_{G3}——柴油发电机容量（kVA）；

$P_{\sum}$——电动机总容量（kW）；

X_d''——发电机的次暂态电抗，一般取0.25；

$\Delta U\%$——发电机母线允许的瞬时电压降，一般取0.25～0.3（有电梯时取0.2）。

大面积高层建筑，可能有几个不同位置的变配电所，应按每个变配电所中需要自备电源用户的计算功率P_c选用偏大的相应柴油发电机组功率P_G，即$P_c \leqslant P_G$。P_G为柴油发电机的"连续输出功率"、"主机容量"或"备机容量"，对某些机组，应按其试验条件及使用环境温度，适当降容。

[**例3-1**]　一建筑物的消防及重要负荷如表3-4所示，选择柴油发电机的容量。

柴油发电机容量计算实例　　　　　　　　　　　　　　表 3-4

序　号	用电设备名称	设备容量 (kW)	计算系数			计算容量	
			K_d	$\cos\varphi$	$\tan\varphi$	P_c (kW)	Q_c (kvar)
1	消防泵（二用一备）	100	0.75	0.8	0.75	75	56
2	喷淋泵（二用一备）	150	0.75	0.8	0.75	113	84
3	水幕泵（二用一备）	190	0.75	0.8	0.75	143	107
4	防火卷帘门	144	0.6	0.7	1.021	86	88
5	防排烟风机	84	0.75	0.8	0.75	63	47
6	消防梯	56	0.4	0.5	1.73	22	39
7	消防及安全监控等电源	36	0.8	0.8	0.75	29	22
8	10kV 操作电源	10	0.8	0.8	0.75	8	6
9	安全及疏散指示照明电源	120	0.9	0.8	0.75	108	81
10	实时使用的计算机负荷	58	0.8	0.8	0.75	46	35
11	高层生活水泵	37	0.75	0.8	0.75	28	21
12	高层客梯（部分）	56	0.4	0.5	1.73	22	29
13	维持对外营业所需的照明	420	0.9	0.8	0.75	378	283
14	厨房必要的电力	120	0.7	0.7	1.02	84	86

表中 1～10 项为消防及重要负荷，其总容量为：

$$\sum P_{c1} = 693\text{kW}$$

$$\sum Q_{c1} = 565\text{kW}$$

$$\sum S_{c1} = 900\text{kVA}$$

市电停电，且没有火警时需要供电的负荷为 7～14 项，其容量为

$$\sum P_{c2} = 703\text{kW}$$

$$\sum Q_{c2} = 573\text{kW}$$

$$\sum S_{c2} = 907\text{kVA}$$

选其中较大的一组容量。

选用伯琼斯·劳斯莱斯机组时，若使用在年最高月份的平均温度为 35℃ 环境下，则应降容。所以

$$S_G \geqslant S_{c2}/0.9 = 907/0.9 = 1007\text{kVA}$$

查表 3-2 得：选用 P1000 机组，连续输出功率为 800kW，满足要求。

选用卡特彼勒机组，可以不降容，查表 3-3，选用"主机容量"值，可选用 3508 号机组，连续输出功率为 728kW，符合要求。

3.4　主接线系统的主要电气设备

在主接线系统中主要的电气设备（分高压和低压电气设备），有电力变压器、断路器、负荷开关、隔离开关、熔断器、跌落式熔断器、电流互感器、电压互感器、避雷器、电容器、母线、导线、电缆等（其符号见表 3-5，主要结构、功能详见第 5 章）。

3.4.1 主接线系统中主要电气设备的作用

1. 断路器

不仅能够接通和切断正常负荷电流，还能够切断巨大的短路电流，低压断路器还可起到过载、欠压等保护。

2. 隔离开关

用于隔离电压，接通和切断没有负荷电流的电路。即在线路需要停电检修的过程中，隔离电源，并造成一个明显断开点，保证检修人员的安全。

3. 负荷开关

接通和切断正常的负荷电流，与熔断器配合，可切断短路电流和过载电流。

4. 熔断器

是一种保护电器，当线路短路或过载时能够断开电路。

5. 电流互感器

把大电流变成小电流，供给测量仪表和继电器的电流线圈，用于间接测量和控制大电流等。

6. 电压互感器

把高电压变成低电压，供给测量仪表和继电器的电压线圈，用于间接测量和控制高电压。

主接线系统常见电气设备符号　　　　　　　　　　　表 3-5

设备名称	文字符号	图表符号	设备名称	文字符号	图表符号
双绕组变压器	T		电流互感器（双次级绕组）	TA	
三绕组变压器	T		电压互感器（单相式）	TV	
断路器	QF		电压互感器（三线圈式）	TV	
负荷开关	QL		电抗器	L	
隔离开关	QS		电缆终端头		
熔断器	FU		插头或插座		
跌落式熔断器	FU		避雷器	F	
电流互感器（单次级绕组）	TA		移相电容器	C	

3.5　变配电所主接线

3.5.1　主接线的基本要求

1. 可靠性。根据负荷等级满足供电的连续性。
2. 灵活性。主接线要简单，运行灵活，维护、操作方便，并为今后的发展留有余地。
3. 安全性。要保证操作和维护时人员和设备的安全。
4. 经济性。在满足上述要求的同时要力求减小主接线系统初投资和运行费用。

3.5.2　变配电所的主接线形式

变配电所的主接线常见的形式有：单母线、无母线、双母线等。

所谓母线，又称汇流排，原理上相当于电气上的一个节点。当用电回路较多时，馈电线路和电源之间的联系常采用母线制，母线有铜排、铝排，它起着接收电源电能和向用户分配电能的作用。

3.5.2.1　单母线接线

1. 单母线不分段接线

在变电所主接线中这种接线形式最简单，如图 3-4 所示，每条引入线和引出线的电路中都装有断路器和隔离开关。断路器用于切断负荷电流或故障电流。每个断路器上、下两侧各有一个隔离开关，上侧靠近电源侧的隔离开关，作为隔离电源、检修断路器用，因为它有明显的断开点；下侧靠近线路侧的隔离开关，是防止在检修断路器时从用户侧反向送电，或防止雷电过电压沿线路侵入，保证维修人员安全。

单母线不分段接线的优点是：电路简单，使用设备少，配电装置投资少。

单母线不分段接线的缺点是：可靠性差、灵活性差。当母线或电源发生故障或进行检修时，造成全部用户停电，即 100% 负荷停电。

适用范围：单母线不分段接线，只适用于对供电可靠性要求不高的三级负荷，或有备用电源二级负荷用户。

2. 单母线分段接线

为了克服上述缺点，采取单母线分段接线，分段可采用隔离开关（QS）或断路器（QF）分段，如图 3-5 所示。

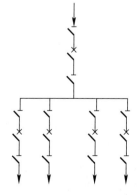

图 3-4　单母线不分段接线

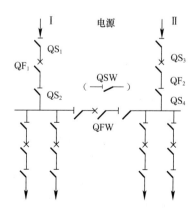

图 3-5　单母线分段接线

单母线分段接线的可靠性和灵活性比不分段接线都有所提高。适用于一、二级负荷用户。

（1）用隔离开关分段的单母线接线

它可以分段单独运行，也可以并列同时运行。

采用分段单独运行时，各段相当于单母线不分段接线的运行状态，各段母线的电气系统互不影响。当任一段母线发生故障或检修时，仅停止对该段母线所带负荷的供电（如分两段，仅对约50％负荷停止供电），当任一电源线路发生故障或检修时，假如其余运行电源容量能负担全部引出线负荷时，则可经过"倒闸操作"，恢复对全部引出线负荷的供电，但在操作过程中，需对母线作短时停电。

"倒闸操作"是指：接通电路时，先闭合隔离开关，后闭合断路器；切断电路时，先断开断路器，后断开隔离开关。这是因为带负荷操作过程中要产生电弧，而隔离开关没有灭弧能力，所以隔离开关不能带负荷操作。例如，在图3-5中，当需要检修电源Ⅰ时，先断开断路器 QF_1、QF_2，然后再断开隔离开关 $QS_1 \sim QS_4$，这时再合上母线隔离开关 QSW，再闭合 QS_3、QS_4，最后再闭合 QF_2，恢复全部负荷供电（当电源Ⅱ不能承担全部负荷时，可把部分引出回路的非重要负荷切除）。采用并列同时运行时，当某一电源发生故障或检修时，则无需母线停电，只需切断该电源的断路器及隔离开关，调整另外电源的负荷就行。但是，当母线发生故障或检修时，将会引起正常母线段短时停电。

（2）用断路器分段的单母线接线

分段断路器 QFW 除具有分段隔离开关 QSW 的作用外，还具有继电保护作用，当某段母线发生故障时，分段断路器 QFW 与电源进线断路器（QF_1 或 QF_2）将同时切断，非故障段母线仍保持正常工作。当对某段母线检修时，操作分段断路器 QFW 和相应的电源进线断路器、隔离开关，而不影响其余母线的正常运行，所以采用断路器分段的单母线接线比用隔离开关分段的接线形式供电可靠性又提高了，但投资费用也增加了。

适用范围：综上所述，在有两回及以上电源供电的条件下，多采用单母线分段接线，特别是自动重合闸装置的应用，母线段可分为三段乃至更多段，对一级和二级特别重要负荷可由两段母线同时供电，大大提高了供电的可靠性。

3.5.2.2　双母线接线

在单母线接线系统中，当母线、母线隔离开关检修或发生故障时，接于该段母线上的所有线路要长时间停电。如果采用双母线接线就可克服这一缺点，图3-6为双母线接线。

双母线接线有两种工作状态。

1. 第一种工作状态

只有一组母线 W_1 工作，母线 W_2 处于备用状态，连接在 W_1 上的所有母线隔离开关都闭合，连接在 W_2 上的所有母线隔离开关都断开，两组母线间的联络开关 QFW 也断开，母联两侧的隔离开关闭合。这种运行方式相当于单母线，此时如果工作母线 W_1 故障，则可造成负荷暂时全部停电，但经过"倒闸操作"，使 W_2 处于工作状态，恢复对全部负荷供电，即可避免单母线供电时母线故障。由于检修造成长时间停电，与单母线分段

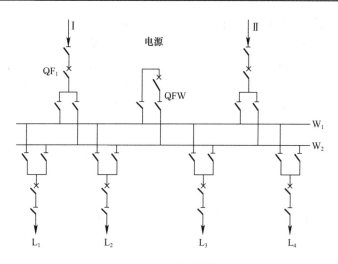

图 3-6 双母线接线

比较，虽然使停电面积增加，但停电时间缩短，使供电连续性提高。

2. 第二种工作状态

两组母线 W_1、W_2 都处于工作状态，并且互为备用。电源进线和引出线按照供电可靠性要求和电力平衡原则分别接到两组母线上，正常时，母联开关 QFW 也是断开的。这时，双母线系统相当于分段单母线运行，当一组母线故障或检修时，经过"倒闸操作"，可使这组母线上的负荷接到另一组母线上，它既具备分段母线的优点（停电范围约占总负荷 50%），并可迅速恢复供电，供电连续性大大提高。

总之，这种接线形式的供电可靠性提高了，灵活性增强了，但同时系统复杂了，用电设备增加了，投资增大了，易产生误操作等，因此这种接线只适用于对供电可靠性要求很高的重要的大型企业总降压变电所和电力系统的枢纽变电站。

3.5.2.3 无母线接线

1. 桥式接线

桥式接线的供电可靠性和灵活性与单母线分段基本相同，但是接线形式比单母线简单，高压断路器数量减少。如图 3-7 所示，35～110kV 侧只采用三个高压断路器，如果采用单母线分段则需采用五个高压断路器。桥式接线分内桥和外桥，用一条横连跨接的桥把两回线路和两台变压器横向连接起来。

（1）内桥接线如图 3-7（a）所示，桥臂靠近变压器侧，即桥开关 QF_3 接在线路开关 QF_1、QF_2 内侧，称内桥。变压器一次侧回路仅装隔离开关，不装断路器。这种接线可提高输电线路 L_1 和 L_2 的运行方式的灵活性，但对投切变压器不够灵活。例如，当线路 L_1 检修时，断开断路器 L_1，而变压器 1T 可由 L_2 经过桥臂继续供电，而不致停电。同理，当检修断路器 QF_1 或 QF_2 时，借助连接桥的作用，可继续给两台变压器供电。但当变压器（如 1T）故障或检修时，需断开 QF_1、QF_3、QF_4 后，拉开 QS_5，再合上 QF_1 和 QF_3，才能恢复正常供电。因此，内桥适合于：1）向一、二级负荷供电；2）供电线路较长；3）变电所为终端型变电站，没有穿越功率（否则容易损坏线路开关 QF_1'、QF_2）；4）变压器不需要常切换。

（2）外桥接线如图 3-7（b）所示，桥臂靠近线路侧，即桥开关 QF$_3$ 接在线路开关 QF$_1$、QF$_2$ 外侧，称外桥。进线回路仅装隔离开关，不装断路器，因此，外桥接线对变压器回路的操作是方便的，而对电源进线回路操作不方便，也可通过穿越功率，电源不通过开关 QF$_1$、QF$_2$。例如：当电路线路 L$_1$ 发生故障或检修时，需断开 QF$_1$ 和 QF$_3$，然后拉开 QS$_1$，再闭合 QF$_1$ 和 QF$_3$，才能恢复正常供电，而变压器 1T 故障或检修，拉开 QF$_1$、QF$_4$ 即可，而无需断开桥开关 QF$_3$。因此外桥接线适合于：1）向一、二级负荷供电；2）供电线路较短；3）适合于中间型变电站，构成环网，允许有较稳定的穿越功率；4）适合于变压器经常切换。

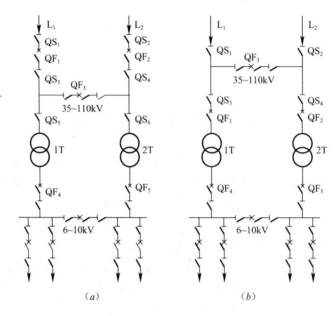

图 3-7　桥式接线
（a）内桥接线；（b）外桥接线

2. 线路—变压器组接线

用于只有一回电源进线和一台变压器出线的小型变电所，仅适用于向二、三级负荷供电，如图 3-8 所示。

优点是：电路最简单，使用设备及占地少，配电装置投资少。

缺点是：可靠性差、灵活性差。当变压器或线路任一处发生故障或检修，整个供电回路全部停电。

3.5.3 常见变电所主接线示例

1. 带有几种应急电源的主接线

对于一级负荷中特别重要的负荷，除两个独立电源外，还必须增设应急电源。在大型企业和重要的民用建筑中，往往同时使用几种应急电源密切配合，如蓄电池、不间断供电装置、柴油发电机等同时采用，如图 3-9 所示。

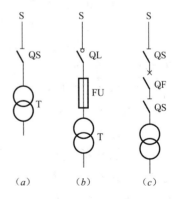

图 3-8　线路—变压器组接线

（a）进线开关为隔离开关；

（b）进线开关为负荷开关＋熔断器；

（c）进线开关为隔离开关＋断路器

2. 某民用建筑变电所（高压 2 路进线）施工图如图 3-10 所示。

（1）高压 2 路电缆左右进线，4 路馈出线单母线分段接线如图 3-10（a）；

（2）低压 4 台干式变压器单母线分段接线，图 3-10（b）为部分低压系统图。

（3）变电所平面布置如图 3-10（c）所示。

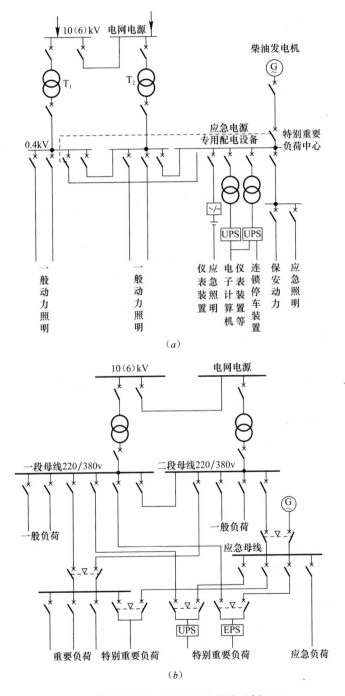

（a）

（b）

图 3-9　带有多种应急电源的主接线示例（一）

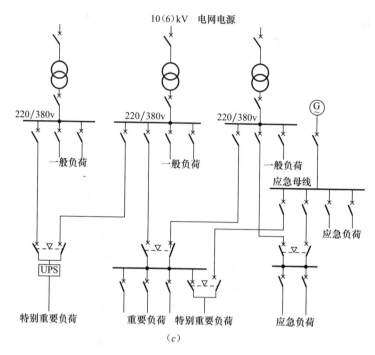

图 3-9　带有多种应急电源的主接线示例（二）

3. 某民用建筑变电所电气系统图

（1）单路供电的高压系统图

如图 3-11 所示。

1）以直埋式钢带铠装交联聚乙烯电力电缆引入 10kV 电源。

2）以 XGN66 系列两个 10kV 配电屏配电：其中 1AH 为进线屏，2AH 为馈电屏。

3）1AH 的核心部件为 800A 的真空断路器 ZN66（配套操作机构：CT-1143），此屏主要对进线电源进行控制和保护。

4）2AH 的核心部件为电压互感器小车，主要是对输出电量计算。

5）此系统仅一路 10kV 输出。

6）计量形式为 10kV 供电 10kV 计量的高供高量方式。

（2）低压系统图

如图 3-12 所示。这是一个以柴油发电机为备用电源及一路低压进线的系统。用宽 80mm 厚 8mm 双层铜母排共四组，以 TN-S 系统单母线不分段方式供电。

（3）以 MNS 柜五面配电

1）进线柜 AA1 核心部件为 QTSM2 系列自动切换开关，实现低压进线和柴油发电机供电间的自动切换。

2）AA2/AA3 均为补偿容量为（16×16）256kvar 的无功功率补偿屏。AA2 为手动，AA3 为自动。共同实现系统低压侧无功功率集中浮动补偿。

一次接线图	AK1	AK2	AK3	AK4	AK5	AK6	AK7	AK8	AK9	AK10	AK11	AK12
电压等级	10KV			TMY-3(□*□)			10KV		10KV		10KV	10KV
高压开关柜参照代号	AK1	AK2	AK3	AK4	AK5	AK6	AK7	AK8	AK9	AK10	AK11	AK12
高压开关柜型号	KYN28A-12	KYN28A-12	KYN28A-12	KYN28A-12	KYN28A-12	KYN28A-12	KYN28A-12	KYN28A-12	KYN28A-12	KYN28A-12	KYN28A-12	KYN28A-12
高压开关柜二次原理图号	I-05(改)	I-05(改)	M-01(改)	T-05(改)	T-05(改)	D-02(改)		T-05(改)	T-05(改)	M-01(改)	I-05(改)	
高压开关柜调度号	WH1 1#进线及隔离	进线	计量	WH3 T1变压器	WH4 T3变压器	母联	母联隔离	WH5 T4变压器	WH6 T2变压器	计量	进线	WH2 2#进线及隔离
真空断路器 □630A 25KA	1	1		1	1	1		1	1		1	1
高压熔断器12KV 1A	3		3							3		3
电压互感器10/0.1KV、0.5级	2		2							2		2
电压互感器10/0.1KV、0.2级												
电流互感器0.5级	3(300/5)	3(300/5)		3(75/5)	3(75/5)	3(150/5)		3(75/5)	3(75/5)		3(300/5)	
电流互感器0.2级			2(300/5)							2(300/5)		
电流表	0~300A	0~300A		0~75A	0~75A	0~150A		0~75A	0~75A		0~300A	
接地开关		1		1	1	1	1	1	1		1	
带电显示器	1	1	1	1	1	1	1	1	1	1	1	1
电磁操作机构				3	3			3	3			
避雷器												
计量表			多功能表							多功能表		
零序电流互感器100/5	1	1		1	1			1	1			1
指示灯	2	2	2	2	2	2	2	2	2	2	2	2
隔离手车630A	3											3
变压器容量(KVA)	2000/4000			1000	1000			1000	1000			2000/4000
计算电流(A)	115/231			58	58			58	58			115/231
电缆规格YJV-8、7/15KV				3×150mm²	3×150mm²			3×150mm²	3×150mm²			
备注												

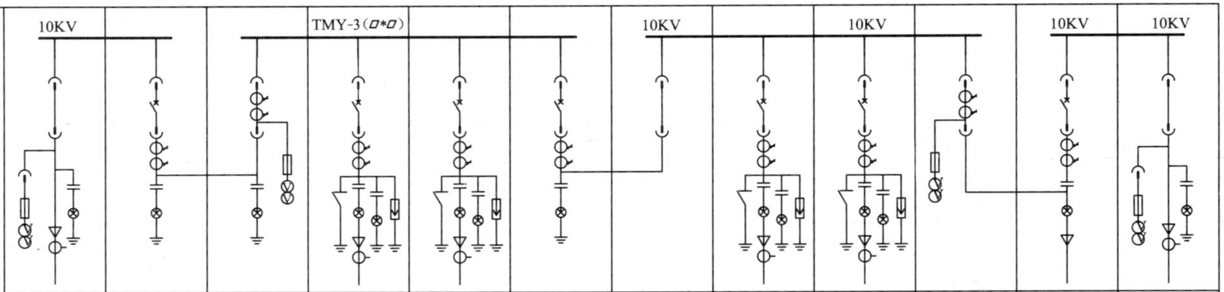

(a) 高压供电系统图

图3-10　某民用建筑变电所施工图（一）

一次接线图

WH3

T1
1000kVA-10/0.4kV-D.yn11
Uk=6% 高压分接范围10±2×2.5%
IP20罩壳 强迫空气冷却

YJV-1×150

2000A母线

0.4kV

WB1 TMY-3（125×10）+（125×10）

0.4kV WB2 TMY-TMY-3（125×10）+（125×10）

WH6

T2
1000kVA-10/0.4kV-D.yn11
Uk=6% 高压分接范围10±2×2.5%
IP20罩壳 强迫空气冷却

YJV-1×150

2000A母线

PE

L1

PE-TMY-80×6

PE

L1

PE-TMY-80×6

低压开关柜编号	AN1	AN2	AN3									AN6	AN7								AN10	AN11	
低压开关柜型号（固定柜）																							
日期编号			WLM101	WLM102	WLM103	WLM104	WLM105	WLM106	WLM107	WLM108			WPM101	WPM102	WPM103	WPM104	WPM105	WPM106	WPM107	WPM108			
刀熔开关 QSA-630A		1																			1		
低压断路器 2000/3P	1																					1	
低压断路器 250/3P				1			1							1									
低压断路器 100/3P		1	1			1	1						1		1		1					1	1
低压断路器 160/3P								1								1		1	1	1			
低压断路器 400/3P											1												
长延时保护整定电流(lr1)(A)	1600	80	20	180	180	40	40	100	150	50	50	1000	40	250	40	100	40	100	50	50	1600	80	20
短延时保护整定电流(lr2)(A)	5lr1/0.4S											5lr1/0.4S									5lr1/0.4S		
瞬动保护整定电流(lr3)(A)				10Lr1	10Lr1	10Lr1	10Lr1	10Lr1	10Lr1	10Lr1	10Lr1		10Lr1	10Lr1	10Lr1	10Lr1	10Lr1	10Lr1	10Lr1	10Lr1			
电流保护器		4																				4	
电流互感器变比□/5	2000			200	200	50	50	100	150	50	50	1500	50	300	50	100	50	100	50	50	2000		
电流表 42L6-A	3（0~2000）		3（0~600）	0~200	0~200	0~50	0~50	0~100	0~150	0~50	0~50	3（0~1500）	0~50	0~300	0~50	0~100	0~50	0~100	0~50	0~50	3（0~600）	3（0~2000）	
电压表 42L6-V 0~450V	1																					1	
电压切换手把 LW2-5.5/F4-X	1																					1	
机构	电合电跳											电合电跳										电合电跳	
设备容量(kW)	750		270kvar	80	80	14	8.2	34.5	60			553.15	14	100	14.3	41	8.2	30			270kvar	750	
计算电流(A)	1200		389	142.6	142.6	24.9	15.5	65.3	107			753	24.9	178	27.1	77.7	15.5	53.5			386	1200	
导体型号规格 ZRYJV-1kV-		5×4		4×70 +1×35	4×70 +1×35	NHYJV- 5×10	5×10	NHYJV- 3×35 +2×16	NHYJV- 4×70 +1×35		5×10	CCK×8 -1500A	NHYJV- 5×10	4×120 +1×70	5×10	4×35 +1×16	5×10	4×35 +1×16		5×10			5×4
用户名称	进线	避雷器	T1	电容补偿	照明	照明	应急照明	生活泵	排烟风机	消防控制室	所电	直流屏	联络	应急照明	电话机房	冷却塔内机	空调	生活泵	广播	所电	直流屏	电容补偿	进线	避雷器	12
供电范围				AL11.21	AL31.41	ALE11~41	AC11	APE41.2	APE11				ALE11~41	APE31	AC42	AC11~41	AC14	APE12						

（b）低压配电系统图

图 3-10 某民用建筑变电所施工图（二）

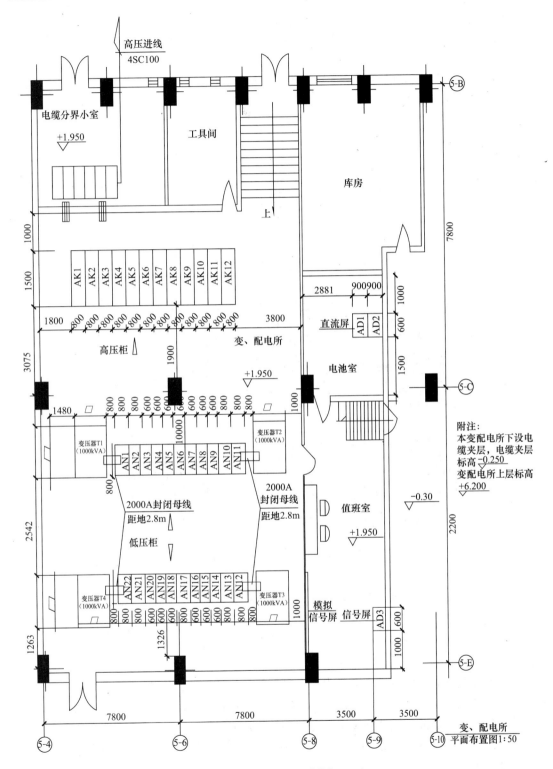

（c）变电所平面布置图（尺寸单位：mm）

图 3-10　某民用建筑变电所施工图（三）

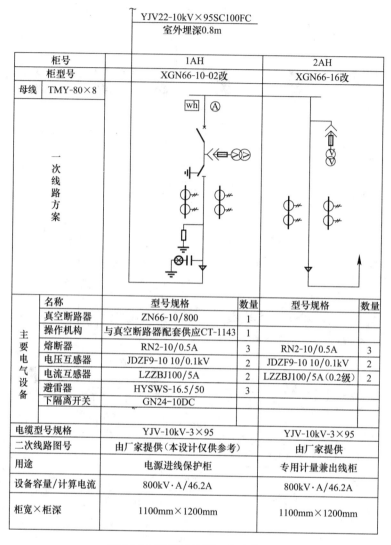

YJV22-10kV×95SC100FC
室外埋深0.8m

柜号		1AH		2AH	
柜型号		XGN66-10-02改		XGN66-16改	
母线	TMY-80×8				
一次线路方案					
主要电气设备	名称	型号规格	数量	型号规格	数量
	真空断路器	ZN66-10/800	1		
	操作机构	与真空断路器配套供应CT-1143	1		
	熔断器	RN2-10/0.5A	3	RN2-10/0.5A	3
	电压互感器	JDZF9-10 10/0.1kV	2	JDZF9-10 10/0.1kV	2
	电流互感器	LZZBJ100/5A	2	LZZBJ100/5A（0.2级）	2
	避雷器	HYSWS-16.5/50	3		
	下隔离开关	GN24-10DC			
电缆型号规格		YJV-10kV-3×95		YJV-10kV-3×95	
二次线路图号		由厂家提供(本设计仅供参考)		由厂家提供	
用途		电源进线保护柜		专用计量兼出线柜	
设备容量/计算电流		800kV·A/46.2A		800kV·A/46.2A	
柜宽×柜深		1100mm×1200mm		1100mm×1200mm	

图 3-11 高压系统图（单路供电）

AA4/AA5 分别以抽屉单元实现七路及五路出线控制。核心部件为 QTSM1 系列断路器和电流互感器。

4. 变配电室及发电机房平剖面布置图

如图 3-13 所示。这是以一路高压进线，另一路柴油发电机作备用电源的变电站布置图作为变配电站布置的示例。此变电所由高低压配电室及柴油发电机房组成。

（1）柴油机房。近 30m² 的机房中放置柴油发电机，侧面另设近 3m² 的储油间，按消声及消防要求，储油间及柴油发电机房门均按规定向外开。

（2）变电所设备成 L 形布局，门亦向外开。配电室有两个高压柜，一个干式变压器，11 个低压柜。

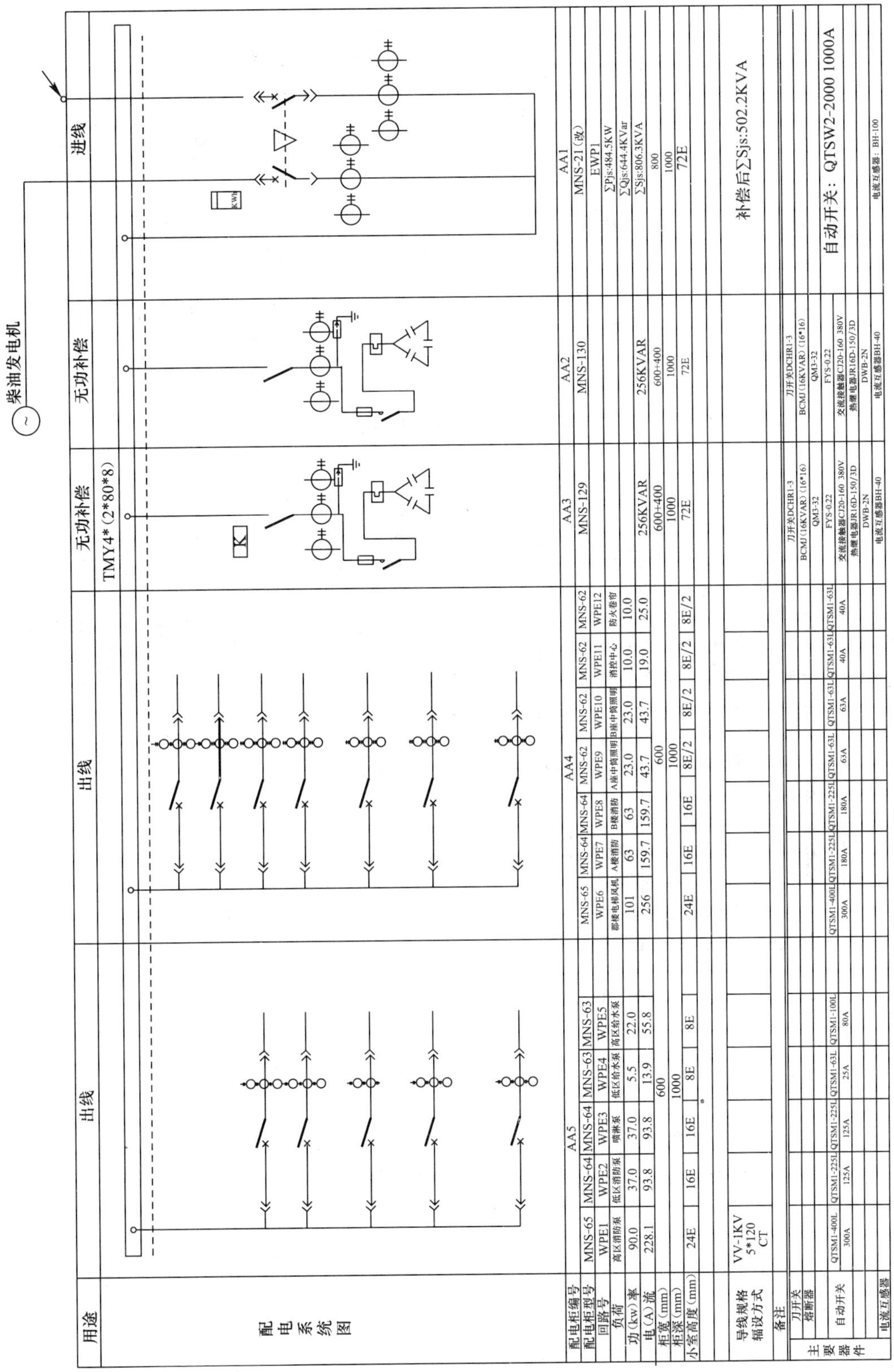

图 3-12　低压系统图

用途	进线	无功补偿	无功补偿	出线							出线				
配电柜编号	AA1	AA2	AA3	AA4							AA5				
配电柜型号	MNS-21(改) EWP1	MNS-130	MNS-129	MNS-65	MNS-64	MNS-64	MNS-62	MNS-62	MNS-62	MNS-62	MNS-65	MNS-64	MNS-64	MNS-63	MNS-63 MNS-63
回路号				WPE6	WPE7	WPE8	WPE9	WPE10	WPE11	WPE12	WPE1	WPE2	WPE3	WPE4	WPE5
用途				郡楼电梯风机	A楼照明	B楼照明	A楼中间照明	B楼中间照明	消控中心	防火卷帘	高区消防泵	低区消防泵	低区给水泵	喷淋泵	高区给水泵
功率(kw)	∑Pjs:484.5KW	256KVAR	256KVAR	256	159.7	63	23.0	43.7	19.0	25.0	90.0	37.0	5.5	22.0	37.0
电流(A)	∑Qjs:644.4KVar			101	159.7	63	23.0	43.7	19.0	25.0	228.1	93.8	13.9	55.8	93.8
柜宽(mm)	800	600-400	600-400	600							600				
柜深(mm)	∑Sjs:806.3KVA														
小室高度(mm)	1000 / 72E	1000 / 72E	1000 / 72E	24E	16E	16E	8E/2	8E/2	8E/2	8E/2	24E	16E	8E	16E	8E
导线规格 敷设方式											VV-1KV 5*120 CT				
自动开关	QTSW2-2000 1000A			QTSM1-400L 300A	QTSM1-225L 180A	QTSM1-225L 180A	QTSM1-63L 63A	QTSM1-63L 63A	QTSM1-63L 40A	QTSM1-63L 40A	QTSM1-400L 300A	QTSM1-225L 125A	QTSM1-63L 25A	QTSM1-225L 125A	QTSM1-100L 80A

母线：TMY4*(2*80*8)

补偿后∑Sjs:502.2KVA

主要电器元件（无功补偿 AA2 / AA3）：
- 刀开关 DCHR1-3
- BCMJ(16KVAR)(16*16)
- QM3-32
- FYS-0.22
- 交流接触器 C2D-160　380V
- 热继电器 JR16D-150/3D
- DWB-2N
- 电流互感器 BH-40

电流互感器：BH-100

柴油发电机 ~

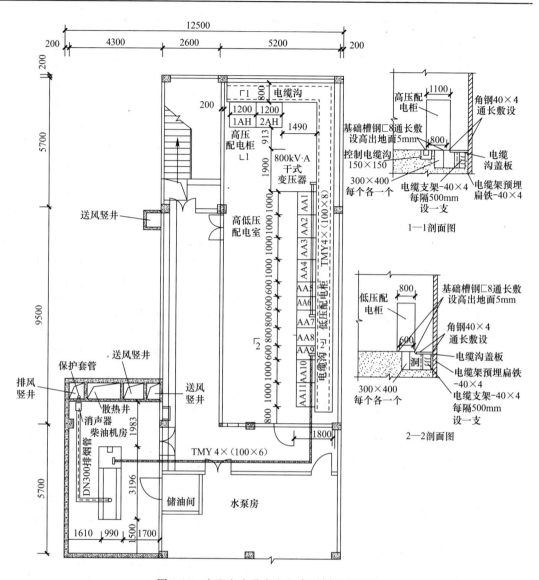

图 3-13　变配电室及发电机房平剖面布置图

5. 变电所设备布置、电力干线图如图 3-14 所示
(1) 变电所设备布置平面图如图 3-14 (a) 所示。
(2) 变电所设备布置剖面图如图 3-14 (b) 所示。
(3) 变电所电力干线平面图如图 3-14 (c) 所示。

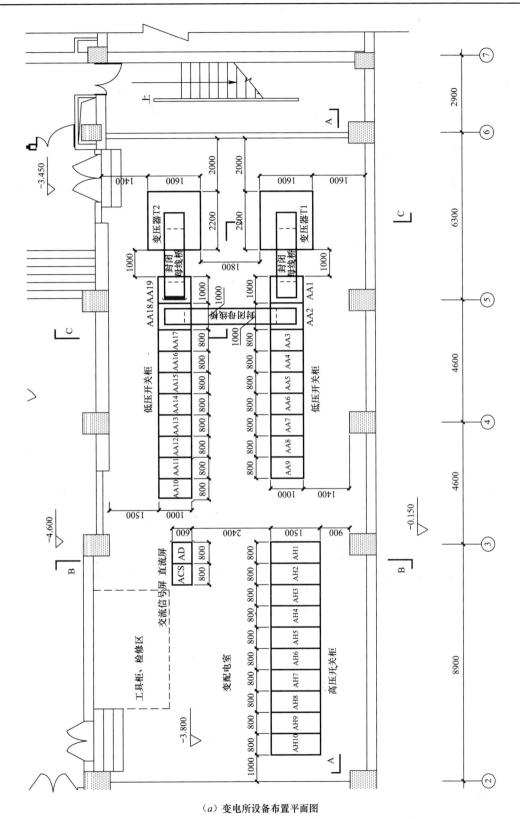

（a）变电所设备布置平面图

图 3-14　变电所设备布置、电力干线图（一）

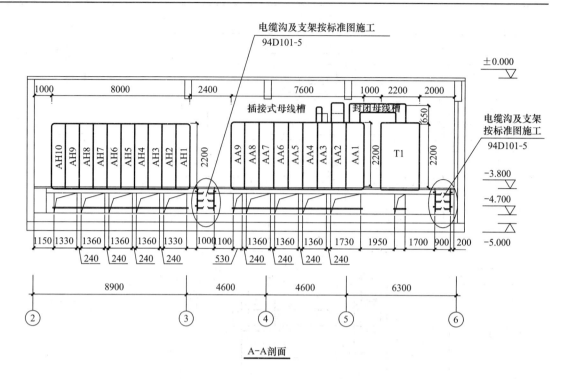

A-A剖面

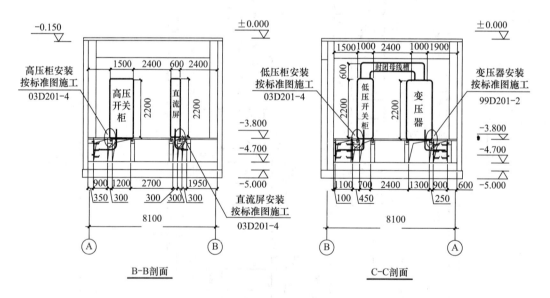

（b）变电所设备布置剖面图

图 3-14　变电所设备布置、电力干线图（二）

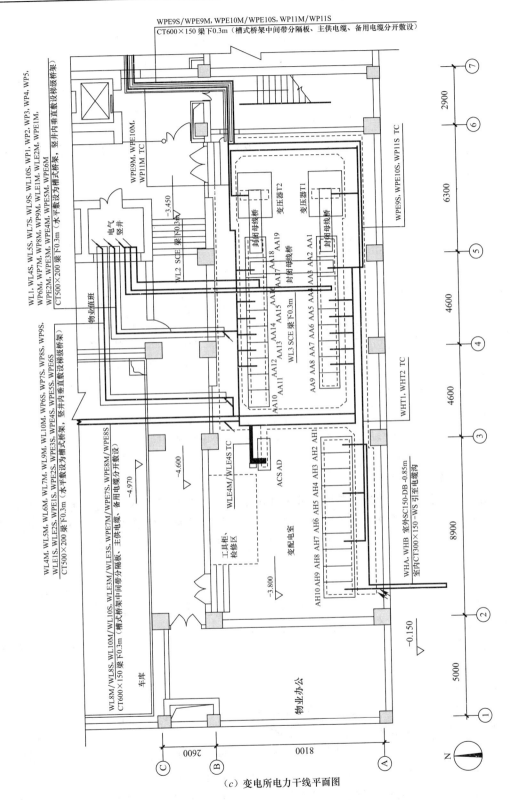

（c）变电所电力干线平面图

图 3-14　变电所设备布置、电力干线图（三）

3.6 配电网络形式

无论是企业还是民用建筑，高、低压配电网络常见的有三种形式，分别为放射式、树干式和环式。

3.6.1 放射式

放射式是指每一用电点采用专线供电。放射式配电网络又常分为单回路放射式（图3-15）和双回路放射式（图3-16）。

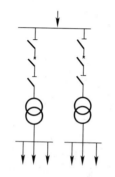

图 3-15 单回路放射式

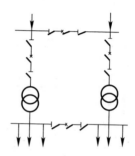

图 3-16 双回路放射式

1. 单回路放射式特点

单回路放射式配电网络线路敷设简单、操作维护方便、继电保护简单、各支线间无联系。因此某一支线发生故障不影响其他支线用户。变电所引出线较多、可靠性较差，一般用于二、三级负荷供电。

2. 双回路放射式特点

双回路放射式配电网络比单回路放射式配电网络可靠性高，当一个电源或一个线路故障时，可由另一个电源或另一条回路（另一台变压器）给全部负荷或部分一级、二级负荷供电。因此这种接线设备增加、投资大、出线多、操作维护都较复杂，但可靠性高，适用于一、二级负荷供电。

3.6.2 树干式

树干式是指每一干线回路可 T 接几条支线。树干式又分为单回路树干式（图3-17）和双回路树干式（图3-18）。

1. 单回路树干式

单回路树干式配电线路比放射式节省高压断路器台数和有色金属，使变配电所馈出线减少、敷射简单、可靠性差，当干线发生故障，

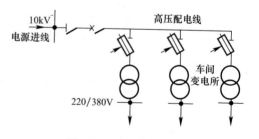

图 3-17 单回路树干式

接于干线上的全部用户均停电，因此单回路树干式接线一般只用于三级负荷。高压单回路树干式每条线路所接变压器不宜超过 5 台，总容量不宜超过 2000kVA。

在低压系统中还有一种树干式的形式，称为链式，如图 3-19 所示，适用于供电距离较远而用电设备容量小，而相距近的场合。

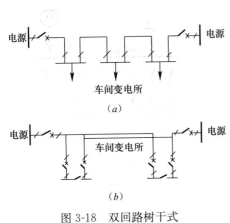

图 3-18　双回路树干式

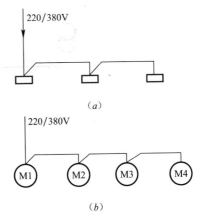

图 3-19　低压链式线路
(a) 连接配电箱；(b) 连接电动机

2. 双回路树干式

为提高供电可靠性，可采用双回路树干式，主要用于二级负荷，当电源可靠时，也可给一级负荷供电。

3.6.3　环式

环式配电网络运行方式有两种，一种是开环运行，一种是闭环运行。为便于实现继电保护的选择性，一般采用开环运行，即在环网某点将开关断开。这种配电方式供电可靠性较高、运行灵活，适用于中压系统或高压系统，如图 3-20 所示。目前，许多国家在中压（10～35kV）配电网络中普遍应用环网配电。

综上所述，这三种配电结构各有其优缺点，在实际应用中，针对不同负荷采用不同配电方式。在民用建筑物内的低压配电系统，向各楼层各配电点供电时，宜采用分区树干式，即放射式与树干式相结合的"混合式"配电形式，可综合两方面的特点，取长补短。而对容量较大的几种负荷或重要用电设备，如电梯、消防水泵、加压水泵等负荷，应从配电室以放射式配电。在住宅（小区）的 6～10KV 供电系统中宜采用环网供电。

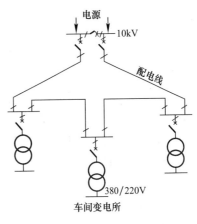

图 3-20　环式配电网络

3.6.4　常用低压配电系统（如图 3-21 所示）

1. 一路电源供电，如图 3-21（a）所示。照明与电力负荷在母线上分开供电，疏散照明线路与正常照明线路分开。

2. 一路 10kV 电网为主电源，柴油发电机组为备用电源，如图 3-21（b）。所示，用于附近只能提供一个电源供电。要注意自备电源要与外网电源应设机械与电气联锁，不得并网运行；避免与外网电源的计费混淆；在接线上要具有一定的灵活性，以满足在正常停电（或限电）情况下能供给部分重要负荷用电。

3. 两台变压器——干线供电，如图 3-21（c）所示。两段干线间设联络断路器，当一台变压器停电时，通过联络开关接到另一段干线上，应急照明由两段干线交叉供电。

4. 多层及高层建筑低压供电，一般采用分区树干式即混合式供电，如图 3-21（d）所示。

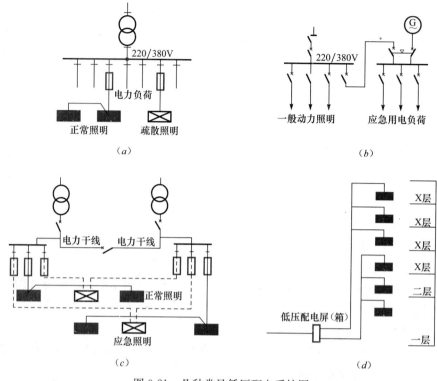

图 3-21　几种常见低压配电系统图

3.7　变配电所结构与布置

3.7.1　变配电所位置的选择

变电所是接收、变换和分配电能的场所，主要由电力变压器、高低压开关柜、保护与控制设备以及各种测量仪表等装置构成，而配电所没有变压器，是接收和分配电能的场所。正确、合理地选择变配电所所址，是供配电系统安全、合理、经济运行的重要保证。变配电所位置应根据下列要求综合考虑确定：

1. 深入或接近负荷中心；

2. 进出线方便；

3. 接近电源侧；

4. 设备吊装、运输方便；

5. 不应设在有剧烈振动或有爆炸危险介质的场所；

6. 不宜设在多尘、水雾或有腐蚀性气体的场所，当无法远离时，不应设在污染源的下风侧；

7. 不应设在厕所、浴室、厨房或其他经常积水场所的正下方，且不宜与上述场所贴邻，如果贴邻，相邻隔墙应做无渗漏、无结露等防水处理；

8. 配变电所为独立建筑物时，不应设置在地势低洼和可能积水的场所。

3.7.2　变配电所的形式

变配电所的形式应根据用电负荷的状况和周围环境情况确定。

1. 变配电所的形式

变配电所的形式按周围环境大致分为户内和户外两种，而又可详细分为以下几种形式：

（1）独立式变配电所

独立式变配电所为一独立建筑物。

（2）露天变电所

露天变电所变压器设置在室外。

（3）附设式变配电所

附设式变配电所又分为内附和外附两种。为节省占地面积，在企业车间内、外或民用建筑两侧或后面，可设置变配电所，但不能设置在人员密集场所上下方或主要通道两旁。

（4）设在一般建筑物及高层建筑物内部的变配电所

6～10kV 配电所又称开闭所。

2. 变配电所形式选择

（1）负荷较大的车间和站房，宜设附设变电所或半露天变电所。

（2）负荷较大的多跨厂房，负荷中心在厂房的中部且环境许可时，宜设车间内变电所或组合式成套变电站。

（3）高层或大型民用建筑内，宜设室内变电所或组合式成套变电站。

（4）负荷小而分散的工业企业和大中城市的居民区，宜设独立变电所，有条件时也可设附设变电所或户外箱式变电站。

3.7.3　变配电所的结构与布置

本节主要讨论 6～10kV 户内变电所。户内变电所主要包括：（1）高压配电室；（2）低压配电室；（3）变压器室；（4）电容器室；（5）控制室、值班室等。其常见布置方案见图 3-22、图 3-23。

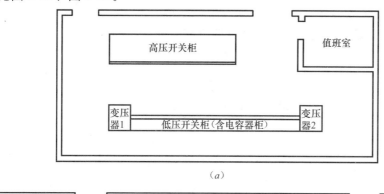

（a）

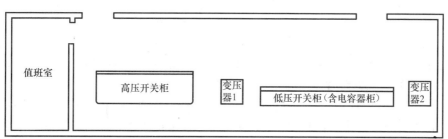

（b）

图 3-22　室内变电站典型布置（采用无油设备）

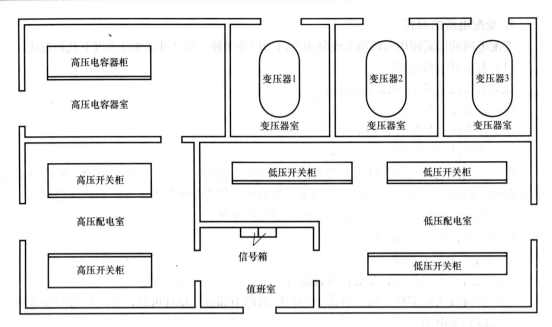

图 3-23　室内变电站典型布置（采用含可燃油设备）

变配电所布置原则要能够在维护、检修、操作、搬运时方便，进出线要方便，布置要尽量紧凑，更重要的是在运行、操作和维护时要保证人身和设备的安全。为此，高压配电装置均应设置闭锁装置及联锁装置，以防止带负荷拉合隔离开关等误操作。

1. 高压配电室的布置

高压配电室一般只装高压配电设备，当高压开关柜的台数在 6 台及以下时，可与低压配电柜安装在同一房间内。高压配电室的长度超过 7m，必须设置两个门，并宜布置在两端，其中一个门的高度与宽度能垂直搬进高压配电柜。高压配电室的维护走道、操作走道等见表 3-6、图 3-24 所示。

图 3-24　高压配电室平面布置图

高压配电室内各种通道的最小净宽（m）　　　　　　表 3-6

开关柜布置方式	柜后维护通道	柜前操作通道	
		固定式	手车式
单排布置	0.8	1.5	单车长度+1.2
双排面对面布置	0.8	2.0	双车长度+0.9
双排背对背布置	1.0	1.5	单车长度+1.2

当电源从屏后进线，需要在屏后墙上安装隔离开关及其操作机构时，在屏后维护走道的宽度应不小于 1500mm，若屏后的防护等级为 1P2X，其维护走道可减至 1300mm。

2. 静电电容器室的布置

高压静电电容器室尽可能靠近高压配电室。当它的长度超过 7m 时，亦应在高压静电电容器室的两端各开一个门，其中一扇门宽度和高度应能垂直搬进高压静电电容器柜。还要有良好的自然通风，在地下室等通风条件较差的场所，可采用机械通风，有条件的可采用空调。自然通风时，上部出风，下部进风，可用每 100kvar 的进风面积为 $0.1 \sim 0.3 m^2$，出风面积为 0.2~0.4m² 估算。静电电容器柜为柜前安装及维护，因此可以靠墙安装，屏前的操作走道，单列为 1500mm，双列为 2000mm。

电压为 10(6)kV 可燃性油浸电力电容器应设置在单独房间内。设置在民用建筑中的应采用非可燃性油浸式电容器或干式电容器，不带可燃油的低压电容器可与 10(6)kV 配电装置、低压配电装置和干式变压器等设置在同一房间内。

3. 低压配电室的布置

低压配电柜排列可采取"一"字形单列，双列"="或"L"形、"U"形排列。

低压配电室长度超过 7m 时，应设置两个门，尽量布置在低压配电室的两端，其中一个门的宽度和高度应能使低压配电屏垂直搬动。

当值班室与低压配电室合一时，则屏正面离墙距离不宜小于 3m。成排布置的配电柜，其长度超过 6m 时，柜后面的通道应有两个通向本室或其他房间的出口，并宜布置在通道两端。当配电柜排列的长度超过 15m 时，在柜列的中部还应增加通向本室的出口。

同一配电室内的两段母线，如任一段母线有一级负荷时，则母线分段处应有防火隔墙。低压配电室中维护走道、操作走道最小尺寸见表 3-7。

低压配电室屏前屏后通道最小净宽（m）　　　　表 3-7

布置方式 装置种类	单排布置		双排对面布置		双排背对背布置	
	屏前	屏后	屏前	屏后	屏前	屏后
固定式	1.5	1.0	2.0	1.0	1.5	1.5
抽屉式	1.8	1.0	2.3	1.0	1.8	1.0
控制屏（柜）	1.5	0.8	2.0	0.8	—	—

注：1. 当建筑物墙面遇有柱类局部凸出时，凸出部位的通道宽度可减少 0.2m；
　　2. 各种布置方式，屏端通道不应小于 0.8m。

低压配电室在建筑物内部及地下室时，可采用提高地坪的方式，做法同高压配电室。在高层建筑物内部的低压配电室层高受限制时，可不设电缆沟，电缆可以从柜顶引至电缆托架敷设。

4. 变压器室内的布置

每台油量在 100kg 以上的三相变压器，在室内安装时，应设在单独的变压器室内，宽面推进的变压器，低压侧宜向外，窄面推进的变压器，油枕宜向外，以方便变压器的油位、油温的观察，容易抽样。

变压器的外廓（包括防护外壳）与变压器室的墙壁、门的最小净距见表 3-8 所示。多台干式变压器布置在同一室内，并列成行安装时，其相互间不应小于表 3-9 所示的尺寸，表中的 A、B 的示意位置见图 3-25。

变压器外廓（包括防护外壳）与墙和门最小净距（m）　　　　表 3-8

项目	变压器容量（kVA）	
	100~1000	1250~2500
油浸变压器外廓与后壁、侧壁净距	0.6	0.8
油浸变压器外廓与门净距	0.8	1.0
干式变压器带有 IP2X 及以上防护等级金属外壳与后壁、侧壁净距	0.6	0.8
干式变压器带有 IP2X 及以上防护等级金属外壳与门净距	0.8	1.0

多台干式变压器并列安装时其防护外壳间最小净距（m）　表 3-9

项目	变压器容量（kVA）		100～1000	1250～2500
变压器侧面具有 IP2X 防护等级及以上的金属外壳		A	0.6	0.8
变压器侧面具有 IP3X 防护等级及以上的金属外壳		A	可贴邻布置	可贴邻布置
考虑变压器外壳之间有一台变压器拉出防护外壳		B①	变压器宽度 b+0.6	变压器宽度 b+0.6
不考虑变压器外壳之间有一台变压器拉出防护外壳		B	1.0	1.2

① 当变压器外壳的门为不可拆卸时，其 B 值应是门扇的宽度 c 加变压器宽度 b 之和再加 0.3m。

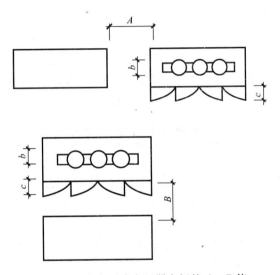

图 3-25　多台干式变压器之间的 A、B 值

在独立设置的或附设式变电所，使用油浸变压器时，容量超过 315kVA，应将变压器抬高安装，便于下部进风，使变压器通风冷却。在 6～10kV 独立式或附设式变电所中，应以自然通风为主。在地下室或建筑内部的变压器室，自然通风条件差时，应设立机械通风。在温度高、湿度大的地区，可设置除湿机，有条件时可设置空调，以改善变压器的运行条件。

5. 控制室的布置

10kV 侧采用直流电源操作时，则设有直流屏与信号屏，同时安装于一个房间中，直流屏背后有门，因此一般离墙安装，屏后设维护走廊宽度为 800～1000mm；屏前操作走廊 1500～2000mm。信号屏前面开门可靠墙安装，亦可与直流屏并列安装，房间长度超过 7m 时，亦开两个门，其中一个门与值班室直通或经走道直通。

使用独立微机或由 BA 系统分站进行所有电量检测及信号显示的，这部分设备不与直流操作屏合室，可分设直流屏室及控制室，或者将这部分设备安装在值班室中。

控制室高度及电缆沟的处理，可以与低压配电室相同。

6. 值班室

在一个建筑中，有几处变电所时，若用独立微机或 BA 系统分站作测量及信号时，则应在高压配电室处设置中央值班室，将主机及监测系统集中设在中央值班室。在值班室中设拖把池，有条件的特别是独立变配电所可设置卫生间。

7. 柴油发电机室的布置

（1）柴油发电机房位置选择

仅供特别重要负荷时，应靠近用户中心；供消防、特别重要用户及重要用户时，则应靠近变配电所。因为它的供电线进入低压配电室，机房宜设在建筑物底层，这样便于通风、散热、排烟。要避开主要入口，否则可设在地下一层、地下二层，但不能进入地下三层及以下，并做好防潮、进风、排风、排烟、消音、减震等设施。在选择机房位置方面应注意以下几点：

1）机房要有一面靠外墙，这样设备通风、排烟比较容易处理。

2）应注意机组的吊装、搬运和检修方便。一般利用停车库出入通道作为搬运通道，但若通道太小，应考虑吊装孔的位置。

3）应避开潮湿之处，不要设在厕所、浴室、水池等经常积水场所的下面或隔壁，避免因厕所检修或楼板渗水影响机组的运行。

（2）机组的通风散热

柴油机、发电机及排烟管在运行时均散发热量，使机房温度升高，温度升高到一定程度将会影响发电机的出力，因此必须采取措施来保证机组的冷却。在有足够的进风、排风通道的情况下，一般采用闭式水循环及风冷的整体式机组，否则可将排风机、散热管与机组主体分开，单独放在室外，用水管将室外散热管与柴油主机连接。气温较高地区，年最热月份平均温度达 35℃ 或以上时，机房设置在地下室，应采取降温措施，以免降低机组出力。

（3）排烟

在设计排烟管系统时，应注意如下几点：

1）使排烟系统尽量减少背压，因为废气阻力的增加将导致柴油机出力的下降及温升的增加。因此排烟管设计得越短越直越好。

2）排烟管宜进行保温处理，以减少烫伤和减少热辐射使机房温度升高。

3）应设消声器，以减少噪声。

（4）噪声的处理

一般民用建筑中所选机组为高速机组，噪声比较大，为达到环保要求，机房内应设置吸声材料和采取消声措施。由于各个工程的实际情况千差万别，因此在选用应急柴油发电机组时，除应满足规范要求外，还应根据实际情况来设置，才能达到令人满意的效果。

机房在地面上布置参照图 3-26，机房在地下室布置见图 3-27。

地下室机房不仅应靠近变配电所，还应靠近外墙或内天井，或靠近楼梯间。如图 3-27 所示，A 墙对外，排烟由地下竖井升至一层，在一层对外开百叶窗；进风靠进入地下室的楼梯，楼梯一层的门改用铁栅栏，机房靠近楼梯一侧开进风百叶窗。排烟管可在排风口上部进入排风竖井，由竖进引向室外，但在排风竖井内的这段管道应用耐火材料作保温隔热处理。

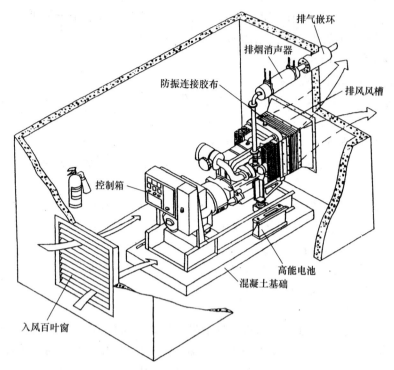

图 3-26　柴油发电机组在地上安装示意图

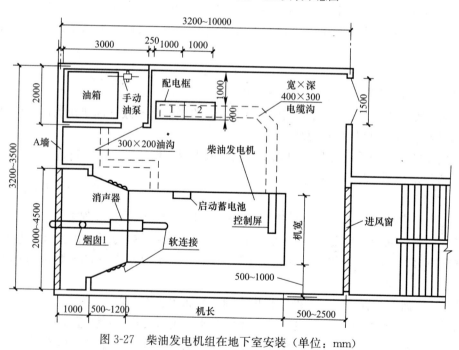

图 3-27　柴油发电机组在地下室安装（单位：mm）

思　考　题

3-1　供配电系统设计依据是什么？

3-2　供配电系统设计基本要求有哪些?

3-3　什么是一次接线、二次接线?

3-4　电力负荷分几级? 如何分级? 如何供电?

3-5　如何确定变压器的容量和台数?

3-6　变配电所主接线的基本要求有哪些?

3-7　变配电所的主接线形式有哪些? 有何特点? 适用范围是什么?

3-8　什么叫"倒闸操作"?

3-9　高、低压配电网络的形式主要有哪几种? 有何特点? 适用范围是什么?

3-10　变配电所位置选择主要考虑哪些因素?

第4章 短路电流及其计算

4.1 电力系统短路电流基本概念

4.1.1 短路及短路电流

所谓短路就是指不同电位的导电部分之间的低阻性短接，包括相与相之间、相与地之间直接的或者通过电弧非正常的低阻性连接。在电力系统的设计和运行中，应充分考虑造成短路的原因及其危害，必须设法消除可能引起短路的一切因素，使系统安全可靠运行。

为了避免造成短路故障，主要以预防为主，故有必要了解造成短路的主要原因。造成短路一方面是由于电气设备载流部分的绝缘损坏，这种损坏可能是由于设备长期运行，绝缘自然老化或由于设备本身不合格、绝缘强度不够而被正常电压击穿，或设备绝缘正常而被过电压（包括雷电过电压）击穿，或者是设备绝缘受到外力损伤而造成短路。

工作人员由于未遵守安全操作规程而发生误操作，或者误将低电压的设备接入较高电压的电路中，也可能造成短路。

供电系统中发生短路故障后，所产生的过电流称短路电流，其值比正常工作电流一般要大几十倍甚至几百倍。在大的电力系统中，短路电流有时可达几万安培甚至几十万安培。如此大的短路电流通过导体时，使导体发热温度急剧升高，从而设备绝缘老化加剧或损坏；同时，通过短路电流的导体会受到很大的电动力作用，使导体变形甚至损坏；短路电流通过线路，要产生很大的电压降，使系统的电压水平骤降，严重影响电气设备的正常运行；短路还会造成停电事故；严重的短路故障可能会造成系统解列；不对称的接地电路，其不平衡电流将产生较强的不平衡磁场，对附近的通信线路、电子设备及其他弱电控制系统等产生电磁干扰。

4.1.2 短路的形式

在三相系统中，可能发生的短路类型有三相短路、两相短路、单相短路和两相接地短路。

三相短路是对称短路，用文字符号 $k^{(3)}$ 表示，如图 4-1（a）所示。因为短路回路的三相阻抗相等，所以三相短路电流和电压仍然是对称的。两相短路是不对称短路，用 $k^{(2)}$ 表示，如图 4-1（b）所示。单相短路也属不对称短路，用 $k^{(1)}$ 表示，如图 4-1（c）和（d）所示。

两相接地短路同样属不对称短路，是指中性点不接地系统中两不同相均发生单相接地而形成的两相短路，如图 4-1（e）所示；也指两相短路后又接地的情况，如图 4-1（f）所示，都用 $k^{(1.1)}$ 表示。它实质上就是两相短路，因此也可用 $k^{(2)}$ 表示。

电力系统中，发生单相短路的可能性最大，而发生三相短路的可能性最小。但一般三相短路的短路电流最大，造成的危害也最严重。为了使电力系统中的电气设备在最严重的

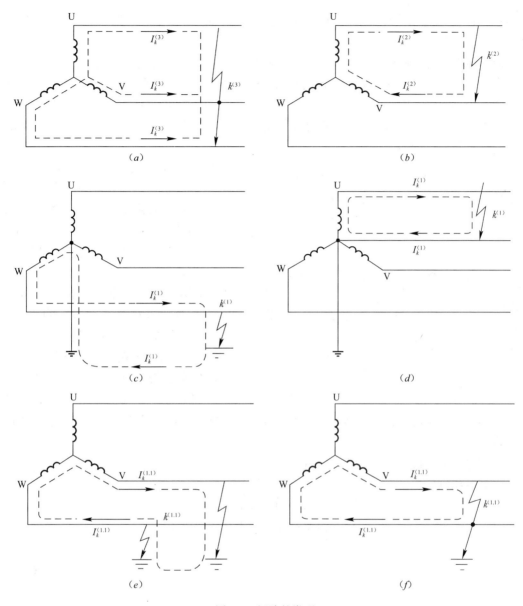

图 4-1 短路的类型

短路状态下也能可靠地工作，因此作为选择检验电气设备用的短路计算中，以三相短路计算为主。

4.1.3 无限大容量系统中三相短路过程的简化分析

为了计算短路电流的大小，先进行短路过程的简化分析。

短路过程中短路电流变化的情况决定于系统电源容量的大小或短路点离电源的远近。为了讨论问题简单，假定供电系统是由无限大电源供电的三相交流系统。所谓无限大电源电力系统，指其容量相对于用户供电系统容量大得多的电力系统或者短路点离电源较远的电力系统，当用户供电系统的负荷变动甚至发生短路时，电力系统变电所馈电母线上的电压能基本维持不变。如果电力系统的电源总阻抗不超过短路电路总阻抗的 $5\% \sim 10\%$，或电力系统容量超过用户供电系统容量 50 倍时，可将电力系统视为无限大电源（容量）系统。

对一般工业与民用建筑供配电系统来说，其电能主要来源是电力系统的地区变电站，距离发电厂的发电机较远，加上建筑供配电系统的容量远比电力系统总容量小，其阻抗又较电力系统大得多，因此建筑供配电系统内部发生短路时，电力系统变电所馈电母线上的电压几乎维持不变，也就是说向一般建筑供配电系统供电的电力系统可视为无限大容量的电源。这是我们讨论的前提。

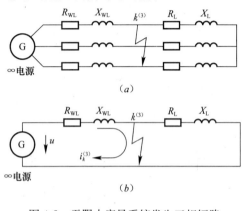

图 4-2　无限大容量系统发生三相短路
(a) 三相电路图；(b) 等效单相电路图

根据上述分析，一般的建筑供配电系统内部某处发生三相短路时，经过简化可用图 4-2 (a) 所示三相电路图来表示。图中电源 G——为无限大容量的电源，用 ∞ 电源表示；R_{WL}、X_{WL}——为线路（WL）的电阻和电抗，R_L、X_L——为负荷（L）的电阻和电抗。由于三相对称，因此这一三相短路的电路可用图 4-2 (b) 的等效单相电路图来分析。R_Σ、X_Σ——为短路回路的总电阻和总电抗。

设 $t=0$ 时短路（等效为开关突然闭合），由于突然发生短路造成换路，系统原来的稳定工作状态遭到破坏，需要经过一个暂态过程，才能进入短路稳定状态。因此三相短路过程的分析是一暂态过程分析。短路电流瞬时值 i_k 是一暂态解。

下面介绍电流瞬时值表达式的求解。

设电源相电压

$$u_\phi = U_{\phi m}\sin\omega t \tag{4-1}$$

由于是无限大容量的电源，所以在短路过程中该表达式始终不变。

短路发生前电流：

$$i = I_m\sin(\omega t - \phi) \tag{4-2}$$

当 $t=0_-$ 则

$$i_{(0-)} = -I_m\sin\phi \tag{4-3}$$

式中　$I_m = U_{\phi m}/|Z|$；

$|Z| = \sqrt{(R_{WL}+R_L)^2 + (X_{WL}+X_L)^2}$；

ϕ——电流滞后电压的相位，与 R_{WL}、R_L、X_{WL}、X_L 的大小有关。

短路发生后稳态电流：

$$i_{(\infty)} = I_{m\cdot k}\sin(\omega t - \phi_k) \tag{4-4}$$

式中　$I_{m\cdot k} = U_{\phi m}/|Z_\Sigma|$，为短路电流周期分量幅值；

$|Z_\Sigma| = \sqrt{R_\Sigma^2 + X_\Sigma^2}$ 为短路电路的总阻抗［模］；

$\phi_k = \arctan(X_\Sigma/R_\Sigma)$ 为短路电路的阻抗角。

根据暂态过程分析的三要素法，短路电流瞬时值表达式为：

$$i_k = i_{(\infty)} + [i_{(0+)} - i_{(\infty)} \mid_{t=0}]e^{-t/\tau} \tag{4-5}$$

式中三要素为初始值 $i_{(0+)}$、稳态解 $i_{(\infty)}$、时间常数 τ。

根据电感电路换路定律知，电感中电流不能突变，所以短路前后瞬间电流相等，即：

$$i_{(0+)} = i_{(0-)}$$

设短路发生时刻为 $t=0$，由（4-3）知：

初始值　$i_{(0+)} = i_{(0-)} = -I_m \sin\phi$　　　　　　　由（4-4）知：

稳态值　$i_{(\infty)} = I_{m \cdot k} \sin (\omega t - \phi_k)$

$$i_{(\infty)} \mid_{t=0} = -I_{m \cdot k} \sin\phi_k$$

将初始值、稳态值代入式（4-5）得短路电流瞬时值（又称短路全电流）表达式为：

$$i_k = I_{m \cdot k} \sin(\omega t - \phi_k) + (I_{m \cdot k} \sin\phi_k - I_m \sin\phi)e^{-t/\tau} = i_p + i_{np} \tag{4-6}$$

式中　$i_p = I_{m \cdot k} \sin (\omega t - \phi_k)$——为短路电流周期分量，以正弦规律变化；

$i_{np} = (I_{m \cdot k} \sin\phi_k - I_m \sin\phi)e^{-t/\tau}$——为短路电流非周期分量，以指数规律衰减；

$\tau = X_\Sigma / R_\Sigma$——为时间常数。

如果 $X_\Sigma \gg R_\Sigma$，短路回路可认为纯电感电路，则 $\phi_k \approx 90°$，这时短路电流周期分量为：

$$i_p \approx I_{m \cdot k} \sin(\omega t - 90°) = -I_{m \cdot k} \cos\omega t \tag{4-7}$$

短路电流非周期分量为

$$i_{np} \approx (I_{m \cdot k} - I_m \sin\phi)e^{-t/\tau} \tag{4-8}$$

在 $t=0$ 时

$$i_{p(0)} \approx -I_{m \cdot k}$$

$$i_{np(0)} \approx I_{m \cdot k} - I_m \sin\phi$$

图 4-3 表示出无限大容量系统发生三相短路前后电流、电压的变动曲线就是按短路回路为纯电感电路绘出的。由图 4-3 可以看出，短路电流在到达稳定值之前，要经过一个暂态过程（或称短路瞬变过程）。暂态过程中短路全电流包含有两个分量：短路电流周期分量和非周期分量。周期分量属于强迫分量，它的大小取决于电源电压和短路回路的阻抗，

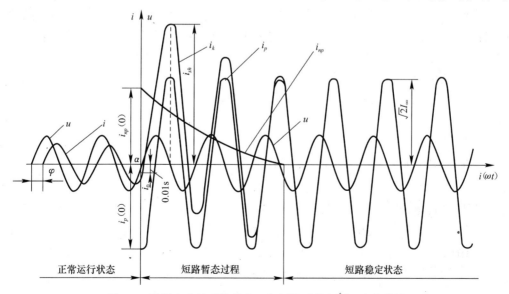

图 4-3　无限大容量系统发生三相短路时的电压、电流曲线

因短路后电路阻抗突然减少很多倍，而按欧姆定律其值突然增大很多倍，其幅值在暂态过程中始终保持不变。非周期分量则属于自由分量，是因短路电路含有感抗，电路电流不能突变，而按楞次定律感生的用以维持短路初瞬间（$t=0$ 时）电流不致突变的一个反向衰减性电流，它的值在短路瞬间最大，接着便以一定的时间常数按指数规律衰减，直至衰减为零。此时暂态过程即告结束，系统进入短路的稳定状态。

4.1.4　有关短路的物理量

1. 短路电流周期分量

由于短路电路的电抗一般远大于电阻，即 $X_\Sigma \gg R_\Sigma$，可看成是纯电感电路，假设在电压 $u_\phi = 0$ 时发生三相短路，如图 4-3 所示。由式（4-7）可知，短路电流周期分量：

$$i_p \approx I_{m.k} \sin(\omega t - 90°)$$

因此短路初瞬间（$t=0$ 时）的短路电流周期分量：

$$i_{p(0)} \approx - I_{m.k} = -\sqrt{2} I'' \tag{4-9}$$

式中　I''——短路次暂态电流有效值，它是短路后第一个周期的短路电流周期分量 i_p 的有效值。

在无限大容量系统中，由于系统母线电压维持不变，所以其短路电流周期分量有效值（习惯上用 I_k 表示）在短路的全过程中也维持不变，即 $I''=I_k$。

2. 短路电流非周期分量

短路电流非周期分量是由于短路电路存在着电感，用以维持短路初瞬间的电流不致突变而由电感上引起的自感电动势所产生的一个反向电流，如图 4-3 所示。

由式（4-8）可知，$X_\Sigma \gg R_\Sigma$ 时，短路电流非周期分量：

$$i_{np} \approx (I_{m.k} - I_m \sin\phi) e^{-t/\tau}$$

由于 $I_{m.k} \gg I_m \sin\phi$，故

$$i_{np} \approx I_{m.k} e^{-t/\tau} = \sqrt{2} I'' e^{-t/\tau}$$

由于 $\tau = X_\Sigma / R_\Sigma$，因此如短路电路 $R_\Sigma = 0$ 时，那么短路电流非周期分量 i_{np} 将为一不衰减的直流电流。非周期分量 i_{np} 与周期分量 i_p 叠加而得的短路全电流 i_k，将为一偏轴的等幅电流曲线。当然这是不存在的，因为电路中总有 R_Σ，所以非周期分量总要衰减，而且 R_Σ 越大，τ 越小，衰减越快。

3. 短路全电流

（1）短路全电流瞬时值：为短路电流周期分量与非周期分量之和，即

$$i_k = i_p + i_{np} \tag{4-10}$$

（2）短路全电流有效值：为某一瞬时 t 的短路全电流有效值 $I_{k(t)}$，是以时间 t 为中点的一个周期内的 i_p 有效值 $I_{p(t)}$ 与 i_{np} 在 t 的瞬时值 $i_{np(t)}$ 的方均根值，即

$$I_{k(t)} = \sqrt{I_{p(t)}^2 + i_{np(t)}^2} \tag{4-11}$$

4. 短路冲击电流

短路冲击电流为短路全电流中的最大瞬时值，由图 4-3 所示短路全电流 i_k 的曲线可以看出。短路后经半个周期（即 0.01s），i_k 达到最大值时，此时的电流即短路冲击电流，用 i_{sh} 表示。短路冲击电流按下式计算：

$$i_{sh} = i_{p(0.01)} + i_{np(0.01)} \approx \sqrt{2} I'' (1 + e^{-0.01 R_\Sigma / X_\Sigma}) \tag{4-12}$$

或

$$i_{sh} \approx K_{sh}\sqrt{2}I''$$ (4-13)

式中 K_{sh}——短路电流冲击系数。

由式（4-12）和式（4-13）可知

$$K_{sh} = 1 + e^{-0.01R_\Sigma/X_\Sigma}$$ (4-14)

当 $R_\Sigma \to 0$，则 $K_{sh} \to 2$，当 $X_\Sigma \to 0$，则 $K_{sh} \to 1$。因此 $1 < K_{sh} < 2$。

短路全电流 i_k 的最大有效值是短路后第一个周期的短路电流有效值，用 I_{sh} 表示，也可称为短路冲击电流有效值，用下式计算：

$$I_{sh} = \sqrt{I_{p(0.01)}^2 + i_{np(0.01)}^2} \approx \sqrt{I''^2 + (\sqrt{2}I''e^{-0.01R_\Sigma/X_\Sigma})^2}$$

或

$$I_{sh} = \sqrt{1 + 2(K_{sh}-1)^2}I''$$ (4-15)

在高压电路发生三相短路时，一般可取 $K_{sh}=1.8$，因此

$$i_{sh} = 2.55I''$$ (4-16)

$$I_{sh} = 1.51I''$$ (4-17)

在 1000V 及以下的电力变压器二次侧低压电路中发生三相短路时，一般可取 $K_{sh}=1.3$，因此

$$i_{sh} = 1.84I''$$ (4-18)

$$I_{sh} = 1.09I''$$ (4-19)

5. 短路稳态电流

电路突然短路后要经过一个暂态过程，暂态过程中短路全电流是以正弦规律变化的周期分量和以指数规律衰减的非周期分量叠加而成。非周期分量衰减为零时暂态过程即告结束，系统进入短路的稳定状态，此时的短路全电流只剩周期分量，其有效值（用 I_∞ 表示）称为短路稳态电流。

很明显可得：$I''=I_k=I_\infty$。

为了表明短路的种类，凡是三相短路电流，可在相应的电流符号右上角加注（3），例如三相短路稳态电流写作 $I_\infty^{(3)}$。同样，两相和单相短路电流，则在相应的电流符号右上角分别加注（2）或（1），而两相接地短路电流，则加注（1.1）。在不致引起混淆时，三相短路电流各量可不加注（3）。

4.2 无限大容量系统短路电流计算

4.2.1 概述

在供电系统的设计和运行中，需要进行短路电流计算，这是因为：

1. 选择电气设备和载流导体时，需用短路电流校验其动稳定性和热稳定性，以保证在发生可能的最大短路电流时不至于损坏。

2. 选择和整定用于短路保护的继电保护装置的时限及灵敏度时，需应用短路电流参数。

3. 选择用于短路保护的设备时，为了校验其断流能力也需进行短路电流计算。

根据短路过程的分析，短路计算所要计算的物理量应有：短路电流周期分量有效值（I_k），短路次暂态电流有效值（I''），短路稳态电流（I_∞），短路冲击电流（i_{sh} 及 I_{sh}）以及短路容量（S_K）。确定以上各量的过程称为短路计算。

计算短路电流是一个假设的过程。一般先要在系统图上确定短路计算点（假设短路点）。短路计算点要选择得使需要进行短路校验的电气设备等有最大可能的短路电流通过。确定了计算短路点后，再求出短路回路（即从各供电电源至短路点的整个电路）的总阻抗。

在计算高压电网中的短路电流时，一般只需计算各主要元件（电源、架空线路、电缆线路、变压器、电抗器等）的电抗而忽略其电阻，仅当架空线路、电缆线路较长并使短路回路总电阻大于总电抗的三分之一时，才需计及电阻。

计算短路电流时，短路回路中各元件的物理量可以用有名单位制表示，也可以用标幺制表示。

在 1000V 以下的低压系统中，计算短路电流常采用有名单位制。但在高压系统中，由于有多个电压等级，存在电抗换算问题，所以在计算短路电流时，通常均采用标幺制，可以使计算简化。

4.2.2　标幺制法

标幺制法——是因其短路计算中的有关物理量是采用标幺值而得名。

标幺值——任一物理量的标幺值，是它的实际值与所选定的基准值的比值。它是一个相对量，没有单位。标幺值用上标［*］表示，基准值用下标［d］表示。即

$$A_d^* = \frac{A}{A_d} \tag{4-20}$$

基准值—— 按标幺制法进行短路计算时，一般是先选定基准容量 S_d 和基准电压 U_d。

基准容量——工程设计中通常取 $S_d = 100\text{MV} \cdot \text{A}$。

基准电压——一般取用线路各级的平均额定电压，又称为短路计算电压 U_c，$U_d = U_c$，

$$U_c = \frac{(1.1+1)}{2}U_N = 1.05U_N \tag{4-21}$$

选定基准容量 S_d（MV·A）和基准电压 U_d（kV）后，基准电流 I_d（kA）和基准电抗 X_d（Ω）按下式计算：

基准电流

$$I_d = \frac{S_d}{\sqrt{3}U_d} \tag{4-22}$$

基准电抗

$$X_d = \frac{U_d}{\sqrt{3}I_d} = \frac{U_d^2}{S_d} \tag{4-23}$$

选定基准值后，电压、容量、电流、电抗标幺值计算公式如下：

电压标幺值

$$U_d^* = \frac{U}{U_d} \tag{4-24}$$

容量标幺值

$$S_d^* = \frac{S}{S_d} \tag{4-25}$$

电流标幺值

$$I_d^* = \frac{I}{I_d} = \frac{\sqrt{3}U_d I}{S_d} \tag{4-26}$$

电抗标幺值

$$X_d^* = \frac{X}{X_d} = \frac{XS_d}{U_d^2} \tag{4-27}$$

4.2.3　电气元件电抗标幺值的计算

供电系统中的元件主要包括电源、输电线路、变压器及电抗器。为了求出短路回路总电抗的标幺值，需要逐一求出这些元件相对于选定基准容量 S_d（MV·A）和基准电压 U_c（kV）的电抗标幺值。

1. 电力系统电抗标幺值 X_S^*

如已知电力系统变电所出口断路器的断流容量（遮断容量）为 S_{oc}（MV·A），则 S_{oc} 就看做是电力系统的极限容量 S_k，又 $U_d=U_c$，因此电力系统的电抗为

$$X_S = \frac{U_c^2}{S_{oc}} \tag{4-28}$$

则系统电抗标幺值为

$$X_S^* = X_S/X_d = \frac{U_c^2}{S_{oc}} \times \frac{S_d}{U_d^2} = \frac{S_d}{S_{oc}} \tag{4-29}$$

式中　S_{oc}——电力系统变电所出口断路器的断流容量（遮断容量）（MV·A）。

2. 电力线路电抗标幺值 X_{WL}^*

已知输电线路的长度为 l，每公里电抗值为 X_0，则线路电抗标幺值为：

$$X_{WL}^* = X_{WL}/X_d = X_0 l \times \frac{S_d}{U_d^2} = X_0 l \frac{S_d}{U_c^2} \tag{4-30}$$

式中　U_c——该段线路所在处的短路计算电压（kV）；

　　　l——导线电缆的长度（km）；

　　　X_0——导线电缆单位长度的电抗值（Ω/km），可查有关产品样本或手册。如果线路的结构数据不详时，X_0 可按表 4-1 取其电抗平均值，因为同一电压的同类线路的电抗值变动幅度一般不大。

电力线路每相的单位长度电抗平均值（Ω/km）　　　表 4-1

线路结构	线路电压	
	6～10kV	220/380V
架空线路	0.38	0.32
电缆线路	0.08	0.066

3. 电力变压器电抗标幺值 X_T^*

变压器通常给出短路电压（即阻抗电压 $U_z\%$）的百分值 $U_K\%$

因　　　$U_K\% = (\sqrt{3}I_{NT}X_T/U_c) \times 100 = (S_{NT}X_T/U_c^2) \times 100$

故

$$X_{\mathrm{T}} = \frac{U_{\mathrm{K}}\%}{100} \times \frac{U_{\mathrm{c}}^2}{S_{\mathrm{NT}}} \tag{4-31}$$

得

$$X_{\mathrm{T}}^* = X_{\mathrm{T}}/X_{\mathrm{d}} = \frac{U_{\mathrm{K}}\%}{100} \times \frac{U_{\mathrm{c}}^2}{S_{\mathrm{NT}}} \times \frac{S_{\mathrm{d}}}{U_{\mathrm{d}}^2}$$

则

$$X_{\mathrm{T}}^* = \frac{U_{\mathrm{K}}\%}{100} \times \frac{S_{\mathrm{d}}}{S_{\mathrm{NT}}} \tag{4-32}$$

当 $S_{\mathrm{d}} = 100\mathrm{MV \cdot A}$ 时，$X_{\mathrm{T}}^* = \frac{U_{\mathrm{K}}\%}{S_{\mathrm{NT}}}$

式中　$U_{\mathrm{K}}\%$——变压器的短路电压（即阻抗电压 $U_{\mathrm{Z}}\%$）百分值，可查有关产品样本或手册；

　　　S_{NT}——变压器的额定容量（MV·A）。

4. 电抗器电抗标幺值 X_{L}^*

电抗器是用来限制短路电流用的电感线圈，一般其铭牌上给出额定电抗百分数 $X_{\mathrm{L}}\%$、额定电压 U_{NL}（kV）、额定电流 I_{NL}（kA），类似变压器一样有：

$$X_{\mathrm{L}}\% = (\sqrt{3} I_{\mathrm{NL}} X_{\mathrm{L}}/U_{\mathrm{NL}}) \times 100$$

因而得

$$X_{\mathrm{L}}^* = X_{\mathrm{L}}/X_{\mathrm{d}} = \frac{X_{\mathrm{L}}\%}{100} \times \frac{U_{\mathrm{NL}}}{I_{\mathrm{NL}}} \times \frac{S_{\mathrm{d}}}{\sqrt{3} U_{\mathrm{c}}^2} \tag{4-33}$$

式中，U_{NL} 与 U_{c} 并不一定相等，这是因为有的电抗器的额定电压与它所连接的线路平均额定电压并不一致。例如将额定电压为 10kV 的电抗器装设在平均额定电压为 6.3kV 的线路上。

5. 求总电抗标幺值 X_{Σ}^*

计算短路电流时，一般首先要绘出计算电路图，如图 4-4 所示。在计算电路图上，将短路计算所需考虑的各元件的额定参数都标出来，并将各元件依次编号，然后确定短路计算点。短路计算点，要根据短路校验的电气元件有最大可能的短路电流通过来选择。

接着按选择的短路计算点绘出等效电路图，如图 4-5 所示。在等效电路图上，只需将被计算的短路电流所流经的一些主要元件表示出来，并按以上的方法计算电路中各主要元件的阻抗标幺值，然后标明其序号和阻抗标幺值，再将等效电路化简。最后求出其等效总电抗标幺值 X_{Σ}^*。X_{Σ}^* 是短路回路等效总电抗 X_{Σ} 相对于选定基准容量 S_{d}（MV·A）和基准电压 U_{c}（kV）的总电抗标幺值。

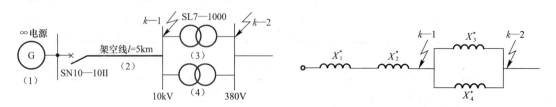

图 4-4　短路计算电路图　　　　　　　　图 4-5　短路等效电路图

4.2.4　标幺制法求三相短路电流

由于无限大容量系统中，其母线电压在短路过程中可以认为不变，如果知道了短路回路中的总阻抗，那么三相短路电流周期分量的有效值可由下式计算：

$$I_{\mathrm{k}}^{(3)} = \frac{U_{\mathrm{c}}}{\sqrt{3}\,|Z_{\Sigma}|} = \frac{U_{\mathrm{c}}}{\sqrt{3}\,\sqrt{R_{\Sigma}^2 + X_{\Sigma}^2}} \tag{4-34}$$

式中　U_{c}——短路点的短路计算电压（或称为平均额定电压）。$U_{\mathrm{c}}=1.05U_{\mathrm{N}}$，按我国电压标准，$U_{\mathrm{c}}$ 有 0.4、0.69、3.15、6.3、10.5、37kV 等；$|Z_{\Sigma}|$、R_{Σ}、X_{Σ} 分别为短路回路的总阻抗的模、总电阻和总电抗值。

一般说来，供电系统中的发电机、变压器、电抗器等的电阻比其电抗要小得多，它们对短路电流的影响很小，只有当短路回路中的电阻很大时才考虑（如很长的架空线路和电缆线路）。所以在 1000V 以上的高压系统中，当短路回路中的总电阻 R_{Σ} 大于总电抗 X_{Σ} 的三分之一时，即 $R_{\Sigma} > X_{\Sigma}/3$ 才考虑电阻。而 1000V 以下的系统中，元件的电阻对短路电流的影响较大。故在计算短路电流时，不但要考虑元件的电抗，而且还必须考虑它的电阻值。

如上所述，在 1000V 以上高压系统中，一般不计电阻时，三相短路电流周期分量的有效值为：

$$I_k^{(3)} = \frac{U_{\mathrm{c}}}{\sqrt{3}X_{\Sigma}} (\mathrm{kA}) \tag{4-35}$$

式中　U_{c}——短路点的短路计算电压（kV）；

X_{Σ}——短路回路的总电抗值（Ω）。

选定基准容量 S_{d} 和基准电压 U_{d}

因为　$X_{\Sigma^*} = X_{\Sigma}/X_{\mathrm{d}} = X_{\Sigma}S_{\mathrm{d}}/U_{\mathrm{c}}^2$

所以　$I_{\mathrm{k}}^{(3)*} = I_{\mathrm{k}}^{(3)}/I_{\mathrm{d}} = \dfrac{U_{\mathrm{c}}}{\sqrt{3}X_{\Sigma}} \times \dfrac{\sqrt{3}U_{\mathrm{d}}}{S_{\mathrm{d}}} = \dfrac{U_{\mathrm{c}}^2}{S_{\mathrm{d}}X_{\Sigma}} = 1/X_{\Sigma^*}$ \tag{4-36}

由此可得三相短路电流周期分量的有效值：

$$I_{\mathrm{k}}^{(3)} = I_{\mathrm{k}}^{(3)*} I_{\mathrm{d}} = I_{\mathrm{d}}/X_{\Sigma^*} (\mathrm{kA}) \tag{4-37}$$

三相短路容量的计算公式：

$$S_k^{(3)} = \sqrt{3}U_{\mathrm{C}}I_{\mathrm{k}}^{(3)} = \sqrt{3}U_{\mathrm{C}}I_{\mathrm{d}}/X_{\Sigma^*} = S_{\mathrm{d}}/X_{\Sigma^*} (\mathrm{MV \cdot A}) \tag{4-38}$$

4.2.5　无限大容量系统三相短路电流计算步骤

1. 按照供电系统图选择短路计算点并绘制计算电路图及等效电路图，要求在图上标出各元件的参数，对复杂的供电系统，还要绘制出简化的等效图。

2. 选定基准容量 S_{d} 和基准电压 U_{d}（通常 $S_{\mathrm{d}}=100\mathrm{MV \cdot A}$、$U_{\mathrm{d}}=U_{\mathrm{c}}$），并按照公式 (4-22)、(4-23) 求出基准电流 I_{d} 和基准电抗 X_{d}。

3. 分别求出供电系统中各元件电抗标幺值。

4. 求出电源至短路点的总电抗标幺值 X_{Σ^*}。

5. 按式 (4-37) 求出短路电流周期分量的有效值，由于是无限大容量系统，所以有 $I''^{(3)}=I_{\infty}^{(3)}=I_{\mathrm{k}}^{(3)}$。

6. 求出短路冲击电流和短路全电流最大有效值。

7. 按式 (4-38) 求出短路容量。

［例 4-1］ 某中型建筑楼（群）供电系统如图 4-6 所示。已知电力系统出口断路器的

断流容量为 $300MV \cdot A$。$X_0 = 0.38\Omega/km$，试计算楼宇变电站 6kV 母线上 $k-1$ 点短路和变压器低压母线上 $k-2$ 点短路的三相短路电流和短路容量。

解：

（1）选定基准值：$S_d = 100MV \cdot A$，$U_{c1} = 6.3kV$，$U_{c2} = 0.4kV$

$$I_{d1} = S_d/\sqrt{3}U_{c1} = 9.16kA$$

$$I_{d2} = S_d/\sqrt{3}U_{c2} = 144kA$$

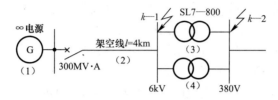

图 4-6　例 4-1 的短路计算电路图

（2）绘出等效电路图，如图 4-7 所示，并求各元件电抗标幺值：

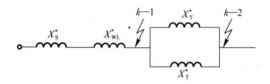

图 4-7　例 4-1 的等效电路图

电力系统电抗标幺值

$$X_S^* = S_d/S_{OC} = 100/300 = 0.33$$

架空线路电抗标幺值

$$X_{WL}^* = X_0 l \frac{S_d}{U_C^2} = 0.38 \times 4 \times 100/6.3^2 = 3.83$$

电力变压器电抗标幺值

$$X_T^* = \frac{U_K\%}{100} \times \frac{S_d}{S_N} = \frac{4.5}{100} \times \frac{100}{0.8} = 5.63$$

（3）计算短路电流和短路容量

$k-1$ 点短路时总电抗标幺值

$$X_{\Sigma 1}^* = X_S^* + X_{WL}^* = 0.33 + 3.83 = 4.16$$

$k-1$ 点短路时的三相短路电流和三相短路容量

$$I_{k-1}^{(3)} = I_{d1}/X_{\Sigma 1}^* = 9.16/4.16 = 2.2kA$$

$$I''^{(3)} = I_\infty^{(3)} = I_{k-1}^{(3)} = 2.2kA$$

$$i_{sh}^{(3)} = 2.55I'' = 2.55 \times 2.2 = 5.61kA$$

$$I_{sh}^{(3)} = 1.51I'' = 1.51 \times 2.2 = 3.32kA$$

$$S_{k-1}^{(3)} = S_d/X_{\Sigma 1}^* = 100/4.16 = 24.0MV \cdot A$$

$k-2$ 点短路时总电抗标幺值

$$X_{\Sigma 2}^* = X_S^* + X_{WL}^* + X_T^*/2 = 0.33 + 3.83 + 5.63/2 = 6.975$$

$k-2$ 点短路时的三相短路电流和三相短路容量

$$I_{k-2}^{(3)} = I_{d2}/X_{\Sigma 2}^* = 144/6.975 = 20.6\text{kA}$$

$$I''^{(3)} = I_{\infty}^{(3)} = I_{k-2}^{(3)} = 20.6\text{kA}$$

$$i_{sh}^{(3)} = 1.84I'' = 1.84 \times 20.6 = 38.0\text{kA}$$

$$I_{sh}^{(3)} = 1.09I'' = 1.09 \times 20.6 = 22.5\text{kA}$$

$$S_{k-2}^{(3)} = S_d/X_{\Sigma 2}^* = 100/6.975 = 14.3\text{MV} \cdot \text{A}$$

4.2.6　大容量电动机反馈冲击电流的考虑

当单台容量或总容量在 100kW 以上正在运行的电动机端头发生三相短路时，由于电动机端电压骤降，致使电动机因定子电动势反高于外施电压而向短路点反馈电流，从而使短路计算点的短路电流增大。由于其反电势作用时间较短，所以电动机反馈电流仅对短路电流冲击值有影响。电动机反馈的最大短路电流瞬时值可按下式计算：

$$i_{shm} = \sqrt{2}K_{shm}(E_M''^*/X_M''^*)I_{NM} \tag{4-39}$$

式中　$E_M''^*$——为电动机次暂态电动势标幺值；

$\quad\quad X_M''^*$——为电动机次暂态电抗标幺值；

$\quad\quad K_{shm}$——为电动机短路电流冲击系数（对高压电动机一般取 $1.4 \sim 1.7$，对低压电动机一般取 1）；

$\quad\quad I_{NM}$——为电动机额定电流。

通常上述公式可简化为：

$$i_{shm} = CK_{shm}I_{NM} \tag{4-40}$$

式中　C——电动机反馈冲击倍数（感应电动机取 6.5，同步电动机取 7.8，同步补偿机取 10.6，综合性负荷取 3.2）。

考虑了大容量电动机反馈电流后短路点总短路冲击电流值 $i_{sh\Sigma}$ 可按下式计算：

$$i_{sh\Sigma} = i_{sh} + i_{shm}$$

式中　i_{sh}——短路回路的短路冲击电流值。

4.2.7　两相短路电流的计算

在对电气设备作短路的动、热稳定性校验时，应用最大短路电流——三相短路电流；对相间短路的继电保护进行灵敏度校验时，就需要知道最小的相间短路电流——两相短路电流。

根据图 4-8 在无限大容量系统中发生两相短路时，其短路电流可由下式求得

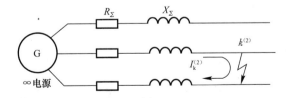

图 4-8　无限大容量系统中发生两相短路时的电路图

$$I_k^{(2)} = \frac{U_c}{2|Z_\Sigma|} \tag{4-41}$$

式中　U_c——短路点计算电压（线电压）。

如果只计电抗，则短路电流为

$$I_k^{(2)} = \frac{U_c}{2X_\Sigma} \tag{4-42}$$

其他两相短路电流 $I''^{(2)}$、$I_\infty^{(2)}$、$i_{sh}^{(2)}$ 和 $I_{sh}^{(2)}$ 等，都可按前面三相短路的对应短路电流的公式计算。

关于两相短路电流与三相短路电流的关系，我们可将上式与式（4-35）作比较，则可得：

$$I_k^{(2)} = \frac{\sqrt{3}}{2}I_k^{(3)} = 0.866\ I_k^{(3)} \tag{4-43}$$

上式说明，无限大容量系统中，同一地点的两相短路电流为三相短路电流的 0.866 倍。因此，无限大容量系统中的两相短路电流，可在求出三相短路电流后利用式（4-42）直接求得。

4.2.8　低压网络短路电流计算

在计算 220/380V 网络短路电流时，短路电流值主要取决于变压器本身阻抗及低压短路回路中各主要元件的阻抗值。由于这些元件对电力系统来说，容量都很小，阻抗很大，所以在实际计算低压侧短路电流时，通常可以不考虑电力系统至降压变压器高压侧一段的阻抗，可认为系统为无限大容量。这样计算的结果虽然较计及电力系统阻抗所计算的短路电流偏大，但认为是允许的。

计算高压电网短路电流时，通常仅计算短路回路各元件的电抗而忽略其电阻，但在计算低电压电网短路电流时，因低压回路中各元件的电阻值与电抗值之比较大而不可忽略，故一般要用阻抗计算，仅当短路回路总电阻不大于三分之一总电抗时，才可以不计电阻。

为了计算简便，计算方法一般采用有名单位制（欧姆法）。在低压电路中元件阻抗很小，一般阻抗是以毫欧为单位，电压用伏特，电流用千安，容量用千伏安。

1. 短路回路中各元件阻抗计算

（1）高压侧系统阻抗

由于一般不考虑电力系统至降压变压器高压侧一段的阻抗，可认为系统为无限大容量，则系统的电阻、电抗可看为零。

（2）变压器阻抗

变压器绕组电阻（$m\Omega$）

$$R_T \approx \Delta P_K \times (U_c/S_{NT})^2 \tag{4-44}$$

变压器阻抗（$m\Omega$）

$$Z_T \approx \frac{U_k\%}{100} \times \frac{U_c^2}{S_{NT}} \tag{4-45}$$

变压器电抗（$m\Omega$）

$$X_T = \sqrt{Z_T^2 - R_T^2} \tag{4-46}$$

式中　ΔP_K——变压器短路损耗（kW），可查有关产品样本或手册；

　　$U_k\%$——变压器短路电压（即阻抗电压）百分值，可查有关产品样本或手册；

　　S_{NT}——变压器的额定容量（kVA）；

　　U_c——应采用短路计算点的计算电压（V）。

（3）母线阻抗

母线电阻（mΩ）

$$R_{WB} = (l/\gamma A) \times 10^3 \tag{4-47}$$

母线电抗（mΩ）

$$X_{WB} = 0.145 l \lg 4D/b \tag{4-48}$$

式中　l——母线长度（m）；

　　　　γ——导电率$\left(铜\ 53，铝\ 32\ \dfrac{m}{\Omega \cdot mm^2}\right)$；

　　　　A——母线截面积（mm^2）；

　　　　b——矩形母线的宽度（mm）；

　　　　D——母线中心间的几何均距（mm），$D = \sqrt[3]{D_{12}D_{13}D_{23}}$，其中 D_{12}、D_{13}、D_{23} 为母线间的轴线距离，当三相母线水平布置，且相间距离相等时，则 $D = 1.26d$；

　　　　d——相邻母线间的中心距离（mm）。

（4）导线电缆阻抗

导线电缆电阻

$$R_{WL} = R_0 l \tag{4-49}$$

导线电缆电抗

$$X_{WL} = X_0 l \tag{4-50}$$

式中　R_0、X_0——导线电缆单位长度的电阻、电抗值，可查有关产品样本或手册，X_0 还可按表 4-1 取其电抗平均值；

　　　　l——导线电缆长度。

（5）电流互感器和开关的阻抗

电流互感器一次线圈阻抗见表 4-2

自动开关过电流线圈的阻抗，以及低压开关触头的接触电阻见表 4-3 和表 4-4。

低压线圈式电流互感器一次线圈电阻及电抗（mΩ）　　　　表 4-2

规　格		20/5	30/5	40/5	50/5	75/5	100/5	150/5
LQG-0.5 0.5 级	电抗	300	133	75	48	21.3	12	5.32
	电阻	37.5	16.6	9.4	6	2.66	1.5	0.67
LQC-1 1 级	电抗	67	30	17	11	4.8	2.7	1.2
	电阻	42	20	11	7	3	1.7	0.75
LQC-3 1 级	电抗	17	8	4.2	2.8	1.2	0.7	0.3
	电阻	19	8.2	4.8	3	1.3	0.75	0.33
规　格		200/5	300/5	400/5	500/5	600/5	750/5	
LQG-0.5 0.5 级	电抗	3	1.33	1.03		0.3	0.3	
	电阻	0.58	0.17	0.13		0.04	0.04	
LQC-1 1 级	电抗	0.67	0.3	0.17		0.07		
	电阻	0.42	0.2	0.11		0.05		
LQC-3 3 级	电抗	0.17	0.08	0.04		0.02		
	电阻	0.19	0.09	0.05		0.02		

自动开关过电流线圈的电阻和电抗（mΩ）　　　　　　　　表 4-3

线圈额定电流（A）	50	100	200	400	600
电抗	2.7	0.86	0.28	0.10	0.09
电阻	5.5	1.3	0.36	0.15	0.12

开关触头的接触电阻（mΩ）　　　　　　　　表 4-4

开关类型	额定电流（A）							
	50	100	200	400	600	1000	2000	3000
自动开关	1.3	0.75	0.6	0.4	0.25			
刀开关		0.5	0.4	0.2	0.15	0.08		
隔离开关				0.2	0.15	0.08	0.03	0.02

2. 低压网络短路电流计算

三相和两相短路电流计算：

在 1000V 以下的低压网络中，三相短路电流最大，两相短路电流最小。短路回路的总电阻为 R_Σ，短路回路的总电抗为 X_Σ。短路回路的电流值为：

$$I_{\mathrm{k}}^{(3)} = \frac{U_{\mathrm{c}}}{\sqrt{3}\,\sqrt{R_\Sigma^2 + X_\Sigma^2}} \tag{4-51}$$

式中　$I_{\mathrm{k}}^{(3)}$——三相短路电流周期分量的有效值（kA）；

U_{c}——短路点的短路计算电压（V）；

R_Σ、X_Σ——短路回路总电阻和总电抗（mΩ）。

由于是无限大容量系统，所以有 $I''^{(3)} = I_\infty^{(3)} = I_{\mathrm{k}}^{(3)}$。

短路冲击电流及有效值：$i_{\mathrm{sh}}^{(3)} = 1.84 I''$，$I_{\mathrm{sh}}^{(3)} = 1.09 I''$。

三相短路容量：$S_{\mathrm{k}}^{(3)} = \sqrt{3} U_{\mathrm{c}} I_{\mathrm{k}}^{(3)}$

两相短路电流和三相短路电流的关系为：

$$I_{\mathrm{k}}^{(2)} = 0.866\, I_{\mathrm{k}}^{(3)}$$

[例 4-2]　试求图 4-9 中 k 点三相短路电流。

解：

1. 短路回路中各元件阻抗计算

（1）系统阻抗：$X_{\mathrm{S}} = 0$，$R_{\mathrm{S}} = 0$。

（2）变压器阻抗：

$$R_{\mathrm{T}} \approx \Delta P_{\mathrm{K}} \times (U_{\mathrm{c}}/S_{\mathrm{N}})^2 = 9.4 \times (400/560)^2 = 4.8\,\mathrm{m\Omega}$$

$$Z_{\mathrm{T}} \approx \frac{U_{\mathrm{K}}\%}{100} \times \frac{U_{\mathrm{c}}^2}{S_{\mathrm{N}}} = \frac{5.5}{100} \times \frac{400^2}{560} = 15.7\,\mathrm{m\Omega}$$

$$X_{\mathrm{T}} = \sqrt{Z_{\mathrm{T}}^2 - R_{\mathrm{T}}^2} = \sqrt{15.7^2 - 4.8^2} = 14.9\,\mathrm{m\Omega}$$

（3）母线阻抗：

$$R_{\mathrm{WB1}} = (l/\gamma A) \times 10^3 = 6/(53 \times 300) \times 10^3 = 0.43\,\mathrm{m\Omega}$$

$$R_{\mathrm{WB2}} = (l/\gamma A) \times 10^3 = 0.5/(53 \times 160) \times 10^3 = 0.66\,\mathrm{m\Omega}$$

$$R_{\mathrm{WB3}} = (l/\gamma A) \times 10^3 = 1.7/(53 \times 90) \times 10^3 = 0.35\,\mathrm{m\Omega}$$

$$X_{\mathrm{WB1}} = 0.145 l \lg 4D/b = 0.145 \times 6 \lg(4 \times 1.26 \times 250/50) = 1.22\,\mathrm{m\Omega}$$

$$X_{WB2} = 0.145l\lg4D/b = 0.145 \times 0.5\lg(4 \times 1.26 \times 250/40) = 0.11m\Omega$$

$$X_{WB3} = 0.145l\lg4D/b = 0.145 \times 1.7\lg(4 \times 1.26 \times 120/30) = 0.32m\Omega$$

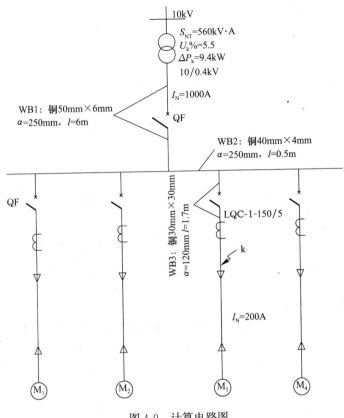

图 4-9 计算电路图

（4）自动开关过电流线圈的阻抗及其触头的接触电阻：

根据 M3 支路的额定电流 $I_N = 200A$

查表 4-3 得自动开关过电流线圈的电阻 $R_{QF_1} = 0.36$（$m\Omega$），电抗 $X_{QF} = 0.28m\Omega$。

查表 4-4 得自动开关触头的接触电阻 $R_{QF2} = 0.60m\Omega$。

（5）刀开关触头的接触电阻：

根据干线的额定电流 $I_N = 1000A$，查表 4-4 得刀开关触头的接触电阻 $R_{QK} = 0.08m\Omega$。

（6）电流互感器一次线圈阻抗：

根据电流互感器的型号 LQC-1-150/5，查表 4-2 得其一次线圈电阻 $R_{TA} = 0.75m\Omega$，电抗 $X_{TA} = 1.2m\Omega$

不计及电流互感器阻抗时，短路电流的总阻抗为：

$$R_{\Sigma} = R_T + R_{WB1} + R_{WB2} + R_{WB3} + R_{QF1} + R_{QF2} + R_{QK}$$
$$= 4.8 + 0.43 + 0.66 + 0.35 + 0.36 + 0.60 + 0.08 = 7.28m\Omega$$

$$X_{\Sigma} = X_T + X_{WB1} + X_{WB2} + X_{WB3} + X_{QF} = 14.9 + 1.22 + 0.11 + 0.32 + 0.28 = 16.83m\Omega$$

2. 三相短路电流的计算

三相短路电流周期分量的有效值：

$$I_k^{(3)} = \frac{U_c}{\sqrt{3}\sqrt{R_\Sigma^2 + X_\Sigma^2}} = \frac{400}{\sqrt{3}\sqrt{7.28^2 + 16.83^2}} = 12.6 \text{kA}$$

短路冲击电流及有效值：

$$i_{sh}^{(3)} = 1.84 I'' = 1.84 \times 12.6 = 23.18 \text{kA}$$

$$I_{sh}^{(3)} = 1.09 I'' = 1.09 \times 12.6 = 13.73 \text{kA}$$

三相短路容量：

$$S_k^{(3)} = \sqrt{3} U_c I_k^{(3)} = \sqrt{3} \times 400 \times 12.6 = 8.73 \text{MV} \cdot \text{A}$$

4.3 短路电流动热稳定效应

4.3.1 概述

通过上述短路计算得知，供电系统发生短路时，短路电流是相当大的。如此大的短路电流通过电器和导体，一方面要产生很大的电动力，即电动效应；另一方面要产生很高的温度，即热效应。为了正确选择电气设备，保证在短路情况下也不损坏，必须用短路电流的电动效应及热效应对电气设备进行校验。这是进行电气设备选择的必要工作，也是短路电流计算的意义所在。

4.3.2 短路电流的电动效应

供电系统短路时，短路电流特别是短路冲击电流将使相邻导体之间产生很大的电动力，有可能使电器和载流部分遭受破坏或产生永久性变形。为此，要使电器和载流部分能承受短路时最大电动力的作用，电器和载流部分必须具有足够的电动稳定度。

1. 短路时的最大电动力

根据电路知识，处在空气中的两平行导体分别通以电流 i_1、i_2（单位为 A）时，两导体间存在电磁互作用力即电动力（单位为 N）为：

$$F = \mu_0 k i_1 i_2 \frac{l}{2\pi a} = 2k i_1 i_2 \frac{l}{a} \times 10^{-7} (\text{N}) \tag{4-52}$$

式中　a——两导体的轴线间距离（m）；

　　　l——导体的两相邻固定支持点距离，即档距（m）；

　　　μ_0——真空的磁导率，$\mu_0 = 4\pi \times 10^{-7}$（N/A^2）；

　　　k——与载流体的形状和相对位置有关的形状系数，对于圆形、管形导体 k 值取 1，对于矩形截面的导体 k 值可根据 $\frac{a-b}{b+h}$，$m = \frac{b}{h}$ 查曲线图 4-10。

当电路中发生两相短路时，两相短路冲击电流 $i_{sh}^{(2)}$ 将在两短路相导体间产生最大的电动力 $F^{(2)}$，即

$$F^{(2)} = 2k i_{sh}^{(2)2} \frac{l}{a} \times 10^{-7} (\text{N}) \tag{4-53}$$

三相短路时，可以证明中间相所受的电动力最大，即

$$F^{(3)} = \sqrt{3} k i_{sh}^{(3)2} \frac{l}{a} \times 10^{-7} (\text{N}) \tag{4-54}$$

式中　$i_{sh}^{(3)}$——三相短路冲击电流。

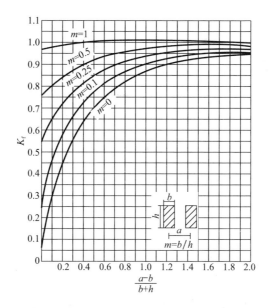

图 4-10　矩形母线的形状系数曲线

在无限大容量系统中，同一点发生短路时有：$i_{sh}^{(2)} = \dfrac{\sqrt{3}}{2} i_{sh}^{(3)}$

因此，三相短路与两相短路产生的最大电动力之比为

$$F^{(3)} = \frac{2}{\sqrt{3}} F^{(2)} = 1.15 F^{(2)} \tag{4-55}$$

由此可见，在无限大容量系统中，三相线路发生三相短路时中间相导体所受的电动力比两相短路时导体所受的电动力大，因此校验电器和载流部分的动稳定度，一般应采用三相短路冲击电流 $i_{sh}^{(3)}$ 或短路冲击电流有效值 $I_{sh}^{(3)}$。

2. 短路动稳定度的校验条件

电器和导体的动稳定度校验，依校验对象的不同而采用不同的具体条件。

(1) 对于一般电器

按下列公式校验

$$i_{max} \geqslant i_{sh}^{(3)} \tag{4-56}$$

或

$$I_{max} \geqslant I_{sh}^{(3)} \tag{4-57}$$

式中　i_{max}——电器的极限通过电流（动稳定电流）峰值；

I_{max}——电器的极限通过电流（动稳定电流）有效值，可由有关手册或产品样本查得。附表 C-2 列出部分常用高压断路器的主要技术数据，供参考。

(2) 对于绝缘子

按下式校验

$$F_{al} \geqslant F_C^{(3)} \tag{4-58}$$

式中　F_{al}——绝缘子的最大允许载荷，可由有关手册或产品样本查得；

$F_C^{(3)}$——短路时作用于绝缘子上的计算力。如图 4-11 所示，如果母线在绝缘子上为平放，则 $F_C^{(3)} = F^{(3)}$；如果母线为竖放，则 $F_C^{(3)} = 1.4 F^{(3)}$。

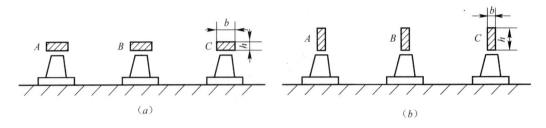

图 4-11　母线的放置方式

（a）水平平放；（b）水平竖放

（3）对于母线等硬导体

按下式校验

$$\sigma_{al} \geqslant \sigma_C \qquad (4\text{-}59)$$

式中　σ_{al}——母线材料的最大允许应力，Pa（N/m²），硬铜母线为 140MPa，硬铝母线为 70 MPa；

σ_C——母线通过时所受到的最大计算应力，Pa（N/m²）。

上述最大计算应力按下式计算：

$$\sigma_C = \frac{M}{W} \qquad (4\text{-}60)$$

式中　M——母线通过 $i_{sh}^{(3)}$ 时所受到的弯曲力矩（N·m），当母线的档数为 1～2 时，$M = \dfrac{F^{(3)}l}{8}$，当档数大于 2 时，$M = \dfrac{F^{(3)}l}{10}$，l 为母线的档距（m）；

W——母线的截面系数（m³），当母线水平放置时（参看图 4-11），$W = \dfrac{b^2 h}{6}$，此处 b 为母线截面的水平宽度（m），h 为母线截面的垂直高度（m）。

对于电缆，因其机械强度较高，可不必校验其短路动稳定度。

[**例 4-3**]　某车间变电所 380V 母线上接有大型感应电动机组 300kW，平均 $\cos\phi = 0.7$，效率 $\eta = 0.75$。该母线采用截面（100×10）mm² 的硬铝母线，水平平放，档距 0.9m，档数大于 2，相邻两母线的轴线距离为 0.16m。若母线的三相短路冲击电流为 45.6kA，试校验该母线在三相短路时的动稳定度。

解：

计算电动机的反馈冲击电流：$C = 6.5$，$K_{shm} = 1$

则　　$i_{shm} = CK_{shm}I_{NM} = 6.5 \times 1 \times 300 / (\sqrt{3} \times 380 \times 0.7 \times 0.75) = 5.6\text{kA}$

考虑了电动机反馈电流后母线总短路冲击电流值 $i_{sh\Sigma}$ 可按下式计算：

$$i_{sh\Sigma} = i_{sh}^{(3)} + i_{shm} = 45.6 + 5.6 = 51.2\ \text{kA} = 51.2 \times 10^3 \text{A}$$

母线在三相短路时承受的最大电动力为：

$$F^{(3)} = \sqrt{3}\, i_{sh}^{(3)2}\, \frac{l}{\alpha} \times 10^{-7} = \sqrt{3} \times 51.2^2 \times 10^6 \times \frac{0.9}{0.16} \times 10^{-7} = 2553.9\text{N}$$

母线在 $F^{(3)}$ 作用下的弯曲力矩：

$$M = \frac{F^{(3)}l}{10} = 2553.9 \times 0.9 / 10 = 229.9\text{N} \cdot \text{m}$$

计算截面系数

$$W = \frac{b^2 h}{6} = 0.1^2 \times 0.01/6 = 1.67 \times 10^{-5} \mathrm{m}^3$$

计算应力按下式计算：

$$\sigma_C = M/W = 229.9/1.67 \times 10^{-5} = 13.8 \mathrm{MPa}$$

而铝母线的允许应力为：

$\sigma_{al} = 70\mathrm{MPa} > \sigma_C$，所以该母线满足动稳定要求。

4.3.3　短路电流的热效应

1. 短路时导体的发热过程和发热计算

导体通过正常负荷电流时，由于导体具有电阻，因此要产生电能损耗。这种电能损耗转换为热能，一方面使导体温度升高，另一方面向周围介质散热。当导体内产生的热量与导体向周围介质散失的热量相等时，导体就维持在一定的温度值，这种状态称为热平衡，或热稳定。

在线路发生短路时，极大的短路电流将使导体温度迅速升高。由于短路后线路的保护装置随即动作，迅速切除短路故障，所以短路电流通过导体的时间不长，通常不会超过 2～3s。因此在短路过程中，可不考虑导体向周围介质的散热，即近似地认为导体在短路时间内是与周围介质绝热的，短路电流在导体中产生的热量，全部用来使导体的温度升高。

按照导体的允许发热条件，导体在正常负荷和短路时的最高允许温度如附表 C-1 所示。如果导体和电器在短路时的发热温度不超过允许温度，则认为其短路热稳定度是满足要求的。

要确定导体短路后实际达到的最高温度，按理应先求出短路期间实际的短路全电流在导体中产生的热量。这与导体短路前的温度、短路电流的大小及导体通过短路电流的时间的长短等众多因素有关。由于实际短路全电流是一个变动的电流并含有非周期分量，要按此电流计算其产生的热量是相当困难的，因此通常采用其恒定的短路稳态电流 I_∞ 来等效计算实际短路电流所产生的热量。由于通过导体的短路电流实际上不止 I_∞，因此假定一个时间，在此时间内，假定导体通过 I_∞ 所产生的热量，恰好与实际短路电流在实际短路时间内所产生的热量相等。这一假定的时间，称为短路发热的假想时间或热效时间，用 t_{ima} 表示。

在无限大容量系统中发生短路时，短路发热假想时间可用下式近似地计算。

$$t_{ima} = t_k + 0.05 \tag{4-61}$$

当 $t_k > 1$ 时，可认为 $t_{ima} = t_k$

式中，t_k 为短路时间，是短路保护装置实际最长的时间 t_{op} 与断路器（开关）的断路时间 t_{oc} 之和，即

$$t_k = t_{op} + t_{oc} \tag{4-62}$$

式中　t_{oc}——断路器的固有分闸时间与其电弧延燃时间之和。

对于一般高压断路器（如油断路器），可取 $t_{oc} = 0.2\mathrm{s}$；对于高速断路器（如真空断路器），可取 $t_{oc} = 0.1 \sim 0.15\mathrm{s}$。

因此，实际短路电流通过导体在短路时间内产生的热量为

$$Q_k = I_\infty^2 R t_{ima} \tag{4-63}$$

根据这一热量可计算出导体在短路后所达到的最高温度。但是这种计算，不仅相当繁

复，而且涉及一些难于准确确定的系数，包括导体的电导率（它在短路过程中不是一个常数），因此最后计算的结果往往与实际出入很大，这里就不介绍了。

在工程设计中，一般是利用图 4-12 所示曲线来确定短路最高温度 θ_k。该曲线的横坐标用导体加热系数 K 来表示，纵坐标表示导体温度 θ。

由导体正常负荷温度 θ_L 查短路最高温度 θ_k 的步骤如下（参看图 4-13）：

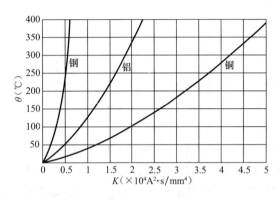

图 4-12　用来确定短路最高温度 θ_k 的曲线　　　　图 4-13　由 θ_L 查 θ_k 的步骤说明

（1）先从纵坐标轴上找出导体在正常负荷时的温度 θ_L 值；如果实际负荷温度不详，可采用附表 C-1 所列的额定负荷时的最高允许温度作为 θ_L。

（2）由 θ_L 向右查得相应曲线上的 a 点，并由 a 点向下查得横坐标轴上的 K_L。

（3）用下式计算

$$K_k = K_L + (I_\infty/A)^2 t_{\mathrm{ima}} \tag{4-64}$$

式中　A——导体的截面积（mm^2）；

　　　I_∞——三相短路稳态电流（A）；

　　　t_{ima}——短路发热假想时间（s）；

K_k 和 K_L——正常负荷时和短路时的导体加热系数（$\mathrm{A}^2 \cdot \mathrm{s/mm}^4$）。

（4）从横坐标轴上找出 K_k 值，再由 K_k 向上查得相应曲线上的 b 点，并由 b 点向左查得纵坐标轴上的短路最高温度 θ_k 值。

2. 短路热稳定度的校验条件

电器和导体的热稳定度的校验，也依校验对象的不同而采用不同的具体条件。

（1）对于一般电器

按下式校验

$$I_t^2 t \geqslant I_\infty^{(3)2} t_{\mathrm{ima}} \tag{4-65}$$

式中　I_t——电器的热稳定试验电流；

　　　t——电器的热稳定试验时间，可查有关手册或产品样本。

常用高压断路器的 I_t 和 t 可查附表 C-2。

（2）对于母线及绝缘导线和电缆等导体

按下式校验

$$\theta_{k \cdot \max} \geqslant \theta_k \tag{4-66}$$

式中　$\theta_{k \cdot \max}$——导体在短路时的最高允许温度，如附表 C-1 所列；

θ_k——导体短路最高温度。

也可按下式校验：

$$A \geqslant A_{\min} = I_{\infty}^{(3)} \sqrt{t_{ima}} / C \tag{4-67}$$

式中 C——导体的热稳定系数；

$A_{\min}$——满足短路热稳定度要求的最小允许截面。

[例 4-4] 试校验例 4-3 所示工厂变电所 380V 侧硬铝母线的短路热稳定度。已知此母线的短路保护实际动作时间为 0.6s，低压断路器的断路时间 0.1s。该母线正常运行时最高温度为 55℃。

解： 用 $\theta_L = 55℃$ 查图 4-12 的铝导体曲线，对应的 $K_L \approx 0.5 \times 10^4 A^2 \cdot s/mm^4$，

而 $t_{ima} = t_k + 0.05 = t_{op} + t_{oc} + 0.05 = 0.6 + 0.1 + 0.05 = 0.75s$

因为 $i_{sh}^{(3)} = 45.6kA = 1.84 I_{\infty}^{(3)}$

得 $I_{\infty}^{(3)} = 24.8kA$

又 $A = 100 \times 10mm^2$

代入式（4-64）得：

$$K_k = 0.5 \times 10^4 + (24.8 \times 10^3 / 100 \times 10)^2 \times 0.75$$
$$= 0.546 \times 10^4 A^2 \cdot s/mm^4$$

用 K_k 查图 4-12 的铝导体曲线可得：

$$\theta_k \approx 60℃$$

而由附表 C-1 得铝母线的 $\theta_{k \cdot max} = 200℃ > \theta_k$，因此该母线满足短路稳定度要求。

另解：

利用式（4-67）求出满足短路热稳定度要求的最小允许截面 $A_{\min}$。

查附表 C-1 得 $C = 87 A \cdot s^{1/2}/mm^2$，

故最小允许截面为：

$$A_{\min} = I_{\infty}^{(3)} \sqrt{t_{ima}} / C = 24.8 \times 10^3 \times \sqrt{0.75} / 87 = 247mm^2$$

由于母线实际截面 $A = 100 \times 10mm^2 = 1000mm^2 > A_{\min}$，因此该母线满足短路热稳定度要求。

思 考 题

4-1 试述发生短路的原因、短路的危害有哪些？在工业和民用建筑低压供配电系统中怎样避免发生短路？

4-2 短路的类型有哪些？哪种短路对系统危害最严重，哪种发生的可能性最大？

4-3 什么叫无限大容量电力系统？它有什么特点？在无限大系统中发生短路时，短路电流将如何变化？

4-4 短路电流周期分量和非周期分量各是如何产生的？

4-5 I''、I_∞、i_{sh}、I_{sh}、K_{sh} 各表示何意义？在无限大容量电力系统中怎样确定它们的值？

4-6 为何要计算短路电流？短路计算需要确定哪些短路物理量？

4-7 什么是短路计算电路图？短路计算点如何确定？什么是短路等效电路图？

4-8 试说明欧姆法与标幺制法计算短路电流各有什么特点？这两种方法适用于什么场合？

4-9 什么叫短路计算电压？它与线路额定电压有什么关系？

4-10 什么是短路电流的热效应和电动效应？

习　　题

4-1 某区域变电所通过一条长为 5km 的 LGJ-35-10kV 架空线路，给某小区变电所供电，该小区变电所装有两台并列运行的 SL7－1000 型变压器，区域变电所出口断路器的断流容量为 500MV·A。试用标幺制法，求该小区变电所高压侧和低压侧的短路电流及短路容量。

4-2 某 10kV 铝芯聚氯乙烯电缆通过的三相稳态短路电流为 8.5kA，通过短路电流的时间为 2s，试按短路热稳定条件确定该电缆所要求的最小截面。

4-3 已知某小区变电所 380V 母线的三相短路电流为 31kA，若该母线采用截面为 100mm×10mm 的硬铝母线，水平平放，档距为 0.9m，档数大于 2，相邻两母线的轴线距离为 0.16m。试校验该母线在三相短路的动稳定度。

4-4 图 4-14 为某建筑大楼供配电系统图。（1）试用欧姆法求图 4-14 中 k 点三相短路电流。图中的电流互感器是三相安装的。（2）总结归纳用欧姆法计算工业和民用建筑低压供配电系统短路电流的步骤。

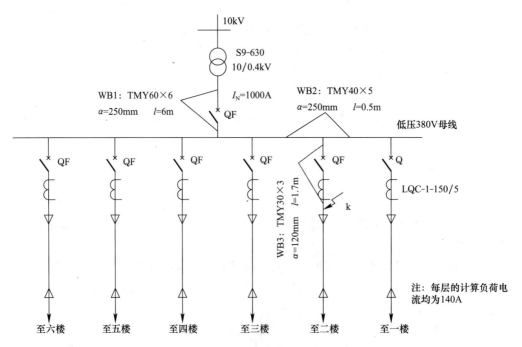

图 4-14 某建筑大楼供配电系统图

第5章　电气设备及导线、电缆的选择

5.1　电气设备选择的一般原则

5.1.1　概述

正确选择电气设备是使供配电系统达到安全、经济运行的重要条件。在进行电气设备选择时，应根据工程实际情况，在保证安全、可靠的前提下，积极而稳妥地采用新技术，并注意节约投资，选择合适的电气设备。

尽管电力系统中各种电气设备的作用和工作条件并不一样，具体选择方法也不完全相同，但对它们的基本要求却是一致的。电气设备要可靠工作，必须按正常工作条件及环境条件进行选择，并按短路状态来校验。

5.1.2　按正常工作条件选择电气设备

1. 额定电压。电气设备的额定电压 U_N 应符合装设处电网的标称电压，并不得低于正常工作时，可能出现的最大工作电压 $U_{s \cdot max}$ 应

$$U_N \geqslant U_{s \cdot max} \tag{5-1}$$

2. 额定电流。电气设备的额定电流 I_N 应不小于正常工作时的最大负荷电流 I_{max}，即

$$I_N \geqslant I_{max} \tag{5-2}$$

3. 额定频率。电气设备的额定频率应与所在回路的频率相适应。

4. 环境条件。电气设备选择还需考虑电气装置所处的位置（户内或户外）、环境温度、海拔高度以及有无防尘、防腐、防火、防爆等要求。

当地区海拔超过制造部门的规定值时，由于大气压力、空气密度和湿度相应减少，使空气间隙和非绝缘的放电特性下降。一般当海拔在 $1000 \sim 4000m$ 范围内，若海拔比厂家规定值每升高 $100m$，则电气设备允许最高工作电压要下降 1%。当最高工作电压不能满足要求时，应采用高原型电气设备，或采用外绝缘提高一级的产品。

当污秽等级超过使用规定时，可选用有利于防污的电瓷产品，当经济上合理时可采用户内配电装置。

我国目前生产的电气设备，设计时多取环境温度为 $+40℃$，若实际装设地点的环境温度高于 $+40℃$，但不超过 $+60℃$，则额定电流 I_N 应乘以温度校正系数 $K_θ$。$K_θ$ 值可按下式计算：

$$K_θ = \sqrt{(θ_0 - θ)/(θ_0 - 40)} \tag{5-3}$$

式中　$θ$——年最热月份的平均最高气温（℃）；

$θ_0$——电气设备额定温度或允许的长期温度（℃）。

同样，当环境温度低于40℃时，每降低1℃，允许电流增加 0.5%，但总数不得大于 $20\% I_N$。

电气设备的最大长期工作电流 I_{max}，在设计阶段即为电路的计算电流 I_{30}，运行中可根据实测数据确定。

5.1.3 按短路情况校验电气设备的热稳定和动稳定性

校验动、热稳定性时应按通过电气设备的最大短路电流考虑。其中包括：（1）短路电流的计算条件应考虑工程的最终规模及最大的运行方式。（2）短路点的选择，应考虑通过设备的短路电流最大。（3）短路电流通过电气设备的时间，它等于继电保护动作时间（取后备保护动作时间）和开关开断电路的时间（包括电弧持续时间）之和。对于地方变电所和工业企业变电所，断路器全部分闸时间可取 0.2s。

1. 电气设备动稳定校验

断路器、隔离开关、负荷开关和电抗器等电气设备，动稳定校验条件是：

$$I_{max} \geqslant I_{sh}^{(3)} \quad 或 \quad i_{max} \geqslant i_{sh}^{(3)} \tag{5-4}$$

式中　I_{max}、i_{max}——电气设备允许通过的最大电流有效值和峰值；

$I_{sh}^{(3)}$、$i_{sh}^{(3)}$——最大三相短路电流的有效值和峰值，根据短路校验点计算所得。

2. 电气设备热稳定性校验

电气设备热稳定校验条件是：

$$I_t^2 t \geqslant I_\infty^{(3)2} t_{ima} \tag{5-5}$$

式中　I_t——电气设备在 t 秒时间内的热稳定电流；

$I_\infty^{(3)}$——最大稳态短路电流；

t_{ima}——短路电流发热的假想时间；

t——与 I_t 对应的时间。

3. 开关电器开断能力的校验

断路器和熔断器等电气设备，均担负着切断短路电流的任务，因此必须具备在通过最大短路电流时能够将其可靠切断的能力，所以选用此类设备时必须使其开断能力大于通过它的最大短路电流或短路容量，即

$$I_{oc} > I_k \quad 或 \quad S_{oc} > S_k \tag{5-6}$$

式中　I_{oc}、S_{oc}——制造厂提供的最大开断电流和开断容量；

I_k、S_k——短路发生后 0.2s 时的三相短路电流和三相短路容量。

5.2 电气设备选择方法

5.2.1 高压电气设备及其选择

5.2.1.1 高压断路器

高压断路器是变配电系统中最重要的开关电器，其文字符号为 QF，功能是：不仅能通断正常负荷电流，而且能承受一定时间的短路电流，并能在保护装置的作用下自动跳闸，切除短路故障，起到保护作用。因此它对电力系统的安全、可靠运行起着极为重要的作用。

对断路器有以下几点基本要求：

（1）绝缘应安全可靠，既能承受最高工频工作电压的长期作用，又能承受电力系统发生过电压时的短时作用。

（2）有足够的热稳定性和电动稳定性，能承受短路电流的热效应和电动力效应而不致损坏。

（3）有足够的开断能力，能可靠地断开短路电流，即使所在电路的短路电流为最大值。

（4）动作速度快，熄弧时间短，尽量减轻短路电流造成的损害，并提高电力系统的稳定性。

高压断路器型号的含义如图 5-1 所示。根据高压断路器采用的灭弧介质不同，目前常用的高压断路器可分为油断路器、六氟化硫断路器、真空断路器等，下面分别介绍。

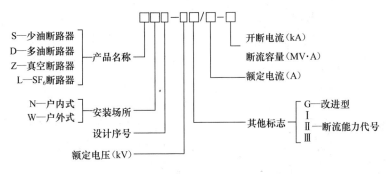

图 5-1　高压断路器型号的含义

1. 油断路器

油断路器根据其油量的多少，分为多油断路器和少油断路器两大类。但多油断路器目前应用很少，这里只介绍少油断路器。

少油断路器是利用少量变压器油作为灭弧介质，且将变压器油作为主触头在分闸位置时相间的绝缘，但不作为导电体对地的绝缘。导电体与接地部分的绝缘主要用电瓷、环氧树脂玻璃布和环氧树脂等材料做成。根据安装地点的不同，少油断路器可分为户内式和户外式两种。户内式主要用于 6～35kV 系统，户外式则用于 35kV 以上系统。少油断路器具有重量轻、体积小、节约油和钢材、占地面积小等优点。

（1）少油断路器的结构。少油断路器主要由框架、传动机构和油箱等三个主要部分组成。现以我国统一设计、推广应用的一种新型少油断路器 SN10-10 型少油断路器为例，介绍少油断路器的结构。

图 5-2 是 SN10-10 型高压少油断路器的外形图，其一相油箱内部结构的剖面图

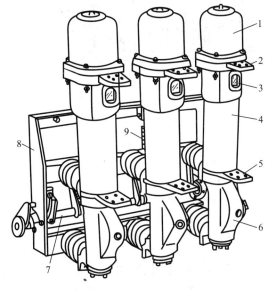

图 5-2　SN10-10 型高压少油断路器

1—铝帽；2—上接线端子；3—油杆；
4—绝缘筒；5—下接线端子；6—基座；
7—主轴；8—框架；9—断路弹簧

如图5-3所示。断路器的油箱是这种断路器的核心部分。油箱下部是由高强度铸铁制成的基座。操作断路器导电杆（动触头）的转轴和拐臂等传动机构就装在基座内。基座上部固定着中间滚动触头。油箱中部是灭弧室，外面套的是高强度绝缘筒。油箱上部是铝帽。铝帽的上部是油气分离室。插座式静触头装于铝帽的下部，内有3～4片弧触片。断路器合闸时，导电杆插入静触头，首先接触的是其弧触片；断路器跳闸时，导电杆离开静触头，最后离开的是弧触片。因此无论断路器合闸或跳闸，电弧总在弧触片与导电杆端部弧触头之间产生。为了能使电弧偏向弧触片，在灭弧室上部靠弧触片一侧嵌有吸弧铁片，利用电弧的磁效应使电弧吸往铁片一侧，确保电弧只在弧触片与导电杆之间产生，不致烧损静触头中主要的工作触片。

这种断路器的导电回路是：上接线端子→静触头→导电杆（动触头）→中间滚动触头→下接线端子。

灭弧主要依赖于图5-4所示的灭弧室。图5-5是灭弧室的工作示意图。

断路器跳闸时，导电杆向下运动。当导电杆离开静触头时，产生电弧，使油分解，形成气泡，导致静触头周围的油压骤增，迫使逆止阀（钢珠）动作，钢珠上升堵住中心孔。这时电弧在近乎封闭的空间内燃烧，使灭弧室内的油压迅速增大。当导电杆继续向下运动，相继打开一、二、三道灭弧沟及下面的油囊时，油气流强烈地横吹和纵吹电弧。同时由于导电杆向下运动，在灭弧室形成附加油流射向电弧。油气流的横吹和纵吹以及机械运动引起的油吹的综合作用，使电弧迅速熄灭。由于这种断路器跳闸时，导电杆是向下运动的，导电杆端部的弧根部分总与下面的新鲜冷油接触，进一步改善了灭弧条件，因此它具有较大的断流容量。

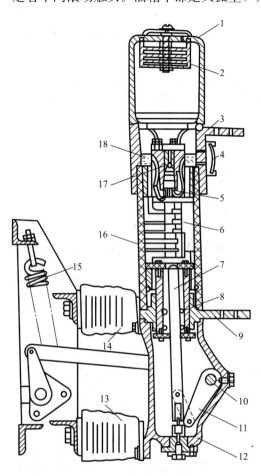

图5-3 SN10-10型高压少油断路器的一相油箱内部结构

1—铝帽；2—油气分离器；3—上接线端子；
4—油杆；5—插座式静触头；6—灭弧室；
7—动触头（导电杆）；8—中间滚动触头；
9—下接线端子；10—转轴；11—拐臂；
12—基座；13—下支柱绝缘子；
14—上支柱绝缘子；15—断路弹簧；
16—绝缘筒；17—逆止阀；18—绝缘油

SN10-10型少油断路器的油箱上部设有油气分离室，其作用是使灭弧过程中产生的油气混合物旋转分离，气体从油箱顶部的排气孔排出，而油滴则附着内壁流回灭弧室。

（2）少油断路器的操作机构。断路器的合闸、跳闸及合闸后的维持机构称为操作机构。因此每种操作机构均应包括合闸机构、跳闸机构和维持机构三部分。合闸过程中要克服多种摩擦力和可动部分的重力，需要足够大的功率；跳闸过程中仅需做很小的功，只要

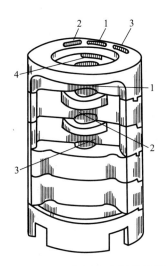

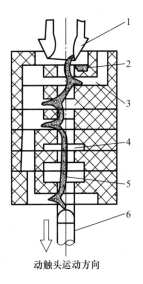

动触头运动方向

图 5-4　SN10-10 型高压少油断路器的灭弧室

1—第一道灭弧沟；2—第二道灭弧沟；

3—第三道灭弧沟；4—吸弧铁片

图 5-5　SN10-10 型高压少油断

路器的灭弧室工作示意

1—静触头；2—吸弧铁片；3—横吹灭弧沟；

4—纵吹油囊；5—电弧；6—动触头

将维持机构的脱扣器释放打开，因此靠跳闸弹簧储存的能量即可迅速跳闸。

　　高压断路器常用的操作机构按其驱动能源的不同可分为手动式（CS 型）、电磁式（CD 型）、弹簧式（CT 型）和电动机式（CJ 型）。手动操作机构是人用臂力使断路器合闸和远距离跳闸，其结构简单，可交流操作。电磁操作机构由合闸电磁铁、跳闸电磁铁及维持机构组成，能手动和远距离跳、合闸，但需直流操作，且合闸功率大。弹簧储能操作机构和电动机操作机构是在合闸前先用电动机（形式不同）使合闸弹簧储能，然后利用弹簧所储能量将断路器合闸。弹簧操作机构也能手动和远距离跳、合闸，且操作电流交直流均可，但结构较复杂，价格较高。如需实现自动合闸或自动重合闸，则必须采用电磁操作机构或弹簧操作机构。而采用交流操作电源较为简单经济，所以弹簧操作机构的应用越来越广泛。

　　2. 真空断路器

　　真空断路器是利用"真空"（气压为 $10^{-2}\,\mathrm{Pa} \sim 10^{-6}\,\mathrm{Pa}$）灭弧的一种断路器，其触头装在真空灭弧室内。由于真空中不存在气体游离的问题，所以这种断路器的触头断开时很难发生电弧。但是在感性电路中，灭弧速度过快，瞬间切断电流 i 将使 di/dt 极大，使电路出现过电压（$U_L = Ldi/dt$），这对供电系统是不利的。所谓"真空"不是绝对的真空，实际上能在触头断开时因高电场发射和热电发射产生一点电弧，这种电弧称之为"真空电弧"，它能在电流第一次过零时熄灭，因此燃弧时间很短（至多半个周期），而且不致产生很高的过电压。图 5-6 是 ZN12-10 型户内高压真空断路器结构图。该产品为引进德国西门子公司技术制造。图 5-7 是真空断路器灭弧室结构图。真空灭弧室的中部有一对圆盘状的触头，在触头刚分离时，由于高电场发射和热电发射使触头间发生电弧，电弧温度很高，可使触头表面产生金属蒸气，随着触头的分开和电弧电流的减小，触头间的金属蒸气密度也逐渐减小。当电弧电流过零时，电弧暂时熄灭，触头周围的金属离子迅速扩散，凝聚在

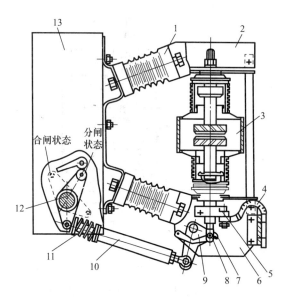 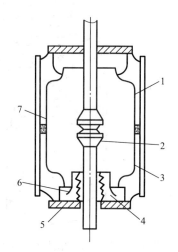

图 5-6　ZN12-10 型真空断路器结构图

1—支持绝缘子；2—上出线座；3—灭弧室；4—软连接；5—
导电夹；6—下出线座；7—万向杆端轴承；8—轴销；9—杠杆；
10—绝缘拉杆；11—触头弹簧；12—主轴；13—机构箱

图 5-7　真空灭弧室的结构

1—静触头；2—动触头；3—屏蔽罩；
4—波纹管；5—与外壳封接的金属法兰盘；
6—波纹管屏蔽罩；7—玻壳

四周的屏蔽罩上，以致电流过零后在几微秒的极短时间内，触头间隙实际上又恢复了原有的高真空度。因此当电流过零后虽很快加上高电压，触头间隙也不会再次被击穿，即真空电弧在电流第一次过零时就能完全熄灭。

由长江电器股份有限公司制造的真空断路器的型号有 ZN68A 系列、3AV3 系列、VG1 系列、DQV 系列，其中 DQV 系列固封极柱真空断路器是德国专家设计并采用全球最新的绝缘技术及制造工艺的新一代产品；由 ABB 公司制造的 VD4 系列、HD4 系列真空断路器性能都很优越。VD4 真空断路器适用于以空气为绝缘的内式开关系统中。只要在正常的使用条件及断路器的技术参数范围内，VD4 真空断路器就可以满足电网在正常或事故状态下的各种操作，包括关合和开断短路电流。真空断路器在需要进行频繁操作或需要开断短路电流的场合具有极为优良的性能。VD4 真空断路器完全满足自动重合闸的要求并具有极高的操作性和使用寿命。VD4 真空断路器在开关柜内的安装形式既可以是固定式，也可以是安装于手车底盘的可抽出式，还可以安装在框架上使用。

由施耐德电气制造的 Evolis EV12 真空断路器性能优越，应用较广泛。

由德国西门子公司生产的 3AH 系列真空断路器额定电流最高可至 4000A，开断电流可至 63kA，机械寿命可达 3 万次，绝缘性能好，免维修，操作 1 万次后才需适当润滑。

真空断路器具有体积小、重量轻、动作快、寿命长、结构简单、安全可靠、检修及维护方便等优点。因此，在 35kV 及以下的配电系统中已得到推广使用。图 5-8 为 VS1 真空断路器的外形图。

3. 六氟化硫断路器

六氟化硫（SF_6）断路器是利用 SF_6 气体作为灭弧和绝缘介质的一种断路器。SF_6 气体是目前所知道的优于其他灭弧介质的最为理想的绝缘和灭弧介质。它是一种无色、无

(a)　　　　　　　　　　　(b)　　　　　　　　　　　(c)

图 5-8　VS1 真空断路器
(a) VS1 真空断路器；(b) VS1 手车式真空断路器侧面；(c) VS1 固定式真空断路器

味、无毒且不易燃的惰性气体，在 150℃以下时，化学性能相当稳定。但它在电弧高温作用下会分解出氟（F_2），而氟具有较强的腐蚀性和毒性，能与触头的金属蒸气化合为一种具有绝缘性能的白色粉末状的氟化物，因此这种断路器的触头一般都设计成具有自动净化的作用。然而由于上述的分解和化合作用所产生的活性杂质大部分能在电弧熄灭后几微秒的极短时间内自动还原，且残余杂质可以用特殊的吸附剂清除，因此对人身及设备不会有什么危害。SF_6 不含碳元素（C），这对于灭弧及绝缘介质来说是极为优越的特性。前述油断路器是用油作灭弧和绝缘介质的，而油在电弧高温作用下会分解出碳，使油中的含碳量增高，从而降低了油的灭弧和绝缘性能。因此，油断路器在运行时要经常注意监视油色，分析油样，必要时需更换新油，而 SF_6 断路器则不必如此。SF_6 也不含氧元素（O），因此，它不存在触头氧化问题。其触头磨损较少，使用寿命增长。SF_6 不仅具有优良的化学、物理性能，而且还具有优良的电绝缘性能。在 0～3MPa 下，其绝缘强度与一般绝缘油的绝缘强度大致相当。另外，SF_6 在电流过零、电弧暂时熄灭后，具有迅速恢复绝缘强度的能力，从而使电弧难以复燃而很快熄灭。

SF_6 断路器的结构按其灭弧方式分为双压式和单压式两大类。双压式具有两个气压系统，压力高的作为灭弧，压力低的作为绝缘。单压式只有一个气压系统，结构简单。灭弧时，靠压气活塞产生 SF_6 气体。

图 5-9 是 LN2-10 型 SF_6 断路器的外形结构图。SF_6 断路器灭弧室的工作示意图如图 5-10 所示。断路器的静触头和灭弧室中的压气活塞是相对固定不动的，跳闸时装有动触头和绝缘喷嘴的气缸由断路器操动机构通过连杆带动，离开静触头，造成气缸与活塞的相对运动，压缩 SF_6，使之通过喷嘴吹弧，从而使电弧迅速熄灭。

SF_6 断路器的优点有：断流能力强，灭弧速度快，电绝缘性能好，检修间隔长，无燃烧爆炸危险，适用于频繁操作。

SF_6 断路器的缺点是：要求加工的精度高、密封性能好，所以制造成本高，价格昂贵。目前，SF_6 断路器主要用于需频繁操作及有易燃易爆危险的场所，特别是用于全封闭式组合电器中。

SF_6 断路器的操作机构有电磁操作机构和弹簧操作机构两种。

前述都是交流断路器，现简单介绍两种直流快速断路器，UR 系列、HPB 系列。UR26、

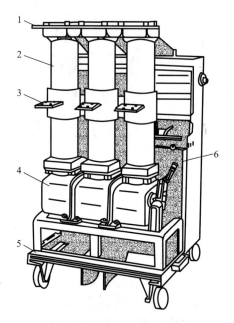

图 5-9　LN2-10 型 SF₆ 断路器

1—上接线端子；2—绝缘筒（内为气缸及触
头系统）；3—下接线端子；4—操动机构箱；
5—小车；6—断路弹簧

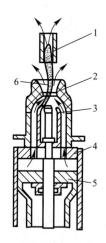

图 5-10　SF₆ 断路器灭弧室工作示意图

1—静触头；2—绝缘喷嘴；3—动触头；
4—气缸（连同动触头由操动机构传动）；
5—压气活塞（固定）；6—电弧

UR36、UR40 直流快速断路器是一种双向、单极单元。它具有电磁吹弧、电动操作系统、直接瞬时过流脱扣器及空气冷却等特点，特别适用于直流牵引配电网络中，作为接触网和铁轨的保护以及故障区域的隔离，其设计紧凑，占用空间小，既能用线路探测器探测，又能和线路测试以及自动重合闸装置相连，其具有抗震动、抗冲击的特点，可以安装在牵引机车上，设计紧凑合理，反应速度快，灭弧时间短，其最大额定电流可至 4000A。HPB45、HPB60 直流快速断路器性能与 UR 系列类似，最大额定电流可至 6000A。

附表 C-2 有常用高压断路器的主要技术数据，供参考。

选择高压断路器一般先按电压等级、使用环境、操作要求等确定高压断路器的类型，然后再按额定电压、额定电流、断流容量、短路电流动、热稳定性进行具体选型。

[例 5-1]　某厂有功计算负荷为 7500kW，功率因数为 0.9，该厂 10kV 配电所进线上拟装一高压断路器，其主保护动作时间为 1.2s，断路器断路时间为 0.2s，10kV 母线上短路电流有效值为 32kA，试选高压断路器的型号规格。

解：工厂 10kV 配电所属于户内装置，一般可选用 SN10-10 型户内少油断路器。

由 $P_{30} = 7500$kW，$\cos\phi = 0.9$ 可得

$$I_{30} = P_{30}/(\sqrt{3}U\cos\varphi) = 7500/(\sqrt{3} \times 10 \times 0.9) = 481\text{A}$$

由 $I_k^{(3)} = 32$kA 可得

$$i_{sh}^{(3)} = 2.55 I_k^{(3)} = 81.6\text{kA}$$

由附表 C-2 可知应选 SN10-10Ⅲ/1250-750 型

装置地点的电气条件	SN10-10Ⅲ/1250-750 型	
$U_{\mathrm{N}}=10\mathrm{kV}$	10kV	符合要求
$I_{\mathrm{N}}=481\mathrm{A}$	1250A	符合要求
$I_{\mathrm{k}}^{(3)}=32\mathrm{kA}$	40kA	符合要求
$i_{\mathrm{sh}}^{(3)}=2.55\times32=81.6\mathrm{kA}$	125kA	符合要求
$I_{\infty}^{2}t_{\mathrm{ima}}=32^{2}\times(1.2+0.2)$	$40^{2}\times2$	符合要求

5.2.1.2　高压隔离开关

隔离开关，文字符号为 QS，作为有电压无负荷的情况下分断与关合电路之用，主要功能是保证高压装置中检修工作的安全。用隔离开关可将高压装置中需要修理的设备与其他带电部分可靠地断开，构成明显可见的断开点，且断开点的绝缘及相间绝缘都足够可靠，能充分保证人身和设备的安全。

隔离开关无灭弧装置，所以不允许切断负荷电流和短路电流，否则电弧不仅使隔离开关烧毁，而且能引起相间闪络，造成相间短路，同时电弧也会对工作人员造成危险。因此在运行中必须严格遵守"倒闸操作"的规定，即：隔离开关多与断路器配合使用。合闸送电时，应首先合上隔离开关，然后合上断路器；分闸断电时，应首先断开断路器，然后再拉开隔离开关。

在某些情况下，隔离开关也可通断一定的小电流，比如励磁电流不超过 2A 的空载变压器、电容不超过 5A 的空载线路以及电压互感器、避雷器线路等。

隔离开关按其装置可分为户内式和户外式两种；按极数可分为单极和三极两种。目前我国生产的户内型有 GN2、GN6、GN8 系列，户外型有 GW 系列。户内隔离开关大多采用 CS₆ 型手动操作机构。图 5-11 是 GN8 型户内高压隔离开关的外形，图 5-12 是高压隔离开关型号的含义。附表 C-3 有隔离开关的主要技术数据，供参考。

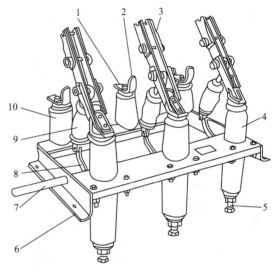

图 5-11　GN8-10/600 型高压隔离开关
1—上接线端子；2—静触头；3—闸刀；4—套管绝缘子；
5—下接线端子；6—框架；7—转轴；8—拐臂；
9—升降绝缘子；10—支柱绝缘子

高压隔离开关的选择一般先按环境条件（户内、户外）选择其类型，然后再按额定电压、额定电流、短路电流动、热稳定性进行具体选型。选择高压隔离开关时可不考虑其断流容量。

5.2.1.3　高压负荷开关

高压负荷开关的文字符号为 QL，它设有简单的灭弧装置，能够开断正常的负荷电流或规定范围内的过负荷电流，但不能切断短路电流，所以必须和高压熔断器串联使用，借助熔断器来切断短路故障。负荷开关在构造上除灭弧装置外很像隔离开关，所以也有明显

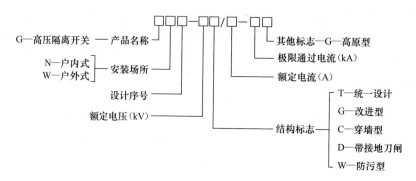

图 5-12　高压隔离开关型号的含义

可见的断开点，也具有隔离电源、保证安全检修的作用。

高压负荷开关有固体产气式、压气式两种。固体产气式和压气式负荷开关相当于隔离开关和简单的产气式或压气式灭弧装置的组合。图 5-13 是 FN3-10RT 型户内压气式负荷开关的外形结构图。上半部为负荷开关本身，很像一般的隔离开关，实际上就是在隔离开关的基础上加一简单的灭弧装置。负荷开关上端的绝缘子就是一简单的灭弧室，它不仅起支持绝缘子的作用，而且内部是一个气缸，装有由操动机构主轴传动的活塞，其作用类似于打气筒。绝缘子上部装有绝缘喷嘴和弧静触头。当负荷开关分闸时，在闸刀一端的弧动触头与绝缘子上弧静触头之间产生电弧。由于分闸时主轴转动带动活塞，压缩气缸内的空气从喷嘴往外吹弧，使电弧迅速熄灭。当然分闸时还有电弧迅速拉长及本身电流回路的电磁吹弧作用。但总的来说，负荷开关的灭弧断流能力是很有限的。目前应用较广的是 FLN□-12 系列 SF_6 负荷开关、FZN-12 系列真空负荷开关。

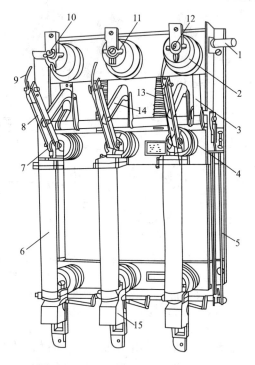

图 5-13　FN3-10RT 型高压负荷开关

1—主轴；2—上绝缘子兼气缸；3—连杆；4—下绝缘子；
5—框架；6—RN1 型高压熔断器；7—下触座；8—闸刀；
9—弧动触头；10—绝缘喷嘴（内有弧静触头）；11—主静触头；
12—上触座；13—断路弹簧；14—绝缘拉杆；15—热脱扣器

负荷开关结构简单，外形尺寸较小，价格较低，常在容量不大或不重要的馈电线路中用作电源开关设备，它可以安装在配电变压器的高压侧，也可用于配电线路上。

负荷开关一般采用 CS 型手动操作机构。高压负荷开关型号的含义如图 5-14 所示。

附表 C-4 有高压负荷开关的技术数据，供参考。

高压负荷开关的选择一般先按使用环境选择其类型，然后再按额定电压、额定电流、

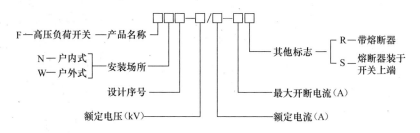

图 5-14　高压负荷开关型号的含义

断流容量、短路电流动、热稳定性进行具体选型。

5.2.1.4　高压熔断器

熔断器的文字符号为 FU，它是一种当所在电路的电流超过给定值一定时间后使其熔体熔化而分断电流、断开电路的一种保护电器。熔断器的主要作用是对电路及电路设备进行过负荷和短路保护。

我国目前生产的用于户内的高压熔断器有 RN1、RN2 系列；用于户外的有 RW4、RW10（F）系列。

1. RN1、RN2 型户内高压熔断器

RN1 型与 RN2 型的结构基本相同，都是瓷质熔管内充石英砂填料的密闭管式熔断器。RN1 型主要用作高压设备和线路的短路保护，也可以作过负荷保护。其熔体要通过主电路的电流，因此其结构尺寸较大，额定电流可达 100A。RN2 型只用作电压互感器一次侧的短路保护。由于电压互感器二次侧全部接阻抗很大的电压线圈，致使它接近于空载工作，其一次侧电流很小，因此 RN2 型的结构尺寸较小，其熔体额定电流一般为 0.5A。

图 5-15 是 RN1、RN2 型高压熔断器的外形结构，图 5-16 是其熔管剖面示意图。由图 5-16 可知，熔断器的工作熔体（铜熔丝）上焊有小锡球。锡的熔点比较低，过负荷时锡球受热首先熔化，包围铜熔丝，铜锡的分子互相渗透而形成熔点较低的铜锡合金，使铜熔丝能在较低的温度下熔断，因此熔断器能在不太大的过负荷电流或较小的短路电流时动作，提高了保护的灵敏度。熔断器的熔管内充填有石英砂，熔丝熔断时产生的电弧完全在石英砂内燃烧，因此灭弧能力很强，能在短路后不到半个周期（10ms），即短路电流未达到冲击值之前完全熄灭电弧、切断短路电流，从而使熔断器本身及其所保护的电压互感器不必考虑短路冲击电流的影响。这种熔断器称之为"限流"式熔断器。由于限流式熔断器在电弧电流过零之前就会熄弧，因此会有截流过电压产生。为了限制过电压倍数，可采取一定的措施使熔体熔断时电流减少得慢一些。

当短路电流或过负荷电流通过熔体时，首先是工作熔体熔断，然后是指示熔体熔断，其红色的熔断指示器弹出，给出熔断的指示信号（如图 5-16 中虚线所示），附表 C-5 列有 RN1 型户内高压熔断器的主要技术数据，供参考。

2. RW4、RW10（F）型户外高压跌开式熔断器

跌开式熔断器又称为跌落式熔断器，广泛应用于正常环境的室外场所下 6～10kV 线路及变压器进线侧做短路和过负荷保护，又可在一定条件下，直接用高压绝缘钩棒来操作熔管的分合。一般的跌开式熔断器 RW4 型不能带负荷操作，但有时可通断一定的小电流，操作要求与前述隔离开关相同。而负荷型跌开式熔断器 RW10（F）型可以带负荷操作，其要求与前述负荷开关相同。

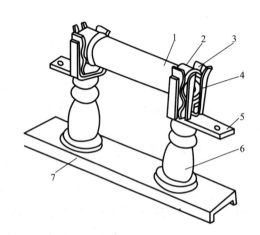 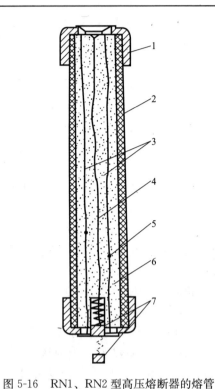

图 5-15　RN1、RN2 型高压熔断器　　　　　图 5-16　RN1、RN2 型高压熔断器的熔管

1—瓷熔管；2—金属管帽；3—弹性触座；4—熔断指示器；　　　　　　剖面示意图

5—接线端子；6—瓷绝缘子；7—底座　　　　　1—管帽；2—瓷管；3—工作熔体；4—指示熔体；

5—锡球；6—石英砂填料；7—熔断指示器

（虚线表示指示器在熔体熔断时弹出）

图 5-17 是 RW4-l0（G）型跌开式熔断器的基本结构。

跌开式熔断器一般串联在线路中，正常运行时，其熔管上端的动触头借熔丝张力拉紧后，被钩棒推入上静触头内锁紧，同时下动触头与下静触头也相互压紧，使电路接通。当线路上发生短路时，短路电流使熔丝熔断，形成电弧，消弧管因电弧烧灼而分解出大量气体，使管内压力剧增，并沿管道形成强烈的气流纵向吹弧，使电弧迅速熄灭。熔丝熔断后，熔管的上动触头因失去张力而下翻，使锁紧机构释放熔管，在触头弹力及熔管自重作用下，回转跌开，造成明显可见的断开点。

RWl0-10（F）型跌开式熔断器是在一般的跌开式熔断器的静触头上加装简单的灭弧装置，所以能带负荷操作。这种形式熔断器的应用将会越来越广泛。

跌开式熔断器的灭弧速度慢，灭弧能力差，不能在短路电流到达冲击值之前将电弧熄灭，称之为"非限流"式熔断器。

附表 C-6 有 RW 型高压熔断器的主要技术数据，供参考。

高压熔断器的选择一般先按使用环境选择其类型，然后再按额定电压、额定电流、断流容量进行具体选择型号，可不必进行短路电流动、热稳定性校验。

高压熔断器型号的含义如图 5-18 所示。

5.2.1.5　高压开关柜

高压开关柜是按一定的线路方案将有关一、二次设备组装而成的一种高压成套的配电

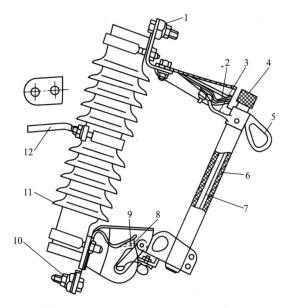

图 5-17　RW4-10（G）型跌开式熔断器

1—上接线端子；2—上静触头；3—上动触头；4—管帽（带薄膜）；5—操作环；
6—熔管（外层为酚醛纸管或环氧玻璃布管，内套纤维质消弧管）；7—铜熔丝；
8—下动触头；9—下静触头；10—下接线端子；11—绝缘瓷瓶；12—固定安装板

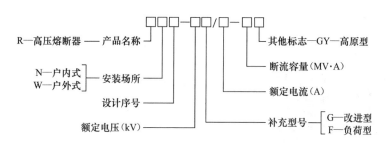

图 5-18　高压熔断器型号的含义

装置，在发电厂及变配电所中作为控制和保护发电机、变压器和高压线路之用，也可作为大型高压交流电动机的启动和保护之用。高压开关柜内安装有高压开关设备、保护电器、监测仪表和母线、绝缘子等。

　　高压开关柜有固定式和手车式两大类。固定式高压开关柜主要是 GG-1A 型，而且都按规定装设了防止电气误操作的闭锁装置，即"五防"，防止误跳、误合断路器，防止带负荷拉、合隔离开关、防止带电挂接地线，防止带接地线合隔离开关，防止人员误入带电间隔。

　　手车式高压开关柜的特点是：高压断路器等主要电气设备是装设在一手车上，这一手车可以拉出和推入开关柜。当设备损坏或检修时可以随时拉出手车，再推入同类备用手车，即可恢复供电。因此采用手车式开关柜，较之采用固定式开关柜，具有检修方便、安全、供电可靠性高等优点，现已被广泛应用。

　　GG—1A 型高压开关柜现已被淘汰，为了采用 IEC 标准，我国近年来设计生产了

XGN□-10 型固定式金属封闭开关柜，KGN□-10（F）型等固定式金属铠装开关柜，KYN□-10（F）型移开式金属铠装开关柜，JYN□-10（F）型移开式金属封闭间隔型开关柜。

　　XGN2-10 型开关柜为金属封闭型结构，其外形如图 5-19 所示。柜内可安装 ZN□-10 系列真空断路器或 SN10 型少油式断路器；安装 GN□-10 旋转式隔离开关和 GN22-10 大电流隔离开关。空气绝缘距离大于 125mm，采用大爬距的支持绝缘子及套管，具有较高的绝缘强度，柜内空间大，维修安装方便。开关柜的外形尺寸，容量在 1000A 以下用（宽×深×高）1100mm×1200mm×2650mm，容量在 1000A 以上用 1200mm×1200mm×2650mm，全国各生产厂家生产的 XGN2-10 柜的规格基本一致。它有代替 GG-1A（F）的趋势，因为它两侧面也封板，绝缘也加强，比 GG-1A（F）具有更高的防火、防护等级。其主接线见附表 C-7。

　　KYN2-10 型开关柜，其外形如图 5-20 所示。它是金属封闭铠装型开关柜，外壳防护等级为 1P4X，断路器门打开时的防护等级为 1P2X。工频耐压 42kV/min；隔离断口耐压 48kV/min；冲击耐压 75kV/min。柜与柜间母线有高压密封套管相隔离，断路器相与相间有 SMC 绝缘隔板。相对地距离为 125mm，瓷瓶采用 SMC 大爬距瓷瓶，爬电距离为 230mm。手车室、母线室、电缆室、仪表室都有金属隔板相互隔开，有独自的压力释放通道。柜内可装 ZN$_{28}$-10 真空断路器或 SN$_{10}$-Ⅰ、Ⅱ、Ⅲ型少油式断路器。断路器可采用 CD 直流操作或 CT$_8$型弹簧储能操作机构。电压互感器、电流互感器、避雷器、接地刀闸各生产厂采用的都不一定相同。这是目前国产化最好的开关设备。它的常用一次接线方案见附表 C-8。外形尺寸见表 5-1。

图 5-19　XGN2—10 型箱型固定式金属封闭开关设备　　　　图 5-20　KYN2-10 型开关设备外形图

KYN□-10 开关柜外形尺寸　　　　　　　　　　　　表 5-1

柜类型	宽（mm）	深（mm）	高（mm）
额定电流 1000A 以下	800，840	1650，1800	2200
额定电流 1250A	1000	1650，1800	2200
额定电流 1600A　2500A	1000	1800	2200
所用变压器柜	1200	1650，1800	2200

注：柜深为 1650 或 1800，同一系统的柜深应取统一值。

JYN□-10 为金属封装型手车式开关柜，柜外壳的保护等级为 1P2X。手车柜用在环境温度不超过 40±5℃，海拔 1000m 以下的环境中；湿热带用 TH 型；干热带用 AT 型；高海拔用 G 型。

整个柜子用接地的金属板分成手车室、电缆室、母线室、端子室四部分。

柜前分为手车室及端子室，在手车室顶部装有泄压活门，若内部出现闪络事故，柜内达到一定压力，泄压活门自动打开、泄放压力，以防事故扩大。

柜后分为电缆室及母线室两部分，电缆室可并接两根 240mm² 的电缆。

继电箱安装在顶部，在箱的上方设有小母线室，可敷设 15 路控制小母线。手车柜内设有各种联锁装置，可满足"五防"要求。

JYN□-10 柜内可安装 ZN□-10，ZN_{28}-10 真空断路器或 SN10-Ⅰ、Ⅱ、Ⅲ少油断路器，它的柜内接线及方案号各厂家都不同，附表 C-9 列出了 JYN2-10 型常用的接线方案编号及柜内一次线图。开关柜的外形尺寸（宽×高×深）为 840mm×2200mm×1500mm；其中方案编号为 26 的柜宽为 1200mm（所用变压器柜）。

厦门 ABB 开关有限公司开发的 UniGear ZS1 铠装式金属封闭开关设备包括单母线柜、双母线柜和双层柜，具有以下特点：

（1）完整的产品系列，极大地丰富了系统的解决方案并提高了开关设备的使用效率。

（2）灵活的解决方案，可满足现场用户的各种需求。

（3）极高的安全性，UniGear ZS1 提供了完整的机械安全闭锁，防止了误操作的发生。

（4）极高的可靠性。

UniGear ZS1 单母线开关设备是一种铠装式金属封闭中压开关，适宜户内安装。该开关柜的结构为单层中置式，各隔室通过金属隔板相互隔离，同一隔室的各部件以空气作为绝缘介质。UniGear ZS1 单母线开关设备是模块式的开关设备，由若干标准单元组合及元件仪表的选取，易于组成多种解决方案。开关设备维护和服务均可在柜前进行，主开关和接地均可在柜前闭门操作，开关设备可靠墙安装。UniGear ZS1 单母线开关设备可装设真空断路器、真空接触器，装设在同一型开关柜上的主开关都是可以互换的。可装设传统的互感器和保护继电器，也可装设新型的传感器和智能/保护单元。

UniGear ZS1 双层柜由两个完全独立的单元叠加而成，可提供多种组合，满足现场的安装要求。每个单元可装设断路器或其他的主开关，而且所有的附件和单层柜都是通用的从而保证了与单层柜相同运行和维护程序。UniGear ZS1 双层柜节省使用空间，与传统的开关设备相比，占地面积可减少 30%～40%，因此可在大量使用馈线柜的场合中使用。

上海广电公司生产的 ZSG-10 型开关柜，其结构及主要设备与 AAB 柜完全相似。另外还有一些生产厂是由 ABB 进口全部零件在国内进行组装。这些开关柜质量好，但价格也很高，因此常用在一类、二类建筑的供电系统中。

这种开关柜的外壳和隔板是用进口的敷铝锌薄钢板经专用机床剪切加工折弯后栓接而成，装配好的开关柜能保持尺寸上的统一性和互换性，线条直，平整性好，手车进出，轻便灵活。

柜内可装 VD4 型真空断路器，或 HA 型 SF_6 断路器。可采用 CD10 型或交流及直流弹簧贮能操作机构。开关柜外型尺寸各种规格基本相同，当断路器额定电流在 1250A 以下时为 800mm×2200mm×1300mm（宽×高×深）；断路器额定电流在 1250A 及以上时为 1000mm×2200mm×1300mm。

施耐德的 Mvnex 开关柜，柜体采用敷铝锌板，耐腐蚀性能好，高温喷涂环氧粉，具有防火性能绝缘元件，断路器采用法国原装进口梅兰日兰真空断路器 Evolis，断路器安装框架 Cradle 省去了断路器安装时的定位夹具和调整工作，保证了断路器安装阶段的精度和完全互换性，新颖的断路器底盘小车设计，将大部分的联锁功能设计在底盘小车和框架之间，并有效地阻止和预防机械联锁被破坏。接地开关采用丝杠推动，操作轻巧可靠，接地开关操作机构不会因为反转而被破坏，与断路器使用同一根防反转操作手柄，接地开关操作机构盒功能强大，全面集成柜体附件。

下面简单介绍一下环网接线中的环网柜，环网柜有紧凑型和组合型两种。紧凑型环网柜的生产厂家很多，国内由苏州通用电气阿尔斯通开关有限公司生产"奥索福乐（SF_6）开关柜"，用于 35kV 的环网柜，也有广州南洋电气厂生产的 HXGN6 -10F 型六氟化硫环网柜。国外生产的也很多，如德国 F&G 公司生产的 GA 型环网柜，梅兰日兰 RM_6 系列环网柜。ABB 公司开发的新型 SF_6 气体绝缘的高低压开关设备—Safe 系列开关，以其固定式单元组合型（SafeRing）与灵活扩展型（SafePlus）的完美统一，既适合网络节点或用户终端的要求，又满足各种二次变电站对紧凑型开关柜灵活使用的需要。Safe 系列开关是一个完全密封的系统，其所有带电部分以及开关封闭在不锈钢的壳体内。整个开关装置不受外部环境条件的影响，从而可以确保运行可靠性和人身安全性，并且实现了免维护。通过选择可扩展母线，可以实现任何组合，达到全模块化。扩展母线完全绝缘和屏蔽，确保了高可靠性和安全性。Safe 系列开关同时可以提供工厂化的自动解决方案，形成了智能化开关的概念，并将现场安装以及调试工作量降到最低。

组合型环网柜的尺寸较小，其宽度在 350～500mm 之间，柜高 1400mm，柜深 640～700mm，背面可靠墙安装，占地面积小。两侧面都不能靠墙，至少离墙 500mm，以便在安装进出线电缆时有足够的操作间距。

组合型环网柜生产厂家也很多，国外的有德国 F&G 公司生产的 GE 型六氟化硫环网柜，西门子公司生产的 8DH10 可扩展六氟化硫环网柜，有梅兰日兰 SM6 系列的六氟化硫环网柜，这些可扩展的环网柜中的隔离开关、负荷开关、断路器及电流、电压互感器都密封在具有六氟化硫的容器中。国产的有苏州通用电气阿尔斯通开关有限公司生产的福乐 M24 型 7.2～24kV 中压可扩展式开关柜，它有环网干线进出柜、变压器保护柜、连接柜、计量柜、避雷器柜等，开关设备及绝缘状况与 SM6 等进口开关相同。其他还有北京、广州等地开关厂生产的环网真空柜，尺寸小，断流容量也较小。

高压开关柜的选择应首先按照变、配电所一次电路图的要求进行方案的选择，然后进行技术经济比较得出最优方案。

5.2.2　低压电气设备及其选择

5.2.2.1　低压刀闸开关

低压刀开关的文字符号为 QK，其分类方法较多。按其操作方式分为单投和双投两种；按其极数分为单极、双极和三极三种；按其灭弧结构分为不带灭弧罩的和带灭弧罩的两种。

不带灭弧罩的刀开关一般只能在无负荷下操作，作隔离开关使用。带有灭弧罩的刀开关（如图 5-21 所示）能通断一定的负荷电流，其钢栅片灭弧罩能使负荷电流产生的电弧有效地熄灭。附表 C-10 列有刀开关的主要技术数据，供参考。

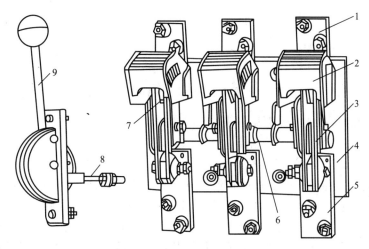

图 5-21　HD13 型刀开关

1—上接线端子；2—灭弧罩；3—闸刀；4—底座；5—下接线端子；
6—主轴；7—静触头；8—连杆；9—操作手柄

低压刀开关的选择可按额定电压、额定电流、断流容量进行选择。一般情况下，可不校验短路电流动、热稳定性。

低压刀开关型号的含义如图 5-22 所示。

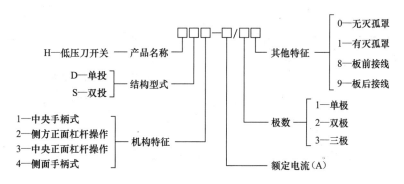

图 5-22　低压刀开关型号的含义

5.2.2.2　低压熔断器

低压熔断器的作用主要是实现对低压系统的短路保护,有的也能实现过负荷保护。低压熔断器的类型很多,如插入式(RC□)、螺旋式(RL□)、无填料密闭管式(RM□)、有填料封闭管式(RT□)、新发展起来的RZ型自复式熔断器,以及引进技术生产的有填料管式 gF、aM 系列、高分断能力的 NT 型等。

国产低压熔断器型号的含义如图 5-23 所示。

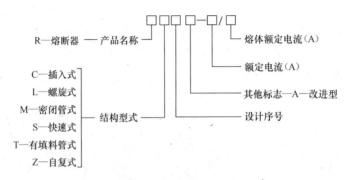

图 5-23　国产低压熔断路器型号的含义

低压熔断器的基本技术数据见附表 C-11,供参考。

下面具体介绍几种常用的熔断器。

1. RM10 型低压密闭管式熔断器

这种熔断器由纤维管、变截面的锌熔片和触头底座等部分组成。其熔管的结构如图 5-24a 所示,安装在熔管内的变截面锌熔片如图 5-24b 所示。将熔片冲制成宽窄不一的变截面,是为了改善熔断器的保护性能。在短路时,短路电流首先使熔片窄部(阻值较大)加热熔化,使熔管内形成几段串联短弧。由于各段熔片跌落,迅速拉长电弧,使短路电弧较易熄灭。在过负荷电流通过时,由于加热时间较长,窄部散热较好,所以往往不在窄部熔断,而在宽窄之间的斜部熔断。通过观察熔片熔断的部位,可以大致判断使熔断器熔断的故障电流的性质。当熔片熔断时,纤维管的内壁将有极少部分纤维物质因电弧烧灼而分解,产生高压气体,压迫电弧,加强离子的复合,从而改善了灭弧性能。但是其灭弧断流能力仍较差,不能在短路电流达到冲击值之前使电弧完全熄灭,所以这类熔断器属非限流式熔断器。

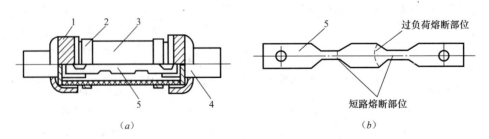

图 5-24　RM10 型低压熔断器

(a) 熔管;(b) 熔片

1—铜帽;2—管夹;3—纤维熔管;4—变截面锌熔片;5—触刀

这类熔断器结构简单、价廉、更换熔体方便,所以在低压配电装置中普遍应用。

附表 C-12 列出了 RM10 型低压熔断器的主要技术数据及保护特性曲线，供参考。保护特性曲线是指熔断器熔体的熔断时间（包括灭弧时间）与熔体电流之间的关系曲线，也称为安·秒特性曲线，通常画在对数坐标平面图上。

2. RT0 型低压有填料封闭管式熔断器

这种熔断器主要由瓷熔管、栅状铜熔体和触头底座等几部分组成，如图 5-25 所示。栅状铜熔体上有引燃栅，其等电位作用可使熔体在短路电流通过时形成多根并联电弧；熔体上还有变截面小孔，可使熔体在短路电流通过时将长弧分割为多段短弧。而所有电弧都在石英砂中燃烧，使得电弧中的正负离子强烈复合。因此，这种熔断器的灭弧断流能力很强，属"限流"式熔断器。另外，熔体中段还有"锡桥"，可利用锡的低熔点来实现对较小短路电流和过负荷电流的保护。熔体熔断后，有红色的熔断指示器弹出，方便运行人员的监视。

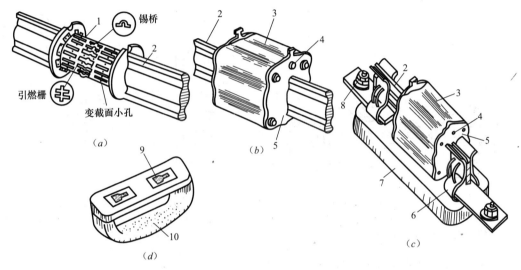

图 5-25　RT0 型低压熔断器

(a) 熔体；(b) 熔管；(c) 熔断器；(d) 绝缘操作手柄

1—栅状铜熔体；2—触刀；3—瓷熔管；4—盖板；5—熔断指示器；6—弹性触座；7—瓷质底座；
8—接线端子；9—扣眼；10—绝缘拉手手柄

RT0 型熔断器的保护性能好、断流能力大，所以在低压配电装置中被广泛应用。但它的熔体多为不可拆式，当熔体熔断后熔断器整个报废，不太经济。

附表 C-13 列出了 RT0 型低压熔断器的主要技术数据及保护特性曲线，供参考。

3. RZ1 型自复式熔断器

一般熔断器都有一个共同的缺点，就是一旦熔体熔断后，必须更换新的熔体才能恢复供电，使停电时间延长，给供电系统和用电负荷造成一定的停电损失。自复式熔断器弥补了这一缺点，它既能切断短路电流，又能在故障消除后自动恢复供电，不需要更换熔体。

我国设计生产的 RZ1 型自复式熔断器如图 5-26 所示。它采用金属钠作熔体，在常温下，钠的电阻率很小，可以顺畅地通过正常的负荷电流。但在短路时，钠受热迅速气化，其电阻率变得很大，因而可以限制短路电流。在金属钠气化限流的过程中，装在熔断器一端的活塞将压缩氩气而迅速后退，降低了因钠气化而产生的压力，防止了熔管因承受不了过大压力而爆破。在限流动作结束后，钠蒸气冷却，又恢复为固态钠。活塞在被压缩的氩气作用下，迅速将金属钠推回原位，使之又恢复到正常的工作状态。这就是自复式熔断器能自动限流又自动复原的基本原理。

低压熔断器的选择可按额定电压、额定电流、分断能力进行选择，可不校验短路电流动、热稳定性。具体选择方法详见第 7 章第 4 节。

5.2.2.3　低压刀熔开关

低压刀熔开关文字符号为 FU-QK，是一种由低压刀开关与低压熔断器组合的熔断器式刀开关。最常见的 HR3 型刀熔开关就是将 HD 型刀开关的闸刀换成 RT0 型熔断器的具有刀形触头的熔管（如图 5-27 所示），所以刀熔开关具有刀开关与熔断器的双重功能。采用这种组合型开关电器，可以简化配电装置的结构，经济实用，因而越来越广泛地在低压配电屏上安装使用。

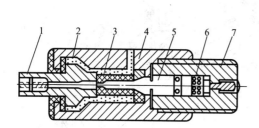

图 5-26　RZ1 型自复式熔断器

1—接线端子；2—云母玻璃；3—氧化铍瓷管；
4—不锈钢外壳；5—钠熔体；6—氩气；7—接线端子

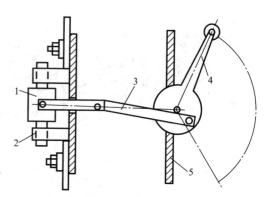

图 5-27　刀熔开关结构示意图

1—RT0 型熔断器的熔断体；2—弹性触座；
3—连杆；4—操作手柄；5—配电屏面板

低压刀熔开关型号的含义如图 5-28 所示。

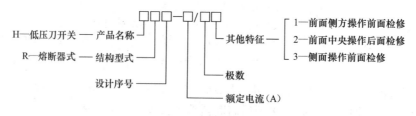

图 5-28　低压刀熔开关型号的含义

5.2.2.4　低压负荷开关

低压负荷开关的文字符号为 QL，是一种由带灭弧罩的低压刀开关与低压熔断器组合而成的外装封闭式铁壳或开启式胶盖的开关电器。它能有效地通断负荷电流，并能进行短路保护，具有操作方便、安全经济的优点。

低压负荷开关型号的含义如图 5-29 所示。

5.2.2.5　低压断路器

低压断路器，又称空气开关、自动开关或自动空气断路器，其文字符号为 QF。它既能带负荷通断电路，又能在短路、过负荷和低电压时自动跳闸，功能与高压断路器类同。

图 5-29　低压负荷开关型号的含义

其原理结构和接线如图 5-30 所示。当线路上出现短路故障时，其过流脱扣器动作，使开关跳闸。当出现过负荷时，其串联在一次电路的双金属元件被加热，使双金属片弯曲，也使开关跳闸。当线路电压严重下降或电压消失时，其失压脱扣器动作，亦使开关跳闸。若按下按钮 6 或 7，会使失压脱扣器失压或使分励脱扣器通电，可使开关远距离跳闸。

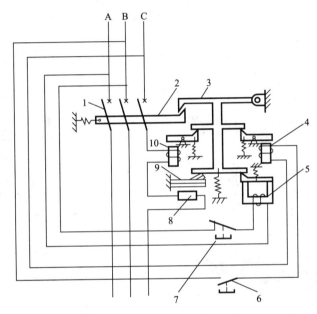

图 5-30　低压断路器的原理结构和接线

1—主触头；2—跳钩；3—锁扣；4—分励脱扣器；5—失压脱扣器；6、7—脱扣按钮；
8—加热电阻丝；9—热脱扣器；10—过流脱扣器

低压断路器按用途分为：配电用断路器，电动机保护用断路器，照明用断路器和剩余电流保护型断路器等。

配电用断路器按保护性能分为：非选择型和选择型两大类。非选择型断路器一般为瞬时动作和长延时动作，用作过负荷与短路保护用。选择型断路器分为两段保护、三段保护和智能化保护三种。两段保护为短延时与瞬时或短延时与长延时特性。三段保护为瞬时、短延时与长延时特性。其中瞬时和短延时特性适于短路保护，而长延时特性适于过负荷保护。图 5-31 为低压断路器的三种保护特性曲线。而智能化保护，其脱扣器为微机控制，保护功能更多，选择性更好，这种断路器称为智能型断路器。如图 5-32 所示，为 YDW8 智能型万能式断路器。

配电用低压断路器按结构形式分为塑料外壳式和框架式两大类。

1. 塑料外壳式低压断路器

塑料外壳式低压断路器，原称装置式自动开关，其全部结构和导电部分都装设在一个

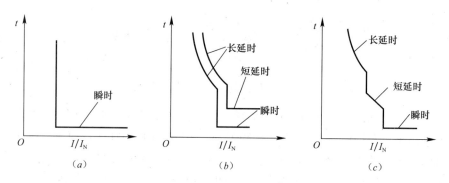

图 5-31　低压断路器的保护特性曲线
(*a*) 瞬时动作式；(*b*) 两段保护式；(*c*) 三段保护式

塑料外壳内，仅在壳盖中央露出操作手柄，供手动操作之用，它通常装设在低压配电装置中。DZ10 型已淘汰，并为 DZ20 取代。DZ20 系列低压断路器的外形见图 5-33。

图 5-32　YDW8 智能型万能式断路器

图 5-33　DZ20 系列低压断路器的外型

2. 框架式低压断路器

框架式低压断路器是敞开地装设在塑料或金属的框架上的。因为它的保护方案和操作方式较多，装设地点也很灵活，因此也称为万能式低压断路器。图 5-34 是 DW16 型万能式低压断路器的外形结构图。DW 型断路器的合闸操作方式较多，除手柄操作外，还有杠杆操作、电磁操作和电动机操作等方式。它的过电流脱扣器目前一般都是瞬时动作的。

目前推广应用的塑料外壳式断路器有 DZ15、DZ20、KFM2、YDM 系列等型号、引进美国西屋公司技术的 H 型、引进法国梅兰日兰公司技术的 C45N、引进德国西门子公司技术的 3VE 等型号。ABB 公司的塑壳断路器 Tmax 系列，塑壳断路器 Tmax 电流可达 630A，能够有效而简便地适应各种应用，安装简单，性能高。即使在最

图 5-34　DW16 框架型万能式低压断路器

小尺寸的断路器中也采用了最新的技术来实现具有对话功能的保护脱扣器。新 Tmax 的 T4 和 T5 系列显示了 Tmax 系列的先进技术：分断能力高、额定运行短路分断能力为额定极限短路分断能力的 100 ％、限制允通能量的能力高。施耐德公司 NS 系列，多种附加模块使其结构与性能更加完善，旋转式分断提供了非常高的分断能力和短路电流限制以及完全选择性，安全耐用。另外还有智能型如 DZ40 等。推广应用的框架式断路器有 DW15、DWX15、DW16、KFW2 等型号及引进的德国 AEC 公司技术的 ME 型、日本寺崎电气公司技术的 AH 型、德国西门子公司技术 3WE 型等型号，ABB 公司的空气断路器 Emax。新 Emax 系列所具有的显著优点是：性能更高、外形更紧凑，从而节约了开关柜的空间，更经济实惠。新 Emax E1 所提供的额定电流高达 1600A，而 Emax E3 的分断性能已提高到 V 级。新 Emax 系列极其可靠和坚固，并具有高于同类产品的动热稳定性，使人身更安全，安装也更安全。施耐德公司 MT 系列空气断路器，其电流从 630A 到 6300A。此外，还有智能型万能式断路器如 DW45、DW48、DW50、DW450、常熟开关厂生产的 CW1 系列等。

当用户容量在 10MV·A 左右，变压器容量大于 1000kV·A 时，绝大部分采用引进国外技术的 ME、AH 或进口的 M 型、F 型、AT 型高分断断路器，附表 C-14 列有常用高断流能力的低压断路器参数，供参考。在配电装置中 630A 及以下的常用 CM1、引进国外技术生产的 TG、TO 等及国外进口的 S、NS 等空气断路器，在用户处的控制设备中常用国产的 DZ20 型断路器，附表 C-15 列有常用低压断路器的参数，供参考。

5.2.2.6　低压配电屏

低压配电屏是按一定的线路方案将有关一、二次设备组装而成的一种低压成套配电装置，在低压配电系统中作动力和照明配电用。低压配电屏有固定式和抽屉式两大类。

固定式配电屏早期产品是 BSL 屏，20 世纪 80 年代初期的换代产品为 PGL₁ 及 PGL₂。PGL 系列低压配电屏结构简单，消耗钢材少，价格低廉，可从双面维护，检修方便，由于 PCL₁ 内所装的产品都已淘汰，因此它也自行淘汰，目前 PGL₂ 还在中小型建筑的配电系统中使用。GDL₁、GDL₂、GDL₃ 型，其接线形式与 PGL₂ 相似，只是在柜顶及柜的两侧都加装了封板，加强了柜与柜之间的防护等级。由于这些柜属敞开式，因此使用在这种柜中的开关设备可以不降容。更新的产品为江苏常州太平洋电力公司引进丹麦科必可（CUBIC）公司技术生产的"科必可低压配电柜"。它是全封闭的固定式开关柜，它也有抽屉式部分，大容量的进出线开关柜仅是主开关为抽屉式，小容量的电动机控制柜及出线柜全部设备组成抽屉式，现以"科必可开关柜"为例，介绍它的构造及柜体一次接线方案。

1. 该柜外壳防护等级为 1P44～1P54，也可降低防护等级，但要另加通风防尘板，使用此柜开关必须降容 20％左右。

2. 柜内装有按温度控制的加温装置，可适用于沿海及南方梅雨季节地区。

3. 它的柜体由 192mm 为模数的各种钢板，组成梁柱间的插片，因此结构灵活，变动简便。

4. 功能单元用插入式结构、抽屉式结构、半抽屉式结构及固定分隔式四种形式，抽屉紧锁机构与开关之间有机械联锁。插入式结构适用于大容量的进出线回路，可安装 ME 及 AH 开关；抽屉式结构可安装 200A 及以下的小容量供电及电动机控制回路。

5. 水平母线可设置在柜顶、柜底或柜中部，母线设置 N 及 PE 线。

6. 电缆室设有电缆支架，进出线电缆安装方便。

7. 柜的外型尺寸：柜高 2232mm，其中安装开关或抽屉的有效高度为 1800mm；柜深有两种，为 1028mm 及 816mm，同一系统中开关柜最好用同一深度的柜体；柜宽，630A 以下用 616mm，630～2000A 用 1000mm，2000A 以上用 1384mm。它常用的一次接线方案号见附表 C-16。

GGL、GGD、GHL 系列为封闭型，其柜体还设计有保护导体排（PE），柜内所有接地端全部与该导体排接通，所以在使用中不会发生外壳带电现象，运行和维护比较安全可靠。

GGD 型低压配电柜的柜体设计充分考虑到运行中散热问题，在柜体上、下部均有散热槽孔；顶盖在需要时拆下，便于主母线的安装和调整；能满足各类工程对不同进线方式的需要；一次元器件选用近年技术性能较先进的国产设备；柜内为用户预留有加装二次设备的装置。

抽屉式开关柜，常用的有 BFC、BCL、GCK、GCS、GCL 等系列，GCK、GCS 外形如图 5-35 所示，GCK 为动力开关柜，以电动机控制为主，亦有配电柜部分，其常用一次接线方案见附表 C-17。GCL 为配电用的开关柜，但许多制造厂家都以 GCK 为其型号。另有多米诺开关柜（DOMINO），是采用模数制的抽屉式开关柜。这些柜是 20 世纪 80 年代后期由于大型民用建筑的发展，借鉴国外技术而发展起来的，其实在国外已逐步改造成导轨型插入式结构，采用全封闭免维护设备，抽屉式已很少使用。另外有引进国外技术或国外公司在我国进行独资、合资生产的产品系列，如 EEC—M35 系列为引进英国 EEC 公司技术生产，多米诺（DOMINO）、科必可（CUBIC）系列为引进丹麦技术生产，MNS 系列为引进瑞士 ABB 公司技术生产，SIKUS 系列、SIVACON 系列为德国西门子（中国）有限公司生产，MD190（HONOR）系列为 ABB（中国）有限公司生产，PRISMAP 系列为法国施耐德电气公司产品等。

GCK系列低压抽出式开关柜

GCS系列低压抽出式开关柜

图 5-35 低压抽出式开关柜

在 20 世纪 90 年代初期引进瑞士 ABB 公司的技术生产的 MNS、MUS 及 MZS 型低压开关柜，在接线及结构上与 ABB 低压开关柜相似，这种开关柜目前都用在大容量的一、二类建筑的供电系统中。它的柜体是用进口的敷铝锌钢板制成，柜内的部件及间隔尺寸都采用模数化，结构平整。单元之间互换性能好。母线中设有 N 及 PE 线，垂直母线设在具有阻燃功能的塑料板中，以防人体触及。抽屉单元有可靠的机械联锁。ABB 公司的 ArTu 开关柜，其具有零部件互换性强、配件品种少和装配简易迅速等优点。

施耐德电气公司的 Blokset 系列低压开关柜由标准预制元件组成，具有灵活性、快速制造、便于修改或功能扩展等优点。Okken 系列低压开关柜安装简单、易于维护、安全性好及适应性强等优点，是一种模块化结构的低压配电柜，可用于工业、第三产业及基础设施等领域中大型场所的动力配电及电动机控制。

目前由西门子公司最新设计的新型低压配电装置 SVACON8PT，其最大额定电流可至 7400A，全部采用优质的西门子开关电器，寿命长，运行可靠性高。其中断路器采用 3WN 型系列。

抽出式配电柜的共同特点是：采用模块化、组合式结构，即配电柜由满足需要的、标准化、成系列的模块组成，更改、添加部件方便，保证产品的完美和灵活性；框架由镀锌及喷塑处理的钢板弯制，用螺钉连接组装，有很高的强度，框架为模数化设计，按模数的倍数组装不同的体积框架；由完成同一功能的电气设备和机械部件组成功能单元，并采用间隔式布置，即用金属或绝缘隔板将配电柜划分为若干个隔离室，使母线与功能单元及功能单元之间隔开；各功能单元都有三个明显位置，即工作、试验和分离位置，各位置有机械定位，保证操作的安全性；相同规格的功能单元有良好的互换性；设置有机械联锁机构，只有主电路处于分断位置时功能单元的门才能打开，只有主电路处于分断位置且门闭合时功能单元才能抽出和插入；具有可靠的安全保护接地系统及较高的防护等级，部分产品配有智能模块或采用智能电器元件，使装置具有数据采集、故障判断和保护，数据交换、储存和处理，以及控制和管理等功能。

抽出式低压柜的优点是：（1）标准化、系列化生产；（2）密封性能好，可靠性、安全性高，其间隔结构可限制故障范围；（3）主要设备均装在抽屉内或手车上，当回路故障时，可拉出检修并换上备用抽屉或手车，便于迅速恢复供电；（4）体积小、布置紧凑、占地少，其缺点是结构较复杂，工艺要求较高，钢材消耗较多，价格高。

GCL、多米诺（DOMINO）、GDL、MUS 及 MZS 等抽屉式开关柜，由于单元间都具有绝缘板或钢板隔离，又有封闭的外壳，因此使用在柜中的开关都应作降容处理。随使用环境温度不同，降容在 $10\%\sim20\%$ 左右。

低压配电屏的选择与高压开关柜的选择类似，应首先按照变、配电所一次电路图的要求进行方案的选择，然后进行技术经济比较得出最优方案。

5.2.3　互感器及其选择

5.2.3.1　概述

互感器是一种特殊的变压器，是一次系统和二次系统间的联络元件，用以分别向测量仪表、继电器的电压线圈和电流线圈供电，正确反映电气设备的正常运行及故障情况。互感器包括电流互感器及电压互感器两种。电流互感器的文字符号为 TA，简称 CT；电压互感器的文字符号为 TV，简称 PT。

互感器的作用是：

1. 将一次回路的高电压和大电流变为二次回路标准的低电压和小电流，使测量仪表和保护装置标准化、小型化，并使其结构轻巧，价格便宜，便于屏内安装。

2. 使二次设备与高电压隔离，且互感器的二次侧均接地，从而保证设备和人身的安全。

5.2.3.2　电流互感器

1. 基本结构原理和接线

电流互感器的基本结构原理如图 5-36 所示。它的结构特点是：一次绕组匝数很少，

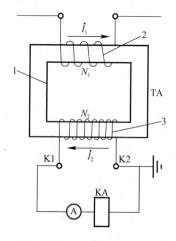

图 5-36　电流互感器

1—铁心；2——次绕组；3—二次绕组

有的电流互感器还没有一次绕组，仅利用穿过其铁心的一次电路作为一次绕组，相当于匝数为 1，且一次绕组导体相当粗；二次绕组匝数很多，导体较细。工作时，一次绕组串接在一次电路中，而二次绕组则与仪表、继电器等电流线圈相串联，形成一个闭合回路。因为这些电流线圈的阻抗很小，所以电流互感器工作时，二次回路接近于短路状态。二次绕组的额定电流一般为 5A，少数也有 1A。于是用一只 5A 的电流表，通过不同变流比的电流互感器就可测量任意大的电流。

电流互感器的一次电流 I_1 与二次电流 I_2 之间有下列关系式：

$$I_1 \cdot N_1 \approx I_2 \cdot N_2$$
$$I_1 \approx \frac{N_2}{N_1} \cdot I_2 \approx K_i \cdot I_2 \qquad (5-7)$$

式中　N_1、N_2——电流互感器一次和二次绕组匝数；

　　　　K_i——电流互感器的变流比，表示为额定一次电流和二次电流之比，即

$$K_i = I_{1N}/I_{2N}$$

电流互感器与测量仪表的连接方式有三种，如图 5-37 所示。图 5-37a 是一相式接线方式，仅用一台电流互感器，适用于三相基本对称系统。图 5-37b 是三相星形接线方式，三台电流互感器分别装在 A、B、C 三相中，可分别测量三相电流。图 5-37c 是两相不完全星形接线方式，两台电流互感器分别装在 A、C 两相中，其二次回路的中线（即公共线）电流为 B 相电流，但方向相反。星形及不完全星形接线方式适用于三相基本对称或不对称系统。

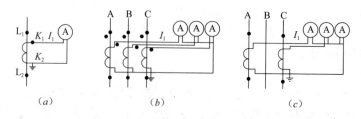

图 5-37　电流互感器与仪表的接线方式

2. 电流互感器的类型和型号

电流互感器的类型很多，按安装地点分为户内式和户外式两种。20kV 及以下制成户

内式；35kV 及以上制成户外式。按安装方式可分为穿墙式、支持式和装入式三种。穿墙式装在墙壁或金属结构的孔中，可节约穿墙套管；支持式则安装在平面或支柱上；装入式是套在 35kV 及以上变压器或多油断路器油箱内的套管上，故也称为套管式。按绝缘方式可分为干式、浇注式、油浸式等。干式用绝缘胶浸渍，适用于低压户内的电流互感器；浇注式利用环氧树脂作绝缘，目前仅用于 35kV 及以下的电流互感器；油浸式多为户外型。按一次绕组的匝数分为单匝式（包括母线式、芯柱式、套管式）和多匝式（包括线圈式、线环式、串级式）。按一次电压分为高压和低压两大类。按用途分为测量用和保护用两大类。按准确度等级分为 0.1、0.2、0.5、1、3、5P 和 10P 等级，其中 5P 和 10P 是保护用电流互感器的准确级，前者为测量用电流互感器的准确级。

　　高压电流互感器多制成不同准确级的两个铁心和两个绕组，分别接测量仪表和继电器，以满足测量和保护的不同要求。电气测量用的电流互感器的铁心在一次电路短路时应易于饱和，以限制二次电流的增长倍数。而继电保护用的电流互感器的铁心则在一次电路短路时不应饱和，使二次电流与一次电流成比例增长，以适应保护灵敏度的要求。

　　图 5-38 是户内高压 LQJ-10 型电流互感器外形图。它有两个铁心和两个二次绕组，分别为 0.5 级和 3 级，其中 0.5 级用于测量，3 级用于继电保护。

　　图 5-39 是户内低压 LMZJ1-0.5 型（500～800/5A）的外形图。它不含一次绕组，穿过其铁心的母线就是一次绕组（相当于 1 匝）。它用于 500V 及以下的配电装置中。

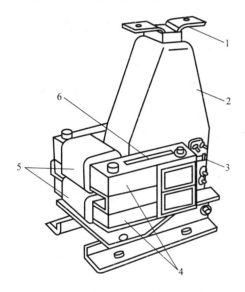

图 5-38　LQJ-10 型电流互感器

1—一次接线端子；2——次绕组·（树脂浇注）；
3—二次接线端子；4—铁心；5—二次绕组；
6—警告牌（上写"二次侧不得开路"等字样）

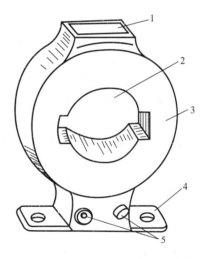

图 5-39　LMZJ1-0.5 型电流互感器

1—铭牌；2——次母线穿孔；3—铁心；
4—外绕二次绕组，树脂浇注安装板；
5—二次接线端子

　　以上两种电流互感器都是环氧树脂或不饱和树脂浇注绝缘，较之老式的油浸式和干式电流互感器，具有尺寸小、性能好、安全可靠的特点。因此现在生产的高、低压成套配电装置中大都采用这类新型的电流互感器。

　　电流互感器型号的含义如图 5-40 所示。

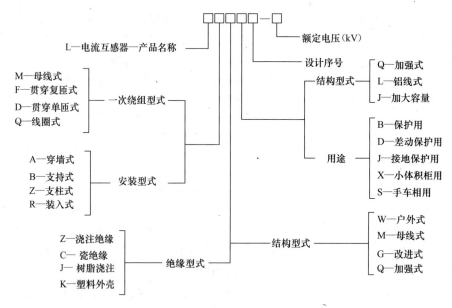

图 5-40　电流互感器型号的含义

附表 C-18 列有电流互感器基本特性，供参考。

3. 其他形式电流互感器简介

上述电流互感器均属于电磁式电流互感器。随着输电电压的提高，电磁式电流互感器的结构愈加复杂和笨重，成本也相应提高，因此国内外均在研制超高压电流互感器。

新型电流互感器的特点是：高低压之间无直接的电磁联系，使绝缘结构大为简化；测量过程中不需要消耗很大能量；没有饱和现象，测量范围宽，暂态响应快，准确度高；重量轻、成本低。

新型电流互感器按高、低压部分的耦合方式分为无线电电磁波耦合、电容耦合和光电耦合式，其中光电式电流互感器性能最佳，研制工作进展很快。

光电式电流互感器的原理是：利用材料的磁光效应或电光效应，将电流的变化转变成激光或光波，经过光通道进行传递，然后接收装置再将接收到的光波转变成电信号，并经过放大，供仪表和继电器使用。

非电磁式电流互感器的共同缺点是容量较小，故需研制更大的放大器或采用小功率的半导体继电保护装置来减小互感器的负荷。此外，运行的可靠性也有待在实践中考验。

4. 电流互感器的选择和校验

(1) 额定电压及一、二次电流的选择。互感器的一次额定电压和电流必须大于等于装置地点的额定电压和计算电流。

互感器的二次额定电流有 5A 和 1A 两种。一般弱电系统用 1A，强电系统用 5A。

(2) 电流互感器种类和形式的选择。在选择电流互感器时，应根据安装地点（如屋内、屋外）和安装方式（如穿墙式、支持式、装入式等）选择其形式。

(3) 电流互感器的准确级和额定容量的选择。为了保证测量仪表的准确度，电流互感器的准确级不得低于所供测量仪表的准确级。

为了保证电流互感器的准确级，互感器二次侧所接负荷 S_2 应不大于该准确级所规定

的额定容量 S_{2N} 即：

$$S_{2N} \geqslant S_2 \tag{5-8}$$

二次负荷 S_2 由二次回路的阻抗 $|Z_2|$ 来决定。$|Z_2|$ 是二次回路中所有串联的仪表、继电器电流线圈阻抗 $\sum|Z_i|$，连接导线阻抗 $|Z_{WL}|$ 及接头接触电阻 R_{XC} 之和，即：

$$|Z_2| \approx \sum|Z_i| + |Z_{WL}| + R_{XC} \tag{5-9}$$

式中忽略了电抗值。$|Z_i|$ 可由仪表、继电器的产品样本中查得，R_{XC} 一般取 0.1Ω，$|Z_{WL}|$ 可近似地认为：

$$R_{WL} = l/(\gamma A)$$

式中　γ——导线的电导率，铝线 $\gamma = 32\text{m}/(\Omega \cdot \text{mm}^2)$，铜线 $\gamma = 53\text{m}/(\Omega \cdot \text{mm}^2)$；

　　　　A——导线截面积（mm^2）；

　　　　l——对应于导线阻抗的计算长度（m）。

假设从互感器到仪表，继电器的单向长度为 l_1，则当互感器为一相式接线时，$l = 2l_1$，为三相星形接线时，$l = l_1$，为两相不完全星形接线时，$l = \sqrt{3}l_1$

$$S_2 = I_{2N}^2 \cdot |Z_2| \approx I_{2N}^2(\sum|Z_i| + R_{WL} + R_{XC}) \tag{5-10}$$

对于保护用电流互感器来说，通常采用 10P 准确级，也就是说电流互感器的复合误差为 10%。由上式可得出，在互感器准确级一定即允许的二次负荷 S_2 值一定的条件下，其二次负荷阻抗与其二次电流或一次电流的平方成反比。所以一次电流越大，允许的二次阻抗越小；反过来，一次电流越小，则允许的二次阻抗越大。生产厂家一般按照出厂试验绘制出当电流互感器误差为 10% 时的一次电流倍数 K_1（即 I_1/I_{1N}）与最大允许的二次负荷阻抗 $|Z_{2.al}|$ 的关系曲线，如图 5-41 所示，一般称为电流互感器的 10% 误差曲线。如果已知互感器的一次电流倍数 K_1，就可从互感器的 10% 误差上查得对应的允许二次负荷阻抗 $|Z_{2.al}|$。假设实际的二次负荷阻抗 $|Z_2| \leqslant |Z_{2.al}|$，则说明此互感器满足准确级要求。

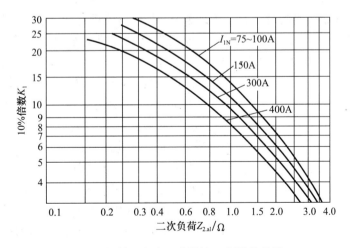

图 5-41　某型电流互感器的 10% 误差曲线

若电流互感器不满足准确级要求，则必须改选变流比较大的互感器，或者 S_{2N}、

$|Z_{2 \cdot \mathrm{al}}|$ 较大的互感器，或者加大二次接线的截面。电流互感器二次接线的铜芯线截面不得小于 $1.5\mathrm{mm}^2$，铝芯线不得小于 $2.5\mathrm{mm}^2$。

（4）热稳定校验。由于电流互感器的热稳定度是以热稳定倍数 K_t 来表示的，所以其热稳定度校验条件为：

$$(K_t \cdot I_{1\mathrm{N}})^2 \cdot t \geqslant I_\infty^{(3)^2} \cdot t_{\mathrm{ima}} \tag{5-11}$$

多数电流互感器的热稳定试验时间取为 1s，这样上式可写成

$$(K_1 \cdot I_{1\mathrm{N}})^2 \geqslant I_\infty^{(3)^2} t_{\mathrm{ima}} \tag{5-12}$$

（5）动稳定校验。用 K_{es} 来表示动稳定倍数，则动稳定度校验条件为：

$$K_{\mathrm{es}}\sqrt{2}I_{1\mathrm{N}} \geqslant i_{\mathrm{sh}} \tag{5-13}$$

5. 电流互感器的使用注意事项

（1）电流互感器在工作时其二次侧不得开路。因为电流互感器在正常工作时的二次负荷很小，所以基本接近于短路状态。根据磁动势平衡方程式 $\dot{I}_1 N_1 + \dot{I}_2 N_2 = \dot{I}_0 N_1$ 可知，其一次电流 I_1 产生的磁动势 $I_1 N_1$ 绝大部分被二次电流 I_2 产生的磁动势 $I_2 N_2$ 所抵消，所以总的磁动势 $I_0 N_1$ 很小，励磁电流（即空载电流）I_0 只有一次电流的百分之几。但是当二次侧开路时，$I_2 = 0$，则 $I_2 N_2 = 0$，因此 $I_0 N_1 = I_1 N_1$，即 $I_0 = I_1$，也就是 I_0 由原为 I_1 的百分之几突然增大为 I_1。而 I_1 是一次电路的负荷电流，只受一次电路负荷的影响，是不会因为互感器二次负荷的变化而变化的。因此励磁电流 I_0 突然增大几十倍，则励磁磁动势 $I_0 N_1$ 也突然增大几十倍，这将产生如下严重后果：1）铁芯由于磁通剧增而过热，并产生剩磁，降低了准确度。2）由于电流互感器二次绕组匝数远比一次绕组多，所以可感应出危险的高电压，危及人身和设备的安全。因此电流互感器在工作时其二次侧是不允许开路的。在安装时，电流互感器二次侧的接线一定要牢靠、接触良好，并且不允许串接熔断器和开关。

（2）电流互感器的二次侧有一端必须接地。互感器二次侧一端接地是为了防止其一、二次绕组间绝缘击穿时，一次侧的高电压窜入二次侧，危及人身和设备的安全。

（3）电流互感器在连接时，需注意其端子的极性。我国互感器和变压器一样，其绕组端子都采用"减极性"标号法。所谓"减极性"就是互感器按图 5-42 所示接线时，一次绕组接上电压 U_1，二次绕组感应出电压 U_2。这时将一对同名端短接，则在另一对同名端测出的电压为 $U = |U_1 - U_2|$。如果测出的电压为 $U = U_1 + U_2$，则互感器的同名端采用的是"加极性"标号法。用"减极性"法所确定的"同名端"实际上就是"同极性端"，即在同一瞬间，两个同名端同为高电位或同为低电位。

按规定，电流互感器的一次绕组端子标以 L_1、L_2，二次绕组端子标以 K_1、K_2，L_1 与 K_1 为同名端，L_2 与 K_2 为同名端。由于电流互感器二次绕组的电流为感应电动势所产生，所以该电流在绕组中的流向应为从低电位到高电位。因此，如果一次电流从 L_1 流向 L_2，则二次电流 I_2 应从 K_2 流向 K_1。在安装和使用电流互感器时，一定要注意其端子的极性，否则其二次侧所接仪表、继

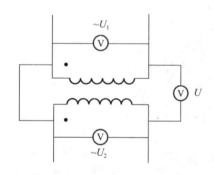

图 5-42　互感器的"减极性"判别法
U_1—输入电压；U_2—输出电压

电器中流过的电流就不是预想的电流，严重的还可能引发事故。

[例 5-2]　试选择某 10kV 高压配电所进线侧的高压户内少油断路器、高压户内隔离开关及电流互感器的型号规格。已知该进线的计算电流为 350A，三相短路电流 $I_k^{(3)}$ 为 2.8kA，继电保护动作时间为 1.1s，断路器的断路时间取 0.2s。

解：由附表 C-2、C-3、C-18 得断路器、隔离开关、电流互感器的技术数据，所选设备如下：

装置地点的电气条件	所选设备的技术数据		
	断路器	隔离开关	电流互感器
	SN10-10I/630-300	GN8-10T/400	LQJ-10
$U_N=10kV$	10kV	10kV	10kV
$I_{30}=350A$	630A	400A	400A
$I_k^{(3)}=2.8kA$	16kA	14kA	
$I_{sh}^{(3)}=2.55\times2.8=7.14A$	40kA	40kA	$150\times\sqrt{2}\times0.4$
$I_\infty^{(3)2}t_{ima}=2.8^2\times(1.1+0.2)$	$16^2\times4$	$14^2\times5$	$(60\times0.4)^2\times1$

5.2.3.3　电压互感器

1. 基本结构原理与接线方案

电压互感器的基本结构原理如图 5-43 所示。

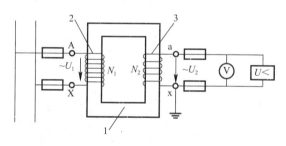

图 5-43　电压互感器
1—铁心；2—一次绕组；3—二次绕组

它的结构特点是：一次绕组匝数很多，而二次绕组匝数很少，类似一降压变压器。工作时，一次绕组并联在供电系统的一次电路中，而二次绕组并联于仪表、继电器的电压线圈。因为这些电压线圈的阻抗很大，所以电压互感器工作时二次绕组接近于空载状态。二次绕组的额定电压一般为 100V。也就是用一只 100V 的电压表通过某一电压互感器可以测量任意高的电压。

电压互感器的一次电压 U_1 与二次电压 U_2 之间有如下关系：

$$\frac{U_1}{U_2}\approx\frac{N_1}{N_2}$$

$$U_1\approx(N_1/N_2)U_2\approx K_U\cdot U_2 \tag{5-14}$$

式中　N_1、N_2——电压互感器的一次和二次绕组匝数；

　　　K_U——电压互感器的变压比，表示为额定一、二次电压比，即 $K_U=U_{1N}/U_{2N}$。

电压互感器在三相电路中有如图 5-44 所示的四种常见的接线方案。

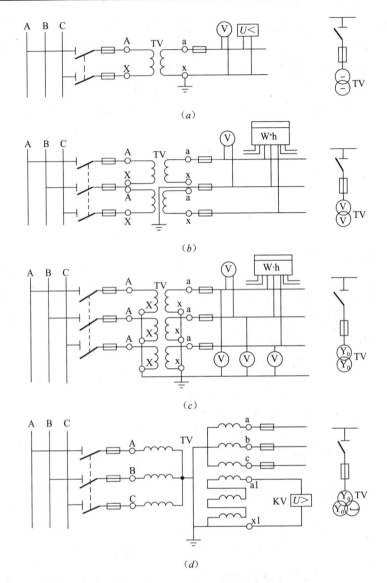

图 5-44　电压互感器的接线方案图

(a) 一个单相电压互感器；(b) 两个单相接成 V/V 形；(c) 三个单相接成 Y_0/Y_0 形；

(d) 三个单相三绕组或一个三相五芯柱三绕组电压互感器接成 $Y_0/Y_0/\triangle$（开口三角形）

（1）一个单相电压互感器的接线（图 5-44a），供仪表、继电器接于一个线电压。

（2）两个单相的电压互感器接成 V/V 形（图 5-44b），供仪表、继电器接于三相三线制电路的各个线电压。它广泛应用在 6～10kV 的高压配电装置中。

（3）三个单相的电压互感器接成 Y_0/Y_0 形（图 5-44c），供电给要求线电压的仪表、继电器及接相电压的绝缘监视电压表。由于小电流接地系统在一次侧发生单相接地时，另两相的电压要升高到线电压，即为原来的 $\sqrt{3}$ 倍，所以绝缘监视电压表不能接入按相电压选择的电压表，而要按线电压选择，否则在发生单相接地时，电压表可能被烧坏。

（4）三个单相三绕组电压互感器或一个三相五芯柱三绕组电压互感器接成 $Y_0/Y_0/\triangle$（开口三角形）（图 5-44d）。接成 Y_0 的二次绕组，供电给需线电压的仪表、继电器及作为绝缘监视的电压表，接成△（开口三角形）的辅助二次绕组接电压继电器。一次电压正常工作时，由于三个相电压对称，因此开口三角形两端的电压接近于零。当某一相接地时，开口三角形两端将出现近 100V 的零序电压，使电压继电器动作，发出信号。

2. 电压互感器的类型和型号

电压互感器按相数分，有单相和三相两类；按绝缘及其冷却方式分，有干式和油浸式两类。图 5-45 是单相三绕组、环氧树脂浇注绝缘的室内用 JDZJ-10 型电压互感器的外形图。

电压互感器型号的含义如图 5-46 所示。

附表 C-19 列有电压互感器的特性，供参考。

3. 其他类型电压互感器简介

上述电压互感器都属电磁式电压互感器。随着电力系统输电电压的增高，电磁式电压互感器的体积越来越大，成本随之增高。目前，新研制了电容式电压互感器，光电式电压互感器正在研制中。

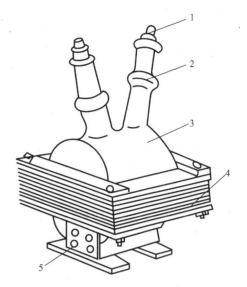

图 5-45　JDZJ-10 型电压互感器

1——一次接线端子；2——高压绝缘套管；
3——一、二次绕组，环氧树脂浇注；
4——铁心（壳式）；5——二次接线端子

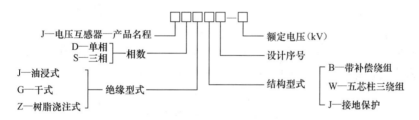

图 5-46　电压互感器型号的含义

电容式电压互感器结构简单、体积小、占地少、成本低，且电压越高效果越显著。另外分压电容还可兼作载波通信的耦合电容，广泛应用于 110～500kV 中性点直接接地系统。电容式电压互感器的缺点是输出容量小，误差较大，暂态特性不如电磁式电压互感器。

4. 电压互感器的选择

电压互感器应按装设地点的条件及一次电压、二次电压、准确度等级等条件进行选择。

电压互感器的一、二次侧均有熔断器保护，所以不需要校验短路稳定度。

电压互感器的准确度也与其二次负荷的容量有关，满足的条件仍为 $S_2 \leqslant S_{2N}$。这里的 S_2 为二次侧所有仪表、继电器的电压线圈所消耗的总视在功率，即：

$$S_2 = \sqrt{(\Sigma P_U)^2 + (\Sigma Q_U)^2} \qquad (5\text{-}15)$$

式中　$\Sigma P_U = \Sigma(S_U \cos\varphi_U)$——仪表、继电器电压线圈消耗的总有功功率；

$$\sum Q_U = \sum (S_U \sin \varphi_U) \text{——仪表、继电器电压线圈消耗的总无功功率。}$$

5. 电压互感器的使用注意事项

（1）电压互感器在工作时其二次侧不得短路。因为电压互感器一、二次侧都是在并联状态下工作的，如发生短路，将产生很大的短路电流，有可能烧毁互感器，甚至影响一次电路的安全运行。所以电压互感器的一、二次侧都必须装设熔断器作为短路保护。

（2）电压互感器的二次侧有一端必须接地。原因与前述电流互感器相同。

（3）电压互感器在连接时，必须注意其端子的极性。单相电压互感器的一次绕组端子标以 A、X，二次绕组端子标 a、x，端子 A 与 a，X 与 x 各为对应的"同极性端"。三相电压互感器按照相序一次绕组端子分别标以 A、X，B、Y，C、Z，二次绕组端子分别标以 a、x，b、y，c、z，端子 A 与 a、B 与 b、C 与 c、X 与 x、Y 与 y、Z 与 z 各为对应的同极性端。

5.2.4　绝缘子及其选择

绝缘子用以支持载流部分，并使载流部分与地及装置中处于不同电压下的其余部分绝缘。故绝缘子应具有足够的绝缘强度和机械强度，并能耐热和不忌潮湿。

5.2.4.1　绝缘子的种类

绝缘子按电压的高低分高压绝缘子及低压绝缘子两大类。高压绝缘子又可分为变电所用、电器用和线路用三种。变电所绝缘子用于电厂和变电所中屋内和屋外配电装置的母线固定并绝缘。此种绝缘子因装置场所不同，可分为屋内型和屋外型；又可分为支柱式和套管式。套管绝缘子适用于母线在屋内穿墙和穿天花板，以及由屋内向外引出时之用。电器绝缘子用以支持电器的载流部分，亦分支柱式和套管式。套管式的用以从封闭电器（如油断路器、变压器等）中引出载流部分。线路绝缘子用以支持架空线路和屋外配电装置的母线，又分装脚式和悬挂式，图 5-47 为高压线路绝缘子外形结构。

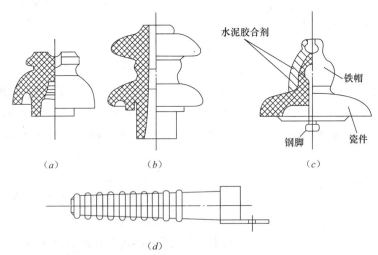

图 5-47　高压线路绝缘子
（a）针式；（b）蝴蝶式；（c）悬式；（d）瓷横担

5.2.4.2　支柱绝缘子及套管绝缘子的选择

支柱绝缘子应按额定电压和类型选择，并进行短路时动稳定校验。穿墙套管应按额定电压、额定电流和类型选择，按短路条件校验动、热稳定。

1. 按额定电压选择支柱绝缘子和穿墙套管

支柱绝缘子和穿墙套管的额定电压 U_N 应大于等于所在电网的额定电压 U_{NS}，即

$$U_N \geqslant U_{NS} \tag{5-16}$$

发电厂与变电所的 $3\sim20\text{kV}$ 屋外支柱绝缘子和套管，当有冰雪和污秽时，宜选用高一级的产品。

2. 按额定电流选择穿墙套管

穿墙套管的额定电流 I_N 应大于等于回路中最大持续工作电流 I_{max}，即

$$K_\theta I_N \geqslant I_{max} \tag{5-17}$$

式中　K_θ——温度修正系数，当环境温度 $40℃<\theta<60℃$ 时用式（5-3）计算，θ_0 取 $85℃$。

对母线型穿墙套管，因本身无导体，不必按此项选择和校验热稳定，只需保证套管的形式与穿过母线的尺寸相配合。

3. 支柱绝缘子和套管的种类和形式选择

根据装置地点、环境选择屋内、屋外或防污式及满足使用要求的产品形式。

4. 穿墙套管的热稳定校验

套管耐受短路电流的热效应 $I_t^2 t$，应大于等于短路电流通过套管所产生的热效应 Q_k，即

$$I_t^2 t \geqslant Q_k \tag{5-18}$$

5. 支柱绝缘子和套管的动稳定校验

绝缘子和套管的机械应力计算如下。

布置在同一平面内的三相导体（如图 5-48 所示），在发生短路时，支柱绝缘子（或套管）所受的力为该绝缘子相邻跨导体上电动力的平均值。例如绝缘子 1 所受力为

$$F_{max} = \frac{F_1 + F_2}{2} = 1.73 i_{sh}^2 \frac{l_c}{a} \times 10^{-7} (\text{N})$$

式中　l_c——计算跨距（m），$l_c = (l_1 + l_2)/2$，l_1、l_2 为与绝缘子相邻的跨距，对于套管 $l_2 = l_{ca}$（套管长度）。

由于导体电动力 F_{max} 是作用在导体截面中心线上的，而支柱绝缘子的抗弯破坏强度是按作用在绝缘子高度 H 处给定的（如图 5-49 所示），为了便于比较，必须求出短路时作用在绝缘子帽上的计算作用力 F_{co}，即

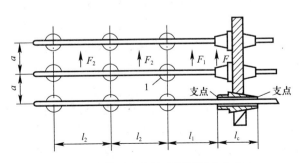

图 5-48　绝缘子和穿墙套管所受的电动力

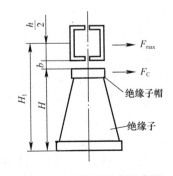

图 5-49　绝缘子受力示意图

$$F_{\text{co}} = F_{\max} H_1/H \quad (\text{N})$$

而

$$H_1 = H + b + h/2$$

式中 H_1——绝缘子底部到导体水平中心线的高度（mm）；

b——导体支持器下片厚度，一般竖放矩形导体 $b=18\text{mm}$，平放矩形导体及槽形导体 $b=12\text{mm}$。

对于屋内 35kV 及以上水平安装的支柱绝缘子，在进行机械计算时，应考虑导体和绝缘子的自重以及短路电动力的复合作用。屋外支柱绝缘子尚应计及风和冰雪的附加作用。

5.3 导线、电缆的选择

5.3.1 概述

供配电系统中，载流导体主要有三类，即母线、导线、电缆。母线起汇聚及分配电能的作用，导线及电缆起输送电能的作用。母线一般都是裸导体，导线则分为裸导线及绝缘导线，绝缘导线一般用在低压线路中，电缆则有高压、低压之分。

常用导体材料有铜、铝、铝合金及钢。铜的导电性最好，机械强度也相当高，抗腐蚀性强，然而铜的储量少，价格较高。铝的机械强度较差，导电性比铜略差，电阻率约为铜的 1.7～2 倍，但储量丰富、重量轻、价格便宜，一般采用铝或铝合金材料。作为导体材料，钢的机械强度很高而且价廉，但其导电性差，功率损耗大，并且容易锈蚀，一般用作避雷线或用作铝绞线的芯线，取钢的机械强度大及铝的导电性好，结构如图 5-50 所示。因为交流电流通过导线时，有趋表效应，所以电流只从铝线上通过。

常用的硬导体截面有矩形、槽形、管形和圆形。常用的软导线有铜绞线、铝绞线、钢芯铝绞线、组合导线、分裂导线和扩径导线，后者多用于 330kV 及以上的配电装

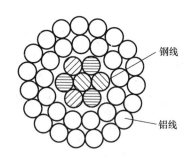

图 5-50 钢芯铝绞线的截面

置。国产架空裸线的型号有：铜线（T）；钢线（G）；铝线（L）；铜绞线（TJ）；铝绞线（LJ）；钢芯铝绞线（LGJ）等。

低压配电线路大多采用绝缘导线或电缆，当负荷电流很大时可采用封闭式母线槽（内置母排），绝缘导线按芯线材料分，有铝芯和铜芯两种，按绝缘材料分，常用有橡皮绝缘和塑料绝缘两种。其型号有：BLX—橡皮绝缘铝芯线；BX—橡皮绝缘铜芯线（T 省略）；BLV—塑料绝缘铝芯线；BV—塑料绝缘铜芯线。塑料绝缘导线的绝缘性能好，耐油和抗酸碱腐蚀，价格较低，且可节约大量橡胶和棉纱，因此室内线路优先选用。但塑料绝缘在低温时要变硬、发脆，高温时又易软化，因此室外线路优先采用橡皮绝缘导线。绝缘导线的敷设方式有明敷及暗敷两种。

电缆是一种特殊的导线，电缆的结构主要有导体、绝缘层和保护层三部分组成。导体通常采用多股铜绞线或铝绞线，按电缆中导体数目的不同可分为单芯、三芯、四芯和五芯电缆。单芯电缆的导体截面是圆形的，而三芯和四芯电缆导体的截面通常是扇形的。绝缘层的作用是使电缆中导体之间、导体与保护层之间保持绝缘。绝缘材料的种类很多，通常

有橡胶、沥青、绝缘油、气体、聚氯乙烯、交联聚乙烯、绦麻、纸片，常见的多采用油浸纸绝缘。保护层用来保护绝缘层，使其在运输、敷设过程中免受机械损伤、防止水分侵入、绝缘油外流，可分为铅包和铝包。外层还包有钢带铠甲和黄麻保护层。

5.3.2　导线和电缆截面的选择

5.3.2.1　按发热条件选择导线和电缆截面

电流通过导线（或电缆、包括母线）时，要产生损耗，使导线发热。裸导线的温度过高时，会使接头处的氧化加剧，增大接触电阻，使之进一步氧化，如此恶性循环，最后可发展到断线。而绝缘导线和电缆的温度过高时，可使绝缘加速老化甚至烧毁，或引起火灾。因此，导线的正常发热温度不得超过附表 C-20 所列的额定负荷时的最高允许温度。

按发热条件选择导体截面时，应使其允许载流量 I_{al} 大于等于线路正常工作时最大负荷电流即计算电流 I_{30}，即

$$I_{al} \geqslant I_{30} \tag{5-19}$$

如果导体敷设地点的环境温度与导体允许载流量所采用的环境温度不同时，则导体的允许载流量应乘以温度较正系数 K_θ。

$$K_\theta = \sqrt{(\theta_{al} - \theta'_0)/(\theta_{al} - \theta_0)}$$

式中　θ_{al}——导体额定负荷时的最高允许温度；

θ'_0——导线敷设地点的实际环境温度；

θ_0——导体的允许载流量所采用的环境温度。

考虑温度修正后，按发热条件选择导体截面应满足下式

$$K_\theta I_{al} \geqslant I_{30} \tag{5-20}$$

附表 C-21~附表 C-26 列有母线、导线、电缆的允许载流量，供参考。

对于低压配电线路的导体截面选择，除满足式（5-19）或（5-20），其允许电流还需与熔断器熔体的额定电流或低压断路器脱扣器的整定电流相配合，以便保证在线路过负荷或短路时能及时切断线路电流，保护导线（或电缆）不被毁坏。

据长期实验研究结果表明，只要熔断器熔体额定电流 I_{NFE} 和低压断路器瞬时或短延时脱扣器的整定动作电流与导线的允许电流之比满足表 5-2 中的要求，即可起到短路保护作用。

低压线路保护装置与导线允许电流的配合关系　　　　　　　　表 5-2

回路名称	导线或电缆种类及敷设方法	电流倍数	
		熔断器	断路器
动力支线 动力干线	裸线、穿管线及电缆	$I_{NFE}/I_{al} < 2.5$ $I_{NFE}/I_{al} < 1.5$	$I_{op(1)}/I_{al} < 1$ （长延时）
动力支线	明敷单芯绝缘线	$I_{NFE}/I_{al} < 1.5$	
照明线		$I_{NFE}/I_{al} < 1$	

如果用熔断器或断路器作为线路的过负荷保护，则熔体的额定电流或断路器长延时脱扣器的整定动作电流应不大于导线长期允许电流的 80%（橡皮绝缘线）或 100%（低绝缘电缆）。

当不满足要求时，应加大导线截面。另外，对于低压中性线（即 N 线）及保护地线（即 PE 线）截面的选择，一般按不小于相线的 50%~60% 来选。但对于保护线，考

虑到短路热稳定度的要求，当相线截面小于或等于 $16mm^2$ 时，保护线应与相线截面相等（即 $A_\varphi = A_{PE}$）；如果中性线兼作保护线（PEN 线），也应如此。

[例 5-3] 有一条采用 BLV-500 型铝芯塑料线明敷的 220/380V 的 TN-S 线路，计算电流为 52A，当地最热月平均最高气温为 +35℃。试按发热条件选择此线路的导线截面。

解：1. 相线截面的选择

查附表 C-26 得 35℃时明敷的 BLV-500 型截面为 $16mm^2$ 的铝芯塑料线

$$I_{al} = 69A > I_{30} = 52A \quad A_\varphi = 16mm^2$$

2. N 线的选择

$$A_0 \geqslant 0.5A_\varphi \quad 故选 A_0 = 10mm^2$$

3. PE 线的选择

$$\because A_\varphi = 16mm^2$$

$$\therefore A_{PE} = A_\varphi = 16mm^2$$

所选线路导线型号为 BLV-500-（3×16+1×10+PE16）。

5.3.2.2 按经济电流密度选择导线截面

导线的截面越大，电能损耗就越小，但是线路投资、维修管理费用和有色金属消耗量都要增加，从全面的经济效益考虑，即使线路的年运行费用接近最小又适当考虑有色金属节约的导线截面，称为经济截面，用 A_{ec} 表示。各国根据其具体的国情，特别是有色金属资源情况，规定了导线和电缆的经济电流密度，我国现行的经济电流密度规定如表 5-3 所示。

输电线路经济电流密度　　　　　　　　　　　　　表 5-3

年最大负荷利用小时（h/a）		<3000（一班制）	3000~5000（二班制）	>5000（三班制）
架空线	裸铝绞线及钢芯铝绞线	1.65	1.15	0.9
	裸铜绞线	3.0	2.25	1.75
电缆线	铝芯	1.92	1.73	1.54
	铜芯	2.5	2.25	2.0

按经济电流密度计算 A_{ec} 的公式为

$$A_{ec} = \frac{I_{30}}{j_{ec}} \tag{5-21}$$

式中　I_{30}——线路计算电流（A）；

j_{ec}——经济电流密度（A/mm²）；

A_{ec}——经济截面（mm²）。

由 A_{ec} 数值查表选择最接近的标准截面（可取较小的标准截面）。

5.3.2.3 按允许电压损失选择导线截面

线路电压损失不能超过允许值。当线路的电压损失越大，线路末端电压偏移额定值就越大。所以在配电设计时，应按照用电设备端电压偏移允许值（详见表 5-4）的要求和变压器高压侧电压偏移的具体情况来确定线路电压损失的允许值。当缺乏资料时，对线路电压损失允许值可参阅表 5-5 中的数值。

用电设备端子电压偏移允许值   表 5-4

名　　称	使用场所	电压偏移允许值（％）
电动机	正常情况 特殊情况	+5～－5 +5～－10
照明灯	视觉要求较高场所 一般场所 远离变电所场所 应急、道路、警卫照明等	+5～－2.5 +5～－5 +5～－10 +5～－10
其他用电设备 无特殊规定时		+5～－5

线路电压损失允许值   表 5-5

名　　称	允许电压损失（％）
从配电变压器二次侧母线算起的低压线路	5
从配电变压器二次母线算起供有照明负荷的低压线路	3～5
从 110（35）/10（6）kV 变压器二次母线算起的 10（6）kV 线路	5

1. 线路电压损失计算

（1）带有一集中负荷的放射式线路电压损失计算。如图 5-51 所示，线路末端带一集中三相负荷，各相电流相等，各相电流、电压相位相同，故可计算一相的电压损失，再按一般方法换算为三相线路的线电压损失。

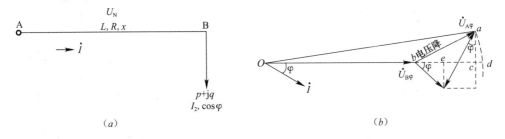

图 5-51　带有一集中负荷的放射线路电压损失计算
（a）单线图；（b）相量图

图 5-51（a）表示一相线路的电阻 R、电抗 X、长度 L、三相功率 $p+jq$，忽略线路功率损耗时：

$$I = I_2 = \frac{p}{\sqrt{3}U_N\cos\varphi}$$

图 5-51（b）为以 $\dot{U}_{ba} = \dot{U}_{A\varphi} - \dot{U}_{B\varphi} = \overrightarrow{oa} - \overrightarrow{ob} = \overrightarrow{ba}$

又据电压损失的定义：即电压损失等于线路首端电压与末端电压的代数差。即：

$$\Delta U_\varphi = U_{A\varphi} - U_{B\varphi} = oa - ob = od - ob = bd = bc + cd$$

由图 5-51（b）中可看出，电压损失近似等于电压降落的横分量（即 $\overrightarrow{bc}$，cd 很小可忽略）。又因为：

$$bc = be + ec = IR\cos\varphi + IX\sin\varphi$$

故有：

$$\Delta U_\varphi = IR\cos\varphi + IX\sin\varphi$$

$$= \frac{p \cdot R\cos\varphi}{\sqrt{3}U_N} + \frac{p \cdot X\sin\varphi}{\sqrt{3}U_N \cdot \cos\varphi}$$

$$= \frac{pR}{\sqrt{3}U_N} + \frac{qX}{\sqrt{3}U_N}$$

所以线电压损失为：

$$\Delta U = \sqrt{3}U_\varphi = \frac{pR + qX}{U_N}$$

写成百分数形式为：

$$\Delta U\% = \frac{pR + qX}{10U_N^2}$$

式中　　p、q——末端三相平衡的有功、无功负荷（kW、kvar）；

R、X——一相线路的电阻和电抗（Ω）；

U_N——线路的标称电压（kV），ΔU 是线路电压损失（V）。

附表 C-28～附表 C-36 列有母线、导线、电缆的单位长度的电阻及电抗值，供参考。

（2）沿途带有多个负荷的树干式线路电压损失计算。图 5-52（a）所示为带两个集中负荷的三相线路。各线段中电流用 $\dot I_1$ 和 $\dot I_2$ 表示，负荷电流用 i_1、i_2 表示，各线段长度及每相电阻和电抗分别用 l_1、r_1、x_1 及 l_2、r_2、x_2 表示，而各负荷点的负荷电流及到首端的长度与每相的电阻、电抗分别用 i_1、L_1、R_1、X_1 和 i_2、L_2、R_2、X_2 表示。

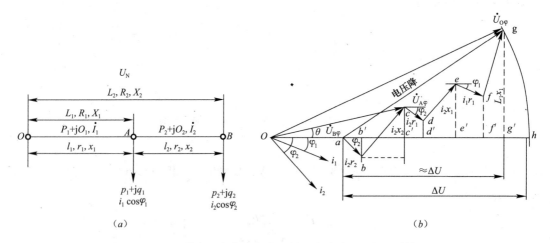

图 5-52　带有两个集中负荷的树干式线路电压损失计算
（a）单线图；（b）相量图

仍以末端 $\dot U_{B\varphi}$ 为参考轴绘制一相线路的电压、电流相量图（如图 5-52（b）所示）。在此需说明：在图 5-52（b）中，考虑到 $\dot U_{A\varphi}$ 与 $\dot U_{B\varphi}$ 的相位差角 θ 较小，所以把负荷电流 i_1 与 $\dot U_{A\varphi}$ 间的相位差角 φ_1 近似地绘成 i_1 与 $\dot U_{B\varphi}$ 间的相位差角。

同样根据电压降落在电压损失的定义，并参见图 5-52（b）知：

$$\Delta \dot U_\varphi = \overrightarrow{og} - \overrightarrow{oa} = \overrightarrow{ag} \quad （电压降落）$$

$$\Delta U_\varphi = og - \alpha a = oh - \alpha a = ah \approx ag' \quad （电压损失）$$

即线路相电压损失近似等于相电压降落在参考轴（横轴）上的投影。也就是：

$$\Delta U_\varphi = ah \approx ag' = ab' + b'c' + c'd' + d'e' + e'f' + f'g'$$

$$= i_2 r_2 \cos\varphi_2 + i_2 x_2 \sin\varphi_2 + i_2 r_1 \cos\varphi_2 + i_2 x_1 \sin\varphi_2 + i_1 r_1 \cos\varphi_1 + i_1 x_1 \sin\varphi_1$$

$$= i_2 (r_2 + r_1) \cos\varphi_2 + i_2 (x_2 + x_1) \sin\varphi_2 + i_1 r_1 \cos\varphi_1 + i_1 x_1 \sin\varphi_1$$

$$= i_2 R_2 \cos\varphi_2 + i_2 X_2 \sin\varphi_2 + i_1 R_1 \cos\varphi_1 + i_1 X_1 \sin\varphi_1$$

由相电压损失换算为线电压损失，并把 i_1 和 i_2 用 $\dfrac{p_1}{\sqrt{3}U_N \cos\varphi_1}$ 和 $\dfrac{p_2}{\sqrt{3}U_N \cos\varphi_2}$ 表示，则

得：

$$\Delta U = \sqrt{3}\Delta U_\varphi = \frac{p_1 R_1 + q_1 X_1 + p_2 R_2 + q_2 X_2}{U_N} \tag{5-22}$$

写成百分数形式为：

$$\Delta U\% = \frac{p_1 R_1 + q_1 X_1 + p_2 R_2 + q_2 X_2}{10 U_N^2} \tag{5-23}$$

如果写成通式则为：（支线法）

$$\sum \Delta U = \frac{\sum\limits_{i=1}^{n} p_i R_i}{U_N} + \frac{\sum\limits_{i=1}^{n} q_i X_i}{U_N} \text{（V）} \tag{5-24}$$

$$\sum \Delta U\% = \frac{\sum\limits_{i=1}^{n} p_i R_i}{10 U_N^2} + \frac{\sum\limits_{i=1}^{n} q_i X_i}{10 U_N^2} \tag{5-25}$$

若用线段功率 P、Q 来计算（干线法），则

$$\sum \Delta U = \frac{\sum\limits_{i=1}^{n} P_i r_i}{U_N} + \frac{\sum\limits_{i=1}^{n} Q_i x_i}{U_N} \tag{5-26}$$

$$\sum \Delta U\% = \frac{\sum\limits_{i=1}^{n} P_i r_i}{10 U_N^2} + \frac{\sum\limits_{i=1}^{n} Q_i x_i}{10 U_N^2} \tag{5-27}$$

若全线同截面，则 $R_i = r_0 L_i$，$r_i = r_0 l_i$，$X_i = x_0 L_i$，$x_i = x_0 l_i$

所以电压损失又可以写成负荷矩形式：

$$\sum \Delta U\% = \frac{r_0 \sum\limits_{i=1}^{n} p_i L_i}{10 U_N^2} + \frac{x_0 \sum\limits_{i=1}^{n} q_i L_i}{10 U_N^2} \tag{5-28}$$

$$\sum \Delta U\% = \frac{r_0 \sum\limits_{i=1}^{n} P_i l_i}{10 U_N^2} + \frac{x_0 \sum\limits_{i=1}^{n} Q_i l_i}{10 U_N^2} \tag{5-29}$$

式 (5-22) ～式 (5-29) 中：

$p_i q_i$——各负荷点的有功和无功负荷（kW，kvar）；

P_i、Q_i——各线段有功和无功负荷（kW，kvar）；

R_i、X_i、L_i——各负荷点到首端每相线路的总电阻、总电抗和总长度（Ω，Ω，km）；

r_i、x_i、l_i——各线段每相线路的电阻、电抗、长度（Ω，Ω，km）；

U_N——线路标称电压（kV）。

对于无感线路即 $\cos\varphi \approx 1$，则

$$\sum \Delta U\% = \frac{\sum\limits_{i=1}^{n} P_i r_i}{10U_N^2} = \frac{\sum\limits_{i=1}^{n} p_i R_i}{10U_N^2} \tag{5-30}$$

对于全线同型号截面的无感线路，则

$$\sum \Delta U\% = \frac{r_0\sum\limits_{i=1}^{n} P_i l_i}{10U_N^2} = \frac{r_0\sum\limits_{i=1}^{n} p_i L_i}{10U_N^2} = \frac{r_0\sum\limits_{i=1}^{n} M_i}{10U_N^2} \tag{5-31}$$

对于均一无感的单相交流线路和直流线路

$$\sum \Delta U\% = \frac{2r_0\sum\limits_{i=1}^{n} M_i}{10U_N^2} \tag{5-32}$$

对于均一无感的两相三线线路

$$\sum \Delta U\% = \frac{2.25r_0\sum\limits_{i=1}^{n} M_i}{10U_N^2} \tag{5-33}$$

2. 按允许电压损失选择（或校验）导线截面

从电压损失计算式可知，电压损失由两部分构成：即 $\Delta U_a\% = \dfrac{r_0\sum\limits_{i=1}^{n} p_i L_i}{10U_N^2}$ 和 $\Delta U_r\% = \dfrac{x_0\sum\limits_{i=1}^{n} q_i L_i}{10U_N}$ 之和。因为线路上单位长度电抗 x_0 随导线截面变化较小，而且其变化范围约为 $0.35\sim0.4\Omega/\mathrm{km}$，所以，当线路需求的电压损失已知（设为 $\Delta U_{al}\%$）时，线路电抗引起的电压损失 $\Delta U_r\%$ 部分可按 $x_0=0.35\sim0.4\Omega/\mathrm{km}$ 中的某值求得，而另一部分电压损失则为：$\Delta U_a\% = \Delta U_{al}\% - \Delta U_r\%$

即：

$$\frac{r_0\sum\limits_{i=1}^{n} p_i L_i}{10U_N^2} = \Delta U_{al}\% - \frac{x_0\sum\limits_{i=1}^{n} q_i L_i}{10U_N^2}$$

将 $r_0 = \rho\dfrac{1}{A} = \dfrac{1}{\gamma A}$ 代入后，得：

$$\frac{\sum\limits_{i=1}^{n} p_i L_i}{10\gamma A \cdot U_N^2} = \Delta U_{al}\% - \frac{x_0\sum\limits_{i=1}^{n} q_i L_i}{10^2 U_N}$$

所以

$$A = \frac{\displaystyle\sum_{i=1}^{n} p_i L_i}{10\gamma U_{\mathrm{N}}^2 \cdot \left[\Delta U_{\mathrm{al}}\% - \dfrac{x_0 \displaystyle\sum_{i=1}^{n} q_i L_i}{10 U_{\mathrm{N}}^2} \right]} \qquad (5\text{-}34)$$

式中 $\Delta U_{\mathrm{al}}\%$ ——线路允许的电压损失百分数,如 5%;

γ ——导线的电导率,铜线为 $0.053\mathrm{km}/(\Omega \cdot \mathrm{mm}^2)$,铝线为 $0.032\mathrm{km}/(\Omega \cdot \mathrm{mm}^2)$;

U_{N} ——线路标称电压 (kV);

x_0 ——线路上单位长度电抗,按 $0.35\sim0.4\Omega/\mathrm{km}$ 取某数;

p_i、q_i、L_i ——沿线路各集中负荷点的有功和无功负荷及到首端的距离 (kW, kvar, km)。

最后,根据(5-34)式计算值选取接近的标准截面,并查取该截面的 r_0 和 x_0 值,代入电压损失计算式中校验其电压损失是否超过允许值 $\Delta U_{\mathrm{al}}\%$。如果小于或等于 ΔU_{al},则所选截面可以满足要求,否则应重选,直到满意为止。

对于同一型号截面的无感线路

$$A = \frac{\displaystyle\sum_{i=1}^{n} M_i}{10\gamma U_{\mathrm{N}}^2 \Delta U_{\mathrm{al}}\%} \qquad (5\text{-}35)$$

5.3.2.4 按机械强度校验导线截面

导线应有足够的机械强度。架空线路要经受风雪,覆冰和气温变化等多种因素的影响,所以必须要有足够的机械强度来保证它的安全运行。架空线路按其重要程度一般分为三级:电压高于 35kV 的线路可划为一级;电压为 $1\sim35\mathrm{kV}$ 的线路为二级;低于 1kV 的线路为三级。不同等级的电力线路,按机械强度要求的最小导线截面,必须满足表 5-6 及表 5-7 的数值。

架空线路按机械强度要求的最小允许导线截面(mm^2)　　　　表 5-6

导线种类	35kV 线路	6~10kV 线路		1kV 以下线路
		居民区	非居民区	
铝及铝合金线	35	35	25	16 (与铁路交叉 跨越时为 35)
钢芯铝绞线	25	25	16	
铜　　线	16	16	16	10

绝缘导线按机械强度要求的最小截面(芯线)　　　　表 5-7

导线种类及使用场所		导线芯线最小允许截面(mm^2)		
		铜芯软线	铜线	铝线
照明用灯头线	民用建筑户内	0.4	0.5	2.5
	工业建筑户内	0.5	0.8	2.5
	户外	—	1.0	2.5

续表

导线种类及使用场所			导线芯线最小允许截面（mm²）		
			铜芯软线	铜线	铝线
移动式用电设备	生活用		0.2	—	—
	生产用		1.0	—	—
敷设在绝缘支持件上的绝缘导线的支持间距 L 为	室内	$L \leq 2m$	—	1.0	2.5
	室外	$L \leq 2m$	—	1.5	2.5
		$2m < L \leq 6m$	—	2.5	4
		$6m < L \leq 15m$	—	4	6
		$15m < L \leq 25m$	—	6	10
穿管敷设				1.0	2.5
PE 线和 PEN 线	有机械保护			1.5	2.5
	无机械保护			2.5	4

　　将按其他方法选择出的导线截面与满足机械强度要求的最小截面（参见表 5-6 及表 5-7）进行比较，只要所选择的导线截面大于或等于最小截面即可。

　　以上所述导线（及电缆）截面的选择方法，一般先按某种方法选择，再按其他方法校验，以满足其基本要求。

　　据经验，35kV 及以上高压架空线路按经济电流密度选择，然后校验发热条件、电压损失及机械强度；而 6～10kV 线路多以允许电压损失选择，再校验发热条件和机械强度。对于低压线路，因为距离较短，电压损失不是主要问题，多以发热条件选择并校验机械强度。对于电压质量要求较高的照明线路，也可按电压损失选择，然后校验发热条件和机械强度。这样做可以较少返工。

　　另外，选择电缆线和绝缘线必须满足电压等级要求，电缆线还要校验短路电流热稳定性，但不必校验机械强度。

　　[例 5-4]　某 10kV 架空线路向两个集中负荷供电，各负荷点的距离和负荷大小如图 5-53 所示。架空线路相间距离为 0.8m，水平排列，全线同截面，要求电压损失不得超过 5%。当地最热月平均最高温度为 32℃。试选铝绞线截面大小。

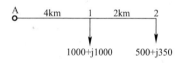

图 5-53　例 5-4 的示意图

　　解：

　　解法 1.　先按允许电压损失选择。设 $x_0 = 0.35\Omega/km$。铝绞线电导率 $\gamma = 0.032 km/(\Omega \cdot mm^2)$。

　　因为
$$\Delta U_r\% = x_0 \sum_{i=1}^{2} q_i L_i / 10 U_N^2$$

$$= \frac{0.35 \times (1000 \times 4 + 350 \times 6)}{10 \times 10^2} = 2.135$$

　　所以
$$\Delta U_a\% = \Delta U_{al}\% - \Delta U_r\% = 5 - 2.135 = 2.865$$

$$A = \frac{\sum_{i=1}^{2} p_i L_i}{\gamma \cdot 10 U_N^2 (\Delta U_{al}\% - \Delta U_r\%)} = \frac{(1000 \times 4 + 500 \times 6)}{0.032 \times 10 \times 10^2 \times 2.865} = 76.35 \ mm^2$$

　　据 A 值查附表 C-33 选取 LJ-95mm²，当几何均距 $a_{av} = 1.26 \times 0.8 = 1.008 = 1m$ 时，查得：

$$x_0 = 0.335\Omega/\text{km}, \quad r_0 = 0.34\Omega/\text{km}$$

校验电压损失：

$$\Delta U\% = \frac{r_0 \sum\limits_{i=1}^{2} p_i L_i + x_0 \sum\limits_{i=1}^{2} q_i L_i}{10 U_N^2}$$

$$= \frac{0.34 \times (1000 \times 4 + 500 \times 6) + 0.335 \times (1000 \times 4 + 350 \times 6)}{10 \times 10^2}$$

$$= 4.4235 < 5 \quad (\text{满足})$$

$K_\theta I_{al} \geq I_{30}$ 校验允许电流：

因为
$$K_\theta = \sqrt{\frac{\theta_{al} - \theta'_0}{\theta_{al} - \theta_0}} = \sqrt{\frac{70-32}{70-25}} = 0.919$$

查表得：LJ-95 在 25℃时，$I_{al} = 325$（A）

因为
$$I_{30} = \frac{S_{30}}{\sqrt{3}U_N} = \frac{\sqrt{(1000+500)^2 + (1000+350)^2}}{\sqrt{3} \times 10} = 116.52\text{A}$$

所以
$$K_\theta I_{al} = 0.919 \times 325 = 298.675 > I_{30} = 116.32 (\text{满足})$$

校验机械强度：

因为
$$\text{LJ-95} > \text{LJ-35} \quad (\text{满足})$$

因此所选 LJ-95 导线完全满足要求。

解法 2. 先按发热条件选择截面。因为 $I_{30} = 116.52\text{A}$，查附表 C-21 得：

LJ-25，截面 $A = 25\text{mm}^2$，载流量 $I_{al} = 135\text{A}$，所以

$$K_\theta I_{al} = 0.919 \times 135 = 124.07 > I_{30} = 116.32$$

据 A 值查附表 C-33 选取 LJ-25mm^2，当几何均距 $a_{av} = 1.26 \times 0.8 = 1.008 = 1\text{m}$ 时，查得：

$$x_0 = 0.377\Omega/\text{km}, \quad r_0 = 1.28\Omega/\text{km}$$

校验电压损失：

$$\Delta U\% = \frac{r_0 \sum\limits_{i=1}^{2} p_i L_i + x_0 \sum\limits_{i=1}^{2} q_i L_i}{10 U_N^2}$$

$$= \frac{1.28 \times (1000 \times 4 + 500 \times 6) + 0.377 \times (1000 \times 4 + 350 \times 6)}{10 \times 10^2}$$

$$= 11.26 > 5$$

不满足，截面太小，电压损失太大，故重新选择。选择截面 $A = 95\text{mm}^2$，校验过程见解法 1。

思 考 题

5-1 电气设备选择的一般原则是什么？

5-2 高压断路器有哪些功能？根据其灭弧介质的不同分为哪几类？

5-3 高压隔离开关有哪些功能？能否带负荷操作？与高压断路器有何区别？

5-4　高压负荷开关有哪些功能？在采用负荷开关的电路中采用什么措施保护短路？

5-5　高压熔断器有哪些功能？"限流"及"非限流"式熔断器是何意义？

5-6　高压开关柜的功能是什么？常用的高压开关柜有哪些类型？

5-7　低压断路器有哪些功能？按结构形式分为哪两大类？

5-8　低压配电屏的功能是什么？常用的低压配电屏有哪些类型？

5-9　电流互感器、电压互感器各有哪些功能？有哪些注意事项？电流互感器在工作时其二次侧能否开路？电压互感器在工作时其二次侧能否短路？为什么？

5-10　导线截面选择需满足哪些基本条件？

习　　题

5-1　某 6kV 高压配电所进线上负荷电流为 313.7A，拟装一台 SN10-10 型高压断路器，其主保护动作时间为 0.9s，断路器的断路时间为 0.2s，该配电所 6kV 母线上的 $I_k^{(3)}$ 为 20kA。试选高压断路器、高压隔离开关及电流互感器的型号规格。

5-2　有一条采用 BV-450 型导线穿塑料管的 220/380V 的 TN-S 线路，计算电流为 75A，环境温度为 25℃。试按发热条件选择此线路的导线截面及穿管管径。

5-3　有一条长 50m 的电机支线，导线单位长度电阻及电抗分别为 $r_0 = 0.92\Omega/km$，$x_0 = 0.336\Omega/km$，电机容量 $P_N = 80kW$，$\eta_N = 0.85$，$\cos\varphi_N = 0.8$，$U_N = 0.38kV$。试校验此线路的电压损失是否符合要求。

5-4　试选择一条供电给两台低损耗配电变压器的 10kV 线路 LJ 型铝绞线截面。全线截面一致，线路长度及变压器形式容量如图 5-54。设全线允许电压损失 5%，两台变压器的年最大负荷利用小时均为 4500h，$\cos\varphi = 0.9$。当地环境温度为 35℃，三相导线水平等距排列，线距 1m。（提示：先求出变压器高压侧的有功和无功计算负荷）

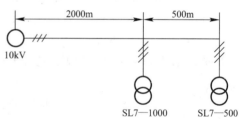

图 5-54　习题 5-4 的线路图

第6章 供配电系统电能质量

要提高电力系统的电能质量，主要是提高电压、频率和波形的质量。电能质量主要指标包括电压偏移、电压波动和闪变、频率偏差、谐波（电压谐波畸变率和谐波电流含有率）。本章主要讲述电压偏移、电压波动、谐波的概念与影响，以及国家标准对它们的质量评价指标及改善措施。

6.1 电压偏移及改善措施

6.1.1 电压偏移

1. 电压偏移的含义及其计算

电压偏移，或称电压偏差，是指供配电系统在正常运行方式下，系统各点瞬间的端电压 U 与其系统标称电压 U_N 的偏差，通常用它对标称电压 U_N 的百分值来表示，即

$$\Delta U\% = \frac{U - U_N}{U_N} \times 100\% \tag{6-1}$$

2. 电压偏移对设备运行的影响

电压偏移对设备的工作性能和使用寿命有很大的影响。

（1）对感应电动机的影响。当感应电动机的端电压过低时，由于其转矩与端电压平方成正比，因此当电压下降时转矩降低更为严重，会使电动机的运行情况恶化。当感应电动机的端电压比其额定电压低 10% 时，其实际转矩将只有额定转矩的 81%，而负荷电流将增大 5%～10% 以上，温升将增高 10%～15% 以上，绝缘老化程度将比规定增加一倍以上，从而明显地缩短电机的寿命。而且由于转矩减少，转速下降，不仅会降低生产效率，减少产量，而且还会影响产品质量，增加废、次品。当其端电压偏高时，负荷电流和温升也将增加，绝缘老化加剧，甚至击穿，对电机也是不利的，也要缩短电机寿命。

（2）对同步电动机的影响。当同步电动机的端电压偏高或偏低时，转矩也要按电压平方成正比变化，因此同步电动机的端电压偏差，除了不会影响其转速外，其他如对转矩、电流和温升等的影响，与感应电动机相同。

（3）对电光源的影响。电压偏差对白炽灯的影响最为显著。电压过低会使白炽灯不能正常发光。当白炽灯的端电压降低 10% 时，灯泡的使用寿命将延长 2～3 倍，但发光效率将下降 30% 以上，灯光明显变暗，照度降低，严重影响人的视力健康，降低工作效率，还可能增加事故。当其端电压升高 10% 时，发光效率将提高 1/3，但其使用寿命将大大缩短，只有原来的 1/3。电压偏差对日光灯及其他气体放电灯的影响不像对白炽灯那么明显，但也有一定的影响。当其端电压偏低时，灯管不易起燃。如果多次反复起燃，则灯管寿命将大受影响。而且电压降低时，照度下降，影响视力工作。当其电压偏高时，灯管寿

命又要缩短。

另外，电压过低使电气设备不能充分利用。当电压降低到额定值的80％时，线路和变压器的电能输送容量只为额定值的64％，移相电容器的无功功率也降低为额定值的64％。

电压过低也会使功率和电能损失增加，设备所需的功率不变，线路输送的功率也不变时，由于电压降低，使线路中电流增大，从而使系统中功率损耗和电能损耗也增大。

3. 国家标准对电压偏差的评价指标

我国有关电能质量的国家标准，其中《电能质量·供电电压允许偏差》GB/T 12325—2008是对电压偏差的质量评估指标。其规定：

35kV及以上供电电压正、负偏差的绝对值之和不超过标称电压的10％。如供电电压上下偏差同号时，按较大偏差的绝对值作为衡量的依据。

20kV及以下三相供电电压允许偏差为±7％。

220V单相供电电压允许偏差为+7％、−10％。

《供配电系统设计规范》GB 50052—2009规定：正常运行情况下，用电设备端子处电压偏差的允许值宜符合下列要求：

电动机为±5％。

照明：在一般工作场所为±5％；对于远离变电所的小面积一般工作场所，难以满足上述要求时，可为+5％、−10％；应急照明、道路照明和警卫照明等为+5％、−10％。

其他用电设备，当无特殊规定时为±5％。

不满足以上要求时，需采取措施进行改善。

6.1.2 改善电压偏差的主要措施

为了满足用电设备对电压偏差的要求，一般的工业和民用建筑供配电系统在设计、运行时也必须采用相应的电压调整措施。

1. 合理选择变压器的电压比和电压分接头

由于电网各点的电压水平高低不一，因此合理选择电力变压器的电压比（如选35±2×2.5％/10.5kV的电压比还是选38.5±2×2.5％/10.5kV的电压比）和电压分接头，可使最大负荷引起的电压负偏差与最小负荷引起的电压正偏差得到调整，使之保持在各自的合理范围内，但这只能改变电压水平而不能减小电压偏差的范围。

2. 正确选择无载调压型变压器的电压分接头或采用有载调压型变压器

我国的中小型建筑楼（群）供电系统中应用的6～10kV电力变压器（容量1000kVA以下），一般为无载调压型，其高压绕组（即一次绕组）设有+5％、0％、−5％三个电压分接头，并装设有无载调压分接开关。如果设备端电压偏高，则应将分接开关换接到+5％的分接头，以降低设备端电压。如设备端电压偏低，则应将分接开关换接到−5％的分接头，以升高设备端电压。但这只是改变了用电设备端的电压水平，使之更接近于设备的额定电压，从而缩小电压偏差的范围。如果用电负荷中有的设备对电压要求严格，采用无载调压型变压器满足不了要求，而这些设备单独装设调压装置在技术经济上又不合理时，可采用有载调压型变压器，使之在负荷情况下自动地调节电压，保证设备端电压的稳定。

另外，对于大型建筑楼（群）35kV降压变电所的主变压器，在电压偏差不能满足要求时，应改用有载调压型变压器。

35kV 以上电压变电所的降压变压器，直接向 6、10 或 35kV 电网送电时应采用有载调压型变压器，而且宜采用"逆调压方式"，即负荷大时，电网电压向高调，负荷小时，电网电压向低调，以补偿电网的电压损耗。逆调压的范围为额定电压的 0%～ +5%。

3. 减小线路电压损失

由于供电系统中的电压损耗与系统中各元件包括电力变压器和线路的阻抗成正比，因此可考虑减少系统的变压级数；增大导线电缆的截面或以电缆取代架空线等来减少系统阻抗；尽可能使高压深入负荷中心；按允许电压损失选择导线截面；设置无功功率补偿等来降低电压损耗，从而缩小电压偏差，达到电压调整的目的。但是增大导线电缆的截面以及以电缆取代架空线来供电，要增加线路投资，所以应进行技术经济的分析比较，合理时才采用。

4. 尽量使系统的三相负荷均衡

由于建筑楼（群），特别是民用和办公楼单相设备较多，如果三相负荷分布不均衡，则将使负荷端中性点电位偏移，造成有的相电压升高，从而增大线路的电压偏差。为此，应使三相负荷分布尽可能均衡，以降低电压偏差。

6.2　电压波动及其抑制

6.2.1　电压波动有关概念

1. 电压波动的含义及其计算

电压波动是指电压方均根值（有效值）一系列的变动或连续的改变。它是波动负荷（生产过程中周期性或非周期性地从供电网中取用变动功率的负荷，例如炼钢电弧炉、轧钢机、电弧焊机等）引起连续的电压变动或电压幅值包络线的周期性变动，图 6-1 即为电压波动波形。其变动过程中相继出现的电压最大值 U_{max} 与最小值 U_{min} 之差称之为电压波动值，常用 U_{max} 与 U_{min} 之差对电网标称电压 U_N 的百分值来表示，即

$$d = \frac{U_{max} - U_{min}}{U_N} \times 100 \tag{6-2}$$

电压变动的频度 r 用单位时间内电压变动的次数来表示，即

$$r = m/T \tag{6-3}$$

式中　m——某一规定时间内电压变化的次数，电压波动波形上相邻两个极值之间的变化过程称为一次电压波动，如图 6-1 中 $t_1 \sim t_2$ 和 $t_2 \sim t_3$ 等各为一次电压波动。

　　　　T——统计频度的时段，取引起电压波动的冲击性负荷一个周期。根据规定，电压变化的速度低于 0.2% 的电压变化不统计在变化次数中，如图 6-1 中 $t_6 \sim t_7$；同一方向的变化，如间隔时间（一次变化结束到下次变化开始的时间段）不大于 30ms，则算一次变化。

2. 电压波动的产生与危害

电压波动是由于负荷急剧变动的冲击性负荷所引起。负荷急剧变动，使电网的电压损

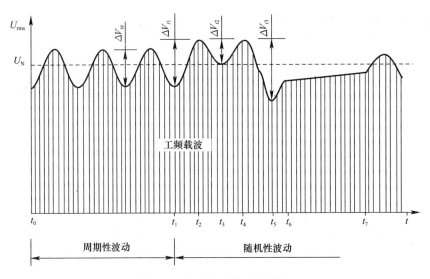

图 6-1　电压波动统计示意图

耗相应变动，从而使用户公共供电点的电压出现波动现象。例如电动机的启动、电焊机的工作，特别是大型电弧炉和大型轧钢机等冲击性负荷的工作，均会引起电网电压的波动。

电压波动可影响电动机的正常启动，甚至使电动机无法启动；对同步电动机还可引起其转子振动；可使电子设备、计算机和自控设备无法正常工作；可使照明灯发生明显的闪烁，严重影响视觉，使人无法正常生产、工作和学习。

3. 闪变及等效闪变值

闪变是指灯光照度不稳定造成的视觉感受，是电压波动在一段时间内的累计效果。由短时间闪变值 P_{st} 和长时间闪变值 P_{lt} 来衡量。引起灯光（照度）闪变的波动电压，称为闪变电压。

短时间闪变值 P_{st} 是衡量短时间（若干分钟）内闪变强弱的一个统计值，短时间闪变的基本记录周期为 10min。

长时间闪变值 P_{lt} 由短时间闪变值 P_{st} 推算出，反映长时间（若干小时）闪变强弱的量值，长时间闪变的基本记录周期为 2h。

各种类型电压波动引起的闪变均可采用符合 IEC 61000-4-15：1996 的闪变仪进行直接测量，这是闪变值判定的基准方法。对于三相等概率的波动负荷，可以任意选取一相测量。

当负荷为周期性等间隔矩形波（或阶跃波）时，闪变也可通过其电压变动 d 和频度 r 的曲线（或对应表格）进行有关估算。

6.2.2　国家标准对电压波动和闪变的评价指标

国家标准对电压波动和闪变的质量评估指标为《电能质量·电压波动和闪变》GB 12326—2008。其规定如下：

1. 电压波动的允许值

电力系统公共供电点由冲击性负荷产生的电压波动允许值，如表 6-1 所示。

电压波动允许值（依据 GB 12326—2008）　　　　　　表 6-1

变动频度 r（次/h）	电压波动允许值 d（%）	
	低、中压	高压
$r \leqslant 1$	4	3
$1 < r \leqslant 10$	3	2.5
$10 < r \leqslant 100$	2	1.5
$100 < r \leqslant 1000$	1.25	1

本标准中系统标称电压 U_N 等级按以下划分：

低压（LV）：$U_N \leqslant 1kV$。中压（MV）：$1kV \leqslant U_N \leqslant 35kV$。高压（HV）：$35kV \leqslant U_N \leqslant 220kV$。

2. 闪变电压的允许值

电力系统公共连接点，在系统正常运行的较小方式下，以一周（168h）为测量周期，所有长时间闪变值 P_{lt} 都应满足表 6-2 闪变允许值的要求。

闪变电压允许值（依据 GB 12326—2008）　　　　　　表 6-2

P_{lt}	
$\leqslant 110kV$	$\geqslant 110kV$
1	0.8

任何一个波动负荷，用户在电力系统公共连接点单独引起的闪变值一般应满足下列要求。

电力系统正常运行的较小方式下，波动负荷处于正常、连续工作状态，以一天（24h）为测量周期，并保证波动负荷的最大工作周期包含在内，测量获得的最大时间内闪变值和波动负荷退出时的背景闪变值，通过下列计算获得波动负荷单独引起的长时间闪变值：

$$P_{lt2} = \sqrt[3]{P_{lt1}^3 - P_{lt0}^3} \tag{6-4}$$

式中　P_{lt1}——波动负荷投入时的长时间闪变值；

P_{lt0}——背景闪变值，是波动负荷退出时一段时期内的长时间闪变测量值；

P_{lt2}——波动负荷单独引起的长时间闪变值。

波动负荷单独引起的长时间闪变值，根据用户负荷大小、其协议用电容量占总供电容量的比例以及电力系统公共连接点的状况，可分别按照三级做不同的规定和处理。

6.2.3 电压波动和闪变的抑制

抑制电压波动和闪变，可采取下列措施：

1. 采用合理的接线方式。对负荷变动剧烈的大型电气设备，采用专用线或专用变压器单独供电。这是最简单有效的办法。

2. 设法增大供电容量，减少系统阻抗，如将单回路线路改为双回路线路，或将架空线路改为电缆线路等，使系统的电压损耗减小，从而减小负荷变动时引起的电压波动。在系统出现严重的电压波动时，减少或切除引起电压波动的负荷。

3. 对大功率电弧炉的炉用变压器宜由短路容量较大的电网供电，一般是选用更高电压等级的电网供电。

4. 对大型冲击性负荷，如采取上述措施达不到要求时，可装设能"吸收"冲击无功功率的静止型补偿装置。SVC 是一种能吸收随机变化的冲击无功功率和动态谐波电流的无功补偿装置，其类型有多种，而以自饱和电抗器型的效能最好，其电子元件少，可靠性高，反应速度快，维护方便经济，且我国一般变压器厂均能制造，是最适于在我国推广应用的一种 SVC。

6.3　电网谐波及其抑制

6.3.1　电网谐波的有关概念

1. 电网谐波的含义及其估算

交流电网中，由于许多非线性电气设备的投入运行，其电压、电流波形实际上不是完全的正弦波形，而是不同程度畸变的周期性非正弦波。

谐波，是指对周期性非正弦交流量进行傅里叶级数分解所得到的大于基波频率整数倍的各次分量，通常又称为高次谐波。而基波是指其频率与工频相同的分量。谐波次数（h）是谐波频率与基波频率的整数比。

向公用电网注入谐波电流或在公用电网中产生谐波电压的电气设备，称为谐波源。

就电力系统中的三相交流发电机发出的电压来说，可认为其波形基本上是正弦量，即电压波形中基本上无直流和谐波分量。但是由于电力系统中存在着各种各样的"谐波源"，特别是随着大型变流设备和电弧炉等的广泛应用，使得高次谐波的干扰成了当前电力系统中影响电能质量的一大"公害"，亟待采取对策。

谐波含有率（电压或电流）是周期性电气量中含有的第 h 次谐波分量有效值与其基波分量有效值之比，用百分数表示。按《电能质量·公用电网谐波》GB/T 14549—93 规定，第 h 次谐波电压含有率（HRU_h）按下式计算

$$HRU_h = \frac{U_h}{U_1} \times 100\% \tag{6-5}$$

式中，U_h、U_1 为第 h 次谐波电压和基波电压的有效值，单位 kV。

第 h 次谐波电流含有率（HRI_h）按下式计算

$$HRI_h = \frac{I_h}{I_1} \times 100\% \tag{6-6}$$

式中，I_h、I_1 为第 h 次谐波电流和基波电流的有效值，单位 A。

谐波含量（电压或电流）是周期性电气量中含有的各次谐波分量有效值和方根（平方和的平方根）值。

谐波电压总含量（U_H）按下式计算

$$U_H = \sqrt{\sum_{h=2}^{\infty} (U_h)^2} \tag{6-7}$$

谐波电流总含量（I_H）按下式计算

$$I_H = \sqrt{\sum_{h=2}^{\infty} (I_h)^2} \tag{6-8}$$

总谐波畸变率表征波形畸变程度，是用周期性电气量中的谐波含量与基波分量有效值之比，用百分数表示。

电压总谐波畸变率（THD_u）按下式计算

$$THD_u = \frac{U_H}{U_1} \times 100\% = \frac{\sqrt{\sum_{h=2}^{\infty}(U_h)^2}}{U_1} \times 100\% \tag{6-9}$$

电流总谐波畸变率（THD_i）按下式计算

$$THD_i = \frac{I_H}{I_1} \times 100\% = \frac{\sqrt{\sum_{h=2}^{\infty}(I_h)^2}}{I_1} \times 100\% \tag{6-10}$$

2. 谐波的产生与危害

前面已经指出电网谐波的产生，主要在于电力系统中存在着各种各样的"谐波源"。系统中主要的"谐波源"可分为两大类。（1）含半导体非线性元件的谐波源。例如：各种整流设备、交直流换流设备、PWM 变频器、相控调制变频器及为节能和控制用的电力电子设备等。（2）含电弧和铁磁非线性设备的谐波源。例如：交流电弧炉、交流电焊机、荧光灯和高压汞灯等气体放电灯、发电机、变压器及铁磁谐振设备等。

如在系统和用户中存在谐波干扰，将会使系统中的电压和电流发生畸变。供电系统中的谐波源主要是谐波电流源，谐波电流通过电网将在电网阻抗上产生谐波电压降，从而导致谐波电压的产生。

谐波对电气设备的危害很大。谐波电流通过变压器，可使变压器的铁心损耗明显增加，从而使变压器出现过热，不仅增加能耗，而且使其绝缘介质老化加速，缩短使用寿命。谐波还能使变压器噪声增大。与变压器一样，谐波电流通过交流电动机，不仅会使电动机的铁心损耗明显增加，绝缘介质老化加速，缩短使用寿命，而且还会使电动机转子发生振动现象，严重影响机械加工的产品质量。谐波对电容器的影响更为突出，谐波电压加在电容器两端时，由于电容器对谐波的阻抗很小，因此电容器很容易发生过电流发热导致绝缘击穿甚至造成烧毁。此外，谐波电流可使电力线路的电能损耗和电压损耗增加；使计量电能的感应式电度表计量不准确；可使电力系统发生电压谐振，从而在线路上引起过电压，有可能击穿线路的绝缘；还可能造成系统的继电保护和自动装置发生误动作或拒动作，使计算机失控，电子设备误触发，电子元件测试无法进行；并可对附近的通信设备和通信线路产生信号干扰。

6.3.2　国家标准对电网谐波的评价指标

《电能质量·公用电网谐波》GB/T 14549—93 是目前我国对电网谐波的质量评估主要指标。

1. 谐波电压限值

根据国标规定公用电网谐波电压（相电压）限值，如表 6-3 所示。

公用电网谐波电压（相电压）限值（据 GB/T 14549—93）　　　表 6-3

电网标称电压（kV）	电压总谐波畸变率（%）	次谐波电压含有率（%）	
		奇次	偶次
0.38	5.0	4.0	2.0
6	4.0	3.2	1.6
10			

续表

电网标称电压（kV）	电压总谐波畸变率（%）	次谐波电压含有率（%）	
		奇次	偶次
35	3.0	2.4	1.2
66			
110	2.0	1.6	0.8

2. 谐波电流允许值

公共连接点的全部用户向该点注入的谐波电流分量（方均根值）不应超过表 6-4 规定的允许值。当公共连接点处的最小短路容量不同于表中基准短路容量时，应按下式修正表中的谐波电流允许值：

$$I_h = \frac{S_{k1}}{S_{k2}} I_{hp} \tag{6-11}$$

式中，S_{k1} 为公共连接点的最小短路容量（MV·A）；S_{k2} 为基准短路容量（MV·A）；I_{hp} 为表 6-4 中的第 h 次谐波电流允许值（A）；I_h 为短路容量为第 h 次谐波电流允许值（A）。

6.3.3 电网谐波的抑制

1. 抑制电网谐波，可采取下列措施

供各类大功率的非线性用电设备的变压器由短路容量较大的电网供电，一般可由更高电压等级的电网供电或由主变压器更大的电网供电。电网短路容量越大，则承受非线性负荷的能力越高。

注入公共电网连接点的谐波电流分量允许值（据 GB/T 14549—93）　　　表 6-4

额定电压（kV）	基准短路容量（MV·A）	谐波次数											
		2	3	4	5	6	7	8	9	10	11	12	13
		谐波电流允许值（A）											
0.38	10	78	62	39	62	26	44	19	21	16	28	13	24
6	100	43	34	21	34	14	24	11	11	8.5	16	7.1	13
10	100	26	20	13	20	8.5	15	6.4	6.8	5.1	9.3	4.3	7.9
35	250	15	12	7.7	12	5.1	8.8	3.8	4.1	3.1	5.6	2.6	4.7
66	500	16	13	8.1	13	5.4	9.3	4.1	4.3	3.3	5.9	2.7	5.0
110	750	12	9.6	6.0	9.6	4.0	6.8	3.0	3.2	2.4	4.3	2.0	3.7

额定电压（kV）	基准短路容量（MV·A）	谐波次数											
		14	15	16	17	18	19	20	21	22	23	24	25
		谐波电流允许值（A）											
0.38	10	11	12	9.7	18	8.6	16	7.8	8.9	7.1	14	6.5	12
6	100	6.1	6.8	5.3	10	4.7	9.0	4.3	4.9	3.9	7.4	3.6	6.8
10	100	3.7	4.1	3.2	6.0	2.8	5.4	2.6	2.9	2.3	4.5	2.1	4.1
35	250	2.2	2.5	1.9	3.6	1.7	3.2	1.5	1.8	1.4	2.7	1.3	2.5
66	500	2.3	2.6	2.0	3.8	1.8	3.4	1.6	1.9	1.5	2.8	1.4	2.6
110	750	1.7	1.9	1.5	2.8	1.3	2.5	1.2	1.4	1.1	2.1	1.0	1.9

2. 对大功率静止整流器，采取下列措施

（1）提高整流变压器二次侧的相数，增加整流器的整流脉冲数。例如有一台整流变压器，二次侧有三角形和星形三相线圈各一组，各接三相桥式整流器，将这两个整流器的直流输出串联或并联（加平衡电抗）接到直流负荷，即可得到 12 脉冲整流电路。整流脉冲数越高，次数低的谐波被消去，变压器一次侧的谐波含量就越少。

（2）多台相数相同的整流装置，使整流变压器的二次侧有适当的相位差。例如有两台 Ydy（即 Y/△Y）联结的整流变压器，若将其中一台加移相线圈，使两台变压器的一次侧主线圈有 15°相位差，则两台的综合效应在理论上可大大改善向电力系统注入的谐波。

3. 变压器采用合适的组别

宜采用 Dyn11 联结组别的三相配电变压器。三相整流变压器也宜采用 Yd 或 Dy 的联结方式，采用上述结线，可以消除 3 次及 3 的整数倍次的高次谐波，这些谐波在三角形联结的绕组内形成环流，不致注入公共电网中去。

以上的方法，主要通过改造谐波源以限制谐波源注入电网的谐波电流，把电力系统的谐波电压抑制在允许的范围之内，以确保电能质量和电力系统的安全、经济运行。除此还可用补偿的方法，主要是设置 LC 滤波器和有源电力滤波器。

4. 采用补偿的方法抑制谐波

（1）LC 滤波器

LC 滤波器也称为无源 LC 滤波器。它是由滤波电容器、电抗器和电阻器适当组合而成的 LC 滤波装置，与谐波源并联，除起滤波作用外，还能进行无功补偿。在谐波抑制方法中，LC 滤波器出现最早，且存在一些较难克服的缺点，但因其具有结构简单、设备投资较少、运行可靠性较高、运行费用较低等优点，因此至今仍是应用最多的方法。根据结构和原理的不同，LC 滤波器可分为单调谐滤波器、高通滤波器和双调谐滤波器等，实际应用中常用几组单调谐滤波器和一组高通滤波器组成滤波装置。

1）单调谐滤波器

图 6-2a 所示为单调谐振滤波器原理图。滤波器对 n 次谐波的阻抗为

$$Z_{fn} = R_{fn} + j\left(n\omega_s L + \frac{1}{n\omega_s C}\right) \tag{6-12}$$

式中，f_n 为第 n 次单调谐滤波器；ω_s 为系统角频率。

单调谐滤波器是利用串联 L、C 谐振原理构成的，谐振次数为

$$n = \frac{1}{\omega_s \sqrt{LC}} \tag{6-13}$$

电路阻抗频率特性如图 6-2（b）所示。在谐振点处，$Z_{fn} = R_{fn}$；因为 R 很小，n 次谐波电流主要由 R_{fn} 分流，而很少流入电网中。而对其他次数的谐波，$Z_{fn} \gg R_{fn}$；滤波器分流很少。由图 6-2 可知，只要将滤波器的谐振频率设定为需要滤除谐波的频率，则该次谐波电流的大部分流入滤波器，很少部分流入电网，从而达到滤除该次谐波的目的。

2）双调谐滤波器

双调谐滤波器的电路如图 6-3（a）所示。由 6-3（b）电路的阻抗频率特性可见，它有两个谐振频率，可以同时吸收这两个谐波频率的谐波，所以这种滤波器的作用相当于两个并联的单调谐滤波器。与两个单调谐滤波器相比，其基波损耗较小，且只有一个电感

L_1 承受全部冲击电压。正常运行时，串联电路的基波阻抗远大于并联电路的基波阻抗，所以并联电路所承受的工频电压比串联电路的低得多。另外，并联电路中的电容 C_2 容量一般较小，基本上只通过谐波无功容量。由于双调谐滤波器投资较少，近年来在一些高压直流输电工程中有所应用，但由于其结构复杂，调谐也困难，故工程上用得不是很广泛。

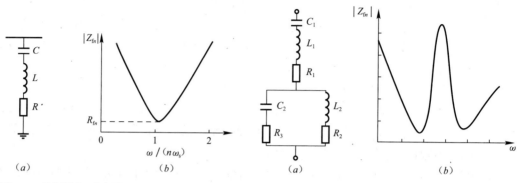

图 6-2　单调谐振滤波器原理图及阻抗频率特性
(a) 电路原理图；(b) 阻抗频率特性

图 6-3　双调谐振滤波器原理图及阻抗频率特性
(a) 电路原理图；(b) 阻抗频率特性

(2) 有源电力滤波器

传统的 LC 滤波器常称为无源滤波器，它在特定的滤波频率下，呈现出低阻抗，使谐波电流流向滤波器，而不流向电网，起到滤波作用。图 6-4 中的 HPF（High Pass Filter）为高通滤波器，其电路结构简单，运行维护方便，初投资少。但当电网运行方式改变或者由于环境温度的变化引起元件参数变化时，无源滤波器的滤波效果较差，甚至出现失调或谐波放大现象，危及电气设备的安全运行。图 6-4 中的 APF（Active Power Filter）为有源电力滤波器，是一种用于动态抑制谐波，补偿无功的新型电力电子装置，它可以克服无源滤波器的上述缺点。特别是近年来瞬时无功功率理论和 PWM 控制技术的发展，使得有源电力滤波技术已进入工程使用阶段。

1) 组成

图 6-4 所示为最基本的有源电力滤波器系统构成的原理。图中，e_s 为交流电源，负载为谐波源，它产生谐波并消耗无功。若有源电力滤波器的主电路与负载并联接入电网，故称为并联型，主要用于补偿可以看作电流源的谐波源。

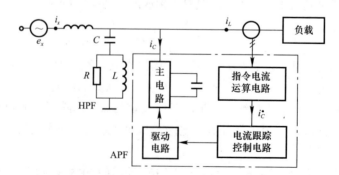

图 6-4　有源电力滤波器的系统构成原理

有源电力滤波器系统由两大部分组成，即指令电流运算电路和补偿电流发生电路（由电流跟踪控制电路、驱动电路和主电路三个部分构成）。其中，指令电流运算电路的核心是检测出补偿对象负载谐波和无功电流等分量，因此有时也称之为谐波和无功电流检测电路。补偿电流发生电路的作用是根据指令电流运算电路得出的补偿电流的指令信号，产生实际的补偿电流。主电路目前均采用 PWM 变流器。

2）原理

图 6-4 所示有源电力滤波器的基本工作原理是，检测补偿对象的电压和电流，经指令电流运算电路计算得出补偿电流的指令信号，该信号经补偿电流发生电路放大，得出补偿电流，补偿电流与负载中待补偿的谐波及无功等电流抵消，最终得到期望的电源电流。例如，当需要补偿负载所产生的谐波电流时，有源电力滤波器检测出补偿对象负载电流的谐波分量，将其以反极性作用后作为补偿电流的指令信号，由补偿电流发生电路产生的补偿电流即与负载电流中的谐波大小相等、方向相反，因而两者相互抵消，使得电源电流中只含基波，不含谐波。这样就达到了抑制电源电流中谐波的目的。如果要求有源电力滤波器在补偿谐波的同时，补偿负载的无功功率，则只要在补偿电流的指令信号中增加与负载电流的基波无功分量反极性的分量即可。这样，补偿电流与负载电流中的谐波及无功分量相抵消，电源电流等于负载电流的基波有功分量。

（3）有源滤波器及无源滤波器应用场合对比分析

1）有源滤波容量单套不超过 100kVA，无源滤波则无此限制。

2）有源滤波在提供滤波时，不能或很少提供无功功率补偿，因为要占容量；而无源滤波则同时提供无功功率补偿。

3）有源滤波目前最高适用电网电压不超过 450V，而低压无源滤波最高适用电网电压可达 3000V。

4）无源滤波由于其价格优势，且不受硬件限制，广泛用于电力、油田、钢铁、冶金、煤矿、石化、造船、汽车、电铁、新能源等行业；有源滤波器因无法解决的硬件问题，在大容量场合无法使用，适用于电信、医院等用电功率较小且谐波频率较高的单位，优于无源滤波器。

因此采用混合型滤波器可将有源电力滤波器与无源电力滤波器混合使用。其中，无源滤波器由 3、5、7、9 次单调谐滤波器支路及高通滤波器支路组成。有源滤波器由 8 个 IG-BT、直流电容及滤波电感构成。直流电容可为有源滤波器提供一个稳定的直流电压；滤波电感可减小有源滤波器产生的高频开关频率谐波。有源滤波器和无源滤波器串联后并入电网。由于有源滤波器不是直接对谐波电流进行消除，它所产生的补偿电压中只含谐波电压，故其功率容量很小，具有良好的经济性，从而可降低系统成本。

（4）加静止无功功率补偿装置

快速变化的谐波源如电葫芦、电力机车和卷扬机等，除了产生谐波外，往往还会引起供电电压的波动和闪变，有的还会造成系统电压三相不平衡，严重影响公共电网的电能质量。在谐波源处装设静止无功补偿装置，可以有效减小波动的谐波量。同时可以抑制电压波动、闪变和三相不平衡，还可以补偿功率因数。

（5）有源功率因数校正装置

以有源功率因数校正技术为代表的新一代变换器，对于使用开关电源的电力电子装置产生的谐波，起到了消除谐波的关键作用。有源功率因数校正，简称 APFC，与补偿无功功率抑制谐波的方法相比，这种方法属于既不产生谐波，且可使功率因数近似为1的新型变流器。APFC技术的基本原理是：在忽略电网电压畸变，且能使AC/DC转换器中不产生谐波电流，并使基波电流和基波电压间不产生相移，则就实现了功率因数近似为1。例如数字化不间断电源UPS对输入电网谐波抑制。他利用DSP在线控制UPS，以输入功率因数校正PFC电路作为核心，由逆变部分、DC/DC等组成。对输入进行功率因数校正，使得功率因数近似为1。原理如图6-5所示。

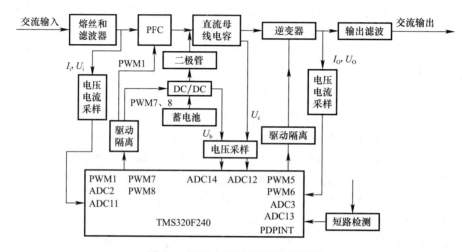

图 6-5 DSP 在线控制 UPS 原理图

（6）采用谐波保护器

采用磁性方法治理谐波比有源滤波器成本更低。谐波保护器从任何一种谐波对电路系统带来危害的本质上着手解决问题，即采用磁场吸收谐波能量的方法，具有很高的可靠性与使用寿命。此类产品如谐波保护器（HPD），采用了超微晶合金材料与创新科技的特别电路，能吸收各种频率各种能量的谐波干扰，将谐波消除在发生源，自动消除对用电设备产生的随机高次谐波和高频噪声、脉冲尖峰、电涌等干扰。HPD并联在电路中使用，本身并不耗电。

思　考　题

6-1　什么叫电压偏移？电压偏移对供电系统有什么影响？

6-2　如何来评价电压偏移的质量指标？在工业和民用建筑低压供配电系统中有哪些减小电压偏移的措施？

6-3　什么叫电压波动？什么叫电压闪变？产生电压波动和电压闪变的主要原因是什么？电压波动对供电系统有什么影响？

6-4　电压波动值如何计算？低、中压系统的允许电压波动值为多少？在工业和民用建筑低压供配电系统中可有哪些抑制电压波动和闪变的措施？

6-5　什么是谐波？为什么在供电系统中会产生高次谐波？主要的谐波源有哪些？高次谐波对供电系统有什么影响？

6-6　供电系统中抑制高次谐波的方法有哪些？简述这些方法的作用原理。

第7章 供配电系统的保护

7.1 继电保护装置

7.1.1 概述

1. 供配电系统保护的类型

供配电系统保护的类型有：熔断器保护、低压断路器保护和继电保护。

熔断器保护适用于高、低压供配电系统，其装置简单、经济，但断流能力较小，选择性较差，且熔体熔断后更换不便，不能迅速恢复供电，因此只在供电可靠性要求不高的场所采用。

低压断路器保护，可适用于供电可靠性要求较高，操作灵活方便的低压供配电系统中。

继电保护可适用于供电可靠性要求较高，操作灵活方便特别是自动化程度较高的高压供配电系统中。

2. 继电保护的作用

继电保护装置是由不同类型的继电器和其他辅助元件根据保护的对象按不同的原理构成的自动装置。它的主要作用是：当被保护的电力元件发生故障时，能自动迅速有选择地将故障元件从运行的系统中切除分离出来，避免故障元件继续遭受损害，保证无故障部分能迅速恢复正常。当被保护元件出现异常运行状态时，继电保护装置能发生报警信号，以便值班运行人员采取措施恢复正常运行。

3. 对继电保护装置的基本要求

继电保护装置为了能够完成其自动保护的任务，必须满足选择性、速动性、灵敏性和可靠性的要求。

（1）选择性。当供配电系统故障时，继电保护应当有选择地将故障部分切除，让非故障部分继续运行，防止不应该停电的部分出现停电现象，这种功能称为选择性。

（2）速动性。由于短路电流能在短路回路中产生很大的电动力和高温，危及设备和人身安全，为减少短路电流对电能系统的危害，继电保护需尽快切除故障，这种功能称为速动性。此外快速切除故障，在高压和超高压电网中，对于提高系统的稳定性和增大输电线路的传输功率十分有利。

（3）灵敏性。继电保护在其保护范围内对发生的故障或不正常的工作状态的反应能力称为灵敏性。衡量灵敏性高低的技术指标通常用灵敏系数 K_s，它愈大说明灵敏性愈高。对于故障状态下保护输入量增大时动作的继电保护：

$$K_s = \frac{\text{保护区内故障时反应量的最小值}}{\text{保护动作量的整定值}} \tag{7-1}$$

如线路短路保护：

$$K_s = \frac{I_{k.\,min}}{I_{OP.1}}$$

对于故障状态下保护输入量降低时动作的继电保护

$$K_s = \frac{保护动作量的整定值}{保护区内故障反应量的最大值} \qquad (7-2)$$

如欠压保护：

$$K_s = \frac{U_{OP.1}}{U_{k.\,max}}$$

继电保护越灵敏，越能可靠地反应应该动作的故障。但越灵敏也越易产生在非要求其动作情况下的误动作。因此灵敏性与选择性是互相矛盾的，应该协调处理。通常用继电保护运行规程中规定的灵敏系数来进行合理的配合。

我国电力设计技术规范规定的各类保护装置的灵敏系数如表 7-1 所示。

各类保护装置的最低灵敏系数

表 7-1

保护分类	保护装置作用	保护类型	组成元件	灵敏系数
主保护	快速而有选择地切除被保护元件范围内的故障	带方向或不带方向的电流保护和电压保护	电流元件和电压元件	1.5（个别情况下可为 1.25）
		中性点非直接接地电网中的单相保护	架空线路的电流元件	1.5
			差动电流元件	1.25
		变压器、线路和电动机的电流速断保护（按保护安装处短路计算）	电流元件	2.0
后备保护	应优先采用远后备保护。即当保护装置或断路器拒动时，由相邻元件的保护实现后备。为此，每个元件的保护装置除作为本身的主保护以外，还应作为相邻元件的后备保护	远后备保护（按相邻保护区末端短路计算）	电流元件和电压元件	1.2
辅助保护	为了加速切除故障或消除方向元件的死区，可以采用电流速断作为辅助保护	电流速断的最小保护范围为被保护线路 15%～20%	—	—

（4）可靠性。保护装置当在其保护范围内发生故障或出现不正常工作状态时，能可靠地动作而不拒动，而在其保护范围外发生故障或者系统内没有故障，保护装置不能误动，这种性能要求称为可靠性。保护装置的拒动或误动都将给运行的电能系统造成严重的后果。

随着电能系统的机组和容量不断扩大，以及电网结构的越趋复杂，对上述四个方面的要求愈来愈高，实现也愈加困难。

继电保护装置除满足上述基本要求外，还要求投资省，便于调试及维护，并尽可能满足系统运行时所要求的灵活性。

4. 继电保护装置的基本原理

供配电系统中应用着各种各样的继电保护装置。尽管它们在结构上各不相同，但基本上都是由三个部分构成：测量部分、逻辑部分、执行部分。其中测量部分用来反应和转换被保护对象的各种电气参数，经过综合变换后，送给逻辑部分，与给定值进行比较，作出逻辑判断，当区别出被保护对象有故障时，启动执行部分，发出操作指令，使断路器跳闸。

利用供配电系统故障时运行参数与正常运行时参数的差别可以构成各种不同原理的继电保护装置。例如：

（1）利用电网电流改变，可构成电流速断、定时限过电流和零序电流等保护装置。

（2）利用电网电压改变的，可构成低电压或过电压保护装置。

（3）利用电网电流与电压间相位关系改变的可构成方向过电流保护装置。

（4）既利用电网电流、电压改变又利用电流电压间相位关系改变及其他参数改变的可构成电机等设备的综合保护装置。

（5）利用电网电压与电流的比值，即利用短路点到保护安装处阻抗的可构成距离保护等保护装置。

（6）利用电网输入电流与输出电流之差的，可构成变压器差动保护等保护装置。

7.1.2 常用保护继电器分类

1. 概述

继电器是一种在其输入的物理量（电量或非电量）达到规定值时，其电气输出电路被接通（导通）或分断（阻断、关断）的自动电器。按其用途分控制继电器和保护继电器两大类，前者用于自动控制电路中，后者用于继电保护电路中。这里只讲保护继电器。

保护继电器按其在继电保护装置电路中的功能，可分测量继电器（又称量度继电器）和辅助继电器两大类。测量继电器装设在继电保护装置的第一级，用来反应被保护元件的特性量变化。当其特性量达到动作值时即动作，它属于主继电器或启动继电器。辅助继电器是一种只按电气量是否在其工作范围内或者为零时而动作的电气继电器，包括时间继电器、中间继电器、信号继电器等，在继电保护装置中用来实现特定的逻辑功能，属辅助继电器，过去亦称逻辑继电器。

继电器的分类方法主要还有：

（1）按照反应电量和非电量区分，后者如保护变压器内部故障的气体继电器，保护旋转机械用的转速继电器等。

（2）按照反应的参数划分，如电流继电器、功率继电器、温度继电器等。

（3）按照反应量的变化特性划分，如过量继电器，欠量继电器，前者如过电流继电器，后者如低电压继电器。

（4）按照继电器的工作原理划分，如电磁式、感应式、电动力式、热力式等。

（5）按照组成结构来划分，则有机电式和电子式。电磁式，感应式，热力式都属于机电结构。电子式继电器在近年来发展特别快，因为它具有灵敏度高、动作速度快、耐冲击、抗震动、体积小、重量轻、功耗少、容易构成复杂的继电器及综合保护装置等优点。但其抗干扰能力相对较差，对环境有一定要求。我国大多数供配电系统仍普遍应用机电式继电器，因其有成熟的调试运行经验，考虑到本章是从讨论保护的原理出发，所以主要介绍常用的几种机电式继电器。

2. 电磁式电流继电器和电压继电器

电磁式电流继电器和电压继电器在继电保护装置中均为启动元件，属于测量继电器。电流继电器的文字符号为 kA，电压继电器为 kV。

电磁式电流继电器的电流时间特性是定时限特性，如图 7-1 所示，只要通入继电器的电流超过某一预先整定的数值时，它就能动作，动作时限是固定的，与故障电流大小无关。供配电系统中常用的 DL—10 系列电磁式电流继电器的基本结构如图 7-2 所示，其内部结线和图形符号如图 7-3 所示。

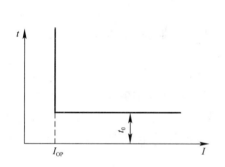

图 7-1　电磁式电流继电器的电流
时间特性曲线

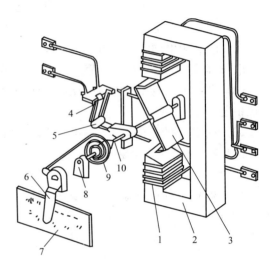

图 7-2　DL-10 系列电磁式电流继电器的内部结构
1—线圈；2—电磁铁；3—钢舌片；4—静触点；
5—动触点；6—启动电流调节螺杆；7—标度盘
（铭牌）；8—轴承；9—反作用弹簧；10—轴

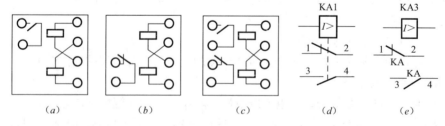

图 7-3　DL—10 系列电磁式电流继电器的内部结线和图形符号
（a）DL—11 型；（b）DL—12 型；（c）DL—13 型；（d）集中表示的图形；（e）分开表示的图形；
KA1—2—常闭（动断）触点；KA3—4—常开（动合）触点

由图 7-2 可知，当继电器线圈 1 通过电流时，电磁铁 2 中产生磁通，力图使 Z 形钢舌片 3 向凸出磁极偏转。与此同时，轴 10 上的反作用弹簧 9 又力图阻止钢舌片偏转。当继电器线圈中的电流增大到使钢舌片所受的转矩大于弹簧的反作用力矩时，钢舌片便被吸近磁极，使常开触点闭合，常闭触点断开，这就叫做继电器动作。

过电流继电器线圈中的使继电器动作的最小电流，称为继电器的动作电流，用 I_{op} 表示。过电流继电器动作后，减小线圈电流到一定值时，钢舌片在弹簧作用下返回起始位置。过电流继电器线圈中的使继电器由动作状态返回到起始位置的最大电流，称为继电器的返回电流，用 I_{re} 表示。

继电器的返回电流与动作电流的比值，称为继电器的返回系数，用 K_{re} 表示，即

$$K_{re} = \frac{I_{re}}{I_{op}} \tag{7-3}$$

对于过量继电器（例如过电流继电器），K_{re} 总小于 1，对于欠量继电器（例如低电压继电器），K_{re} 总大于 1，希望 K_{re} 越接近于 1 越好。继电保护规程规定：过电流继电器的 K_{re} 应不低于 0.80；低电压继电器的 K_{re} 应不大于 1.25。为使 K_{re} 接近 1，应尽量减少继电器运动系统的摩擦，并使电磁力矩与反作用力矩适当配合。

电磁式电流继电器的动作电流有两种调节方法：（1）平滑调节，即拨动转杆 6（参看图 7-2）来改变弹簧 9 的反作用力矩。（2）级进调节，即利用线圈 1 的串联或并联。当线圈由串联改为并联时，相当于线圈匝数减少一半，由于继电器动作所需的电磁力是一定的，即所需的磁动势（IN）是一定的，因此动作电流将增大一倍。反之，当线圈由并联改为串联时，动作电流将减小一半。

这种电流继电器的动作极为迅速，可认为是瞬时动作的，因此它是一种瞬时继电器。

供电系统中常用的电磁式电压继电器的结构和原理，与电磁式电流继电器极为类似，只是电压继电器的线圈为电压线圈，多作成低电压（欠电压）继电器。低电压继电器的动作电压 U_{op}，为其线圈上的使继电器动作的最高电压；其返回电压 U_{re}，为其线圈上的使继电器由动作状态返回到起始位置的最低电压。低电压的返回系数 $K_{re}=U_{re}/U_{op}>1$，其值越接近 1。

3. 感应式电流继电器

供配电系统中，广泛采用感应式电流继电器来做过电流保护兼电流速断保护，因为感应式电流继电器兼有上述电磁式电流继电器、时间继电器、信号继电器和中间继电器的功能，从而可大大简化继电保护装置。它属测量继电器。

供配电系统中常用的 GL-10、20 系列感应式电流继电器的内部结构如图 7-4 所示。这种电流继电器由两组元件构成，一组为感应元件，另一组为电磁元件。感应元件主要包括线圈 1、带短路环 3 的电磁铁 2 及装在可偏转的框架 6 上的转动铝盘 4。电磁元件主要包括线圈 1、电磁铁 2 和衔铁 15。线圈 1 和电磁铁 2 是两组元件共用的。

GL—$\frac{15、16}{25、26}$ 型电流继电器有两对相连的常开和常闭触点。根据继电保护的要求，其动作程序是常开触点先闭合，常闭触点后断开，即构成一组"先合后断的转换触点"，如图 7-5 所示。

感应式电流继电器的工作原理可用图 7-6 来说明，当线圈 1 有电流 I_{KA} 通过时，电磁铁 2 在短路环 3 的作用下，产生相位一前一后的两个磁通 Φ_1 和 Φ_2，穿过铝盘 4。这时作用于铝盘上的转矩为 M_1

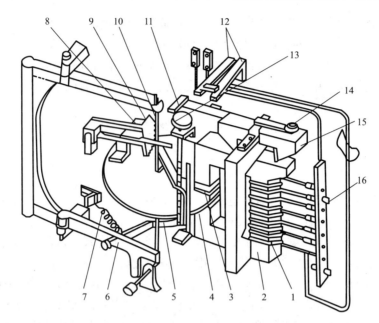

图 7-4　GL—10、20 系列感应式电流继电器的内部结构

1—线圈；2—电磁铁；3—短路环；4—铝盘；5—钢片；6—铝框架；7—调节弹簧；8—制动永久磁铁；

9—扇形齿轮；10—蜗杆；11—扁杆；12—继电器触点；13—时限调节螺杆；

14—速断电流调节螺钉；15—衔铁；16—动作电流调节插销

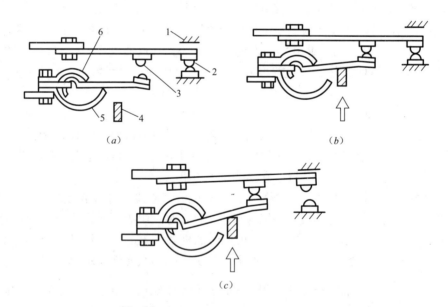

图 7-5　GL—$\dfrac{15、16}{25、26}$ 型电流继电器 "先合后断转换触点" 的动作说明

（a）正常位置；（b）动作后常开触点先闭合；（c）接着常闭触点断开

1—上止档；2—常闭触点；3—常开触点；4—衔铁；5—下止档；6—簧片

$$M_1 \propto \Phi_1 \Phi_2 \sin\psi \tag{7-4}$$

式中　ψ——Φ_1 与 Φ_2 间的相位差。

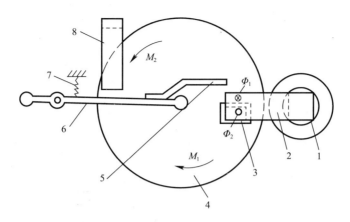

图 7-6　感应式电流继电器的转矩 M_1 和制动力矩 M_2

1—线圈；2—电磁铁；3—短路环；4—铝盘；5—钢片；

6—铝框架；7—调节弹簧；8—制动永久磁铁

上式通常称为感应式机构的基本转矩方程。

由于 $\Phi_1 \propto I_{KA}$，$\Phi_2 \propto I_{KA}$，而 ψ 为常数，因此

$$M_1 \propto I_{KA}^2 \tag{7-5}$$

铝盘在转矩 M_1 作用下转动后，铝盘切割永久磁铁 8 的磁通，在铝盘上产生涡流，这涡流又与永久磁铁的磁通作用，产生一个与 M_1 反向的制动力矩 M_2，它与铝盘转速 n 成正比，即

$$M_2 \propto n \tag{7-6}$$

当铝盘转速 n 增大到某一定值时，$M_1 = M_2$，这时铝盘匀速转动。

继电器的铝盘在上述 M_1 和 M_2 的同时作用下，铝盘受力有使框架 6 绕轴顺时针方向偏转的趋势，但受到弹簧 7 的阻力。

当继电器线圈电流增大到继电器的动作电流值 I_{op} 时，铝盘受到的力也增大到可克服弹簧的阻力的程度，这时铝盘带动框架前偏（参看图 7-4），使蜗杆 10 与扇形齿轮 9 啮合，这就叫做继电器动作。由于铝盘继续转动，使扇形齿轮沿着蜗杆上升，最后使触点 12 切换，同时使信号牌掉下，从观察孔内可看到红色或白色的信号指示，表示继电器已经动作。

继电器线圈中的电流越大，铝盘转得越快，扇形齿轮沿蜗杆上的速度也越快，因此动作时间越短，这也就是感应式电流继电器的"反时限（或反比延时）特性"，如图 7-7 所示曲线 abc，这一特性是其感应元件所产生的。

当继电器线圈电流进一步增大到整定的速断电流 I_{qb} 时，电磁铁 2（亦参看图 7-4）瞬时将衔铁 15 吸下，使触点 12 切换，同时也使信号牌掉下。很明显，电磁元件的作用又使感应式电流继电器兼有"电流速断特性"，如图 7-7 所示 $bb'd$ 曲线。因此这种电磁元件又称为电流速断元件。图 7-7 所示电流时间特性曲线上对应于开始速断时间的动作电流倍数，称为速断电流倍数，即

$$n_{qb} = \frac{I_{qb}}{I_{op}} \tag{7-7}$$

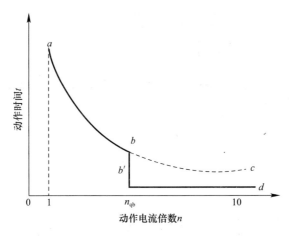

图 7-7　感应式电流继电器的电流时间特性曲线

abc—感应元件的反时限特性；$bb'd$—电磁元件的速断特性

速断电流 I_{qb} 的含义，是指继电器线圈中使电流速断元件动作的最小电流。GL-10、20 系列电流继电器的速断电流倍数 $n_{qb}=2\sim8$。

感应式电流继电器的这种有一定限度的反时限动作特性，称为"有限反时限特性"。

继电器的动作电流（整定电流）I_{op}，可利用插销 16（参看图 7-4）以改变线圈匝数来进行级进调节，也可利用调节弹簧 7 的拉力来进行平滑的细调。

继电器的速断电流倍数 n_{qb}，可利用螺钉 14 改变衔铁 15 与电磁铁 2 之间的气隙来调节。气隙越大，n_{qb} 越大。

继电器感应元件的动作时间（动作时限），是利用螺杆 13 来改变扇形齿轮顶杆行程的起点，以使动作特性曲线上下移动。不过要注意，继电器动作时限调节螺杆的标度尺，是以 10 倍动作电流的动作时间来刻度的，也就是标度尺上所标示的动作时间，是继电器线圈通过的电流为其整定的动作电流 10 倍时的动作时间。因此继电器实际的动作时间，与实际通过继电器线圈的电流大小有关，需从相应的动作特性曲线上去查得。

表 7-2 列有 GL—$\frac{11、15}{21、25}$ 型电流继电器的主要技术数据及列出动作特性曲线，曲线上标明的动作时间 0.5、0.7、1.0s 等均为 10 倍动作电流的动作时间。

表 7-3～表 7-7 列有电磁式电流、电压、时间、信号、中间继电器的技术数据，供参考。

GL—$\frac{11、15}{21、25}$ 型电流继电器的主要技术数据及其动作特性曲线　　　　　表 7-2

1. 主要技术数据

型　号	额定电流 /A	整定值		速断电流倍数	返回系数
		动作电流/A	10 倍动作电流的动作时间/s		
GL—11/10，—21/10	10	4，5，6，7，8，9，10	0.5，1，2，3，4	2～8	0.85
GL—11/5，—21/5	5	2，2.5，3，3.5，4，4.5，5			
GL—15/10，—25/10	10	4，5，6，7，8，9，10	0.5，1，2，3，4		0.8
GL—15/5，—25/5	5	2，2.5，3，3.5，4，4.5，5			

2. 动作特性曲线

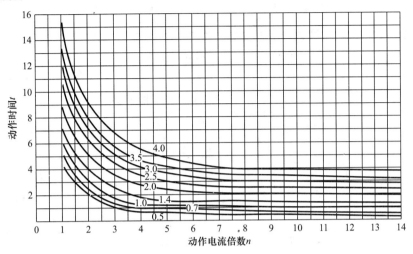

注：速断电流倍数＝电磁元件动作电流（速断电流）/感应元件动作电流（整定电流）。

DL—20（30）系列电流继电器技术数据　　表 7-3

型　号	整定范围（A）	线圈串联		线圈并联		动作时间	返回系数	最小整定电流时的功率消耗（V）	接点	
		动作电流（A）	长期允许电流（A）	动作电流（A）	长期允许电流（A）				常开	常闭
DL—21 DL—31	0.0125～0.05	0.0125～0.025	0.08	0.025～0.05	0.16	（1）当1.2倍整定电流时，不在于0.15s	0.8	0.4	1	
DL—22	0.05～0.2	0.05～0.1	0.3	0.1～0.2	0.6		0.8	0.5		1
DL—23 DL—32	0.15～0.6	0.15～0.3	1	0.3～0.6	2		0.8	0.5	1	1
DL—24 DL—33	0.5～2	0.5～1	4	1～2	8	（2）当3倍整定电流时，不大于0.03s	0.8	0.5	2	
DL—25	1.5～6	1.5～3	6	3～6	12		0.8	0.55		2
DL—34	2.5～10 5～20 12.5～50	2.5～5 5～20 12.5～50	10 15 20	5～10 10～20 25～50	20 30 40		0.8 0.8 0.8	0.85 1 6.5	2 2 2	2 2 2

DY—20（30）系列电压继电器技术数据　　表 7-4

型　号	特性	整定范围（V）	线圈并联		线圈串联		动作时间	最小整定电压时的功率损耗（W）	触点	
			动作电压（V）	长期允许电压（V）	动作电压（V）	长期允许电压（V）			常开	常闭
DY—21（31） DY—23（32） DY—25	过电压继电器	15～60 50～200 100～400	15～30 50～100 100～200	35 110 220	30～60 100～200 200～400	70 220 440	（1）当1.2倍整定电压时，不大于0.15s （2）当3倍整定电压时，不大于0.03s	1 1 1	1 1	1 2

续表

型　号	特性	整定范围 (V)	线圈并联		线圈串联		动作时间	最小整定电压时的功率损耗 (W)	触点	
			动作电压 (V)	长期允许电压 (V)	动作电压 (V)	长期允许电压 (V)			常开	常闭
DY—26 (35)	低电压继电器	12～48	12～24	35	24～48	70	当 0.5 倍整定电压时，不大于 0.15s	1	1	
DY—28 (36)		40～160	40～80	110	80～160	220		1	1	1
DY—38		80～320	80～160	220	160～320	440		1	2	2

DS—20 (30) 系列时间继电器技术数据　　　　表 7-5

型　号	额定电压直流 (V)	时间整定范围 (s)	动作电压不大于	线圈耐受 110% 额定电压时能持续的时间 (min)	功率消耗 (W)	触点断开容量
DS—22 (32)	24	0.125～5	0.75U_N	2	10 (25)	当电压＜220V，电流＜1 (3) A 时，在有电感的直流电路中不超过 50W
DS—23 (33)	48 / 110	0.25～10		2	10 (25)	
DS—24 (34)	220	0.5～10		2	10 (25)	
DS—32C	24	0.125～5	0.75U_N	长期	15	当电压＜200V，电流＜3A 时，在有感的直流电路中不超过 50W
DS—33C	48 / 110	0.25～10		长期	15	
DS—34C	220	0.5～20		长期	15	

DX—11 型信号继电器技术数据　　　　表 7-6

1. DX—11 型信号电流继电器

额定电流 (A)	长期电流 (A)	动作电流 (A)	线圈电阻 (Ω)
0.01	0.03	0.01	2200
0.05	0.15	0.05	70
0.1	0.3	0.1	18
0.25	0.75	0.25	3
0.5	1.5	0.5	0.9

2. DX—11 信号电压继电器

额定电压 (V)	长期电压 (V)	动作电压 (V)	线圈电阻 (Ω)
220	242	132	24400
110	121	66	7500
48	53	29	1440
24	26.5	14.5	360

DZ—30 系列等中间继电器技术数据　　　　表 7-7

型　号	额定电压直流 (V)	动作电压	返回电压	动作时间 (s)	消耗功率 (W)	触点断开容量	触点规范
DZ—31	12	0.7U_N	0.05U_N	＜0.05	5	当电压＜220V，有感直流 50W；交流 550V・A，长期电流 5A	2 常开 2 常闭
DZ—32	24 / 48 / 110						
DZ—33	220						
DZ—25	6 / 12	0.75U_N		＜0.02	1.5	当电压＜220V，有感直流 50W	2 常开 2 转换
DZ—27	24						
DZ—51	48 / 110 / 220			＜0.03	5	当电压＜220V，有感直流 50W	2 常开 2 常闭

7.1.3　过电流保护装置的接线方式

1. 三相三继电器的完全星形接线

如图 7-8（a）所示。这种接线方式的特点是每相都有一个电流互感器和一个电流继电器，接成星形。在星形接线中，通过继电器的电流就是电流互感器二次侧的电流。这种接线方式能保护三相短路、两相短路和单相接地短路。因此主要用于大接地电流系统中。此外，在采用其他简单和经济的接线方式不能满足灵敏度的要求时，可采用这种方式。

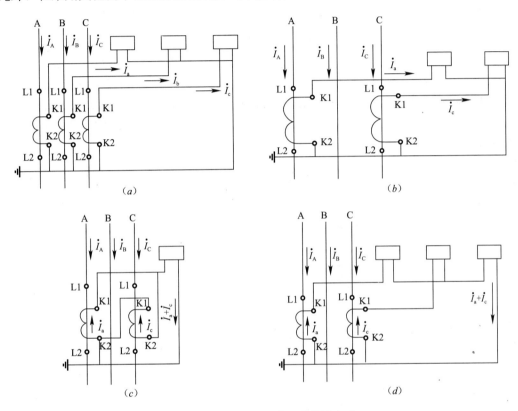

图 7-8　过电流保护装置的接线方式

（a）三相星形接线；（b）两相不完全星形接线；（c）两相电流差接线；（d）两相三继电器接线

2. 两相两继电器不完全星形接线

采用两个电流互感器和两个电流继电器接成不完全星形，如图 7-8（b）所示。在这种接线中，流入继电器的电流就是电流互感器的二次侧电流。

当线路发生三相短路时，两个继电器内均流过故障电流，因此两个继电器均启动，保护装置动作。

当装有电流互感器的两相（A、C 相）之间发生短路时，故障电流流过两个继电器，从而使保护装置动作。

当装有电流互感器的一相（A 相或 C 相）与中间相（B 相）之间发生短路时，故障电流只流过一个继电器，只有一个继电器启动。

在未装电流互感器的中间相发生单相接地时，故障电流不经电流互感器和继电器，因而保护装置不起作用。这种接线方式广泛地用于中性点不接地的 6～10kV 供电系统中。

因为中性点不接地系统任何一相线路发生单相接地时，不会产生单相短路电流，只形成单相接地电容电流，它远小于短路电流，通常也小于负荷电流，故保护装置不动作（有关单相接地保护在后面讨论）。这种接线方式的优点是只用两个电流互感器和两个继电器，并且接线简单；缺点是不能反映单相接地故障。

3. 两相一继电器的两相电流差式接线

这种接线方式采用两个电流互感器和一个电流继电器，如图 7-8c 所示。两个电流互感器接成电流差式，然后与继电器相连接。如图 7-9 所示，在正常运行和三相短路时，流进继电器的电流为 A 相和 C 相两电流互感器二次侧电流的相量差，即等于电流互感器二次电流的 $\sqrt{3}$ 倍。在 A、C 两相短路时，流进继电器的电流为电流互感器二次侧电流的 2 倍。在 A、B 或 B、C 两相短路时，流进继电器的电流等于电流互感器二次侧电流。由此可见，在不同的短路情况下，实际通过继电器的电流与电流互感器的二次侧电流是不同的。因此，必须引入一个接线系数 K_w。接线系数的定义是实际流入继电器的电流 I_{KA} 和电流互感器二次侧电流 I_2 之比，即

$$K_w = \frac{I_{KA}}{I_2} \tag{7-8}$$

式中　I_{KA}——实际流入继电器的电流；

　　　I_2——电流互感器二次侧电流。

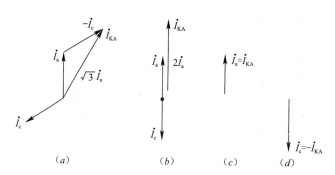

图 7-9　两相一继电器式结线不同相间短路的相量分析

(a) 三相短路；(b) A、C 两相短路；(c) A、B 两相短路；(d) B、C 两相短路

由式（7-8）可知，对于三相星形接线或两相不完全星形接线，或两相三继电器式接线，其接线系数均等于 1（$K_w = 1$）；而对于两相电流差式接线，在不同短路形式下 K_w 值是不同的。

三相短路：

$$K_w^{(3)} = \sqrt{3}$$

A 与 C 两相短路：

$$K_{w(AC)}^{(2)} = \frac{I_{KA}}{I_2} = \frac{2I_2}{I_2} = 2$$

A 与 B 或 B 与 C 两相短路：

$$K_{w(AB)}^{(2)} = K_{w(BC)}^{(2)} = \frac{I_{KA}}{I_2} = \frac{I_2}{I_2} = 1$$

因为两相电流差式接线的 K_w 不同，故在发生不同形式故障情况下，保护装置的灵敏度也不同。

这种接线的优点是：简单，所用设备最少，能保护相间短路故障。但对各种相间短路故障灵敏度不一样，在保护整定计算时必须按最坏的情况来校验。在能够满足要求的情况下，这种接线方式为 $6\sim10$kV 线路、小容量高压电动机和车间变压器的保护所采用。

4. 两相三继电器不完全星形接线

这种接线方式是在两相两继电器不完全星形接线的公共中线上接入第三个继电器，如图 7-8d 所示。在对称运行和三相短路故障时，流入该继电器的电流数值等于第三相电流（即 I_b）。

这种接线方式比完全星形接线少用一个电流互感器，但是当 Y/$\triangle$ 或 $\triangle$/Y 变压器后发生两相短路和 Y/Y_0 变压器后单相短路时，同完全星形接线比较，其灵敏度相同，而两相两继电器接线方式在上述两种故障情况下灵敏度小一半。

7.2　高压供配电线路的继电保护

供配电线路的继电保护装置通常比较简单。作为线路的相间短路保护，主要采用带时限的过电流保护和瞬时动作的电流速断保护。作为单相接地保护有两种方式：（1）绝缘监视装置装设在变配电所的高压母线上，动作于信号。（2）有选择性的单相接地保护（零序电流保护），亦动作于信号，但当危及人身和设备安全时，则应动作于跳闸。对可能经常过负荷的电缆线路，应装设过负荷保护，动作于信号或动作于跳闸。

7.2.1　带时限过电流保护

当流过被保护元件中的电流超过预先整定的某个数值时，就使断路器跳闸或给出报警信号的装置称为过电流保护装置，有定时限和反时限两种。

1. 定时限过电流保护装置的组成和原理

定时限过电流保护，就是保护装置的动作时间是按整定的动作时间固定不变的，与故障电流大小无关。这种保护装置的原理电路如图 7-10 所示。

当一次电路发生相间短路时，电流继电器 KA 瞬时动作，闭合其触点，使时间继电器 KT 动作，KT 经过整定的时限后，其延时触点闭合，使串联的信号继电器（电流型）KS 和中间继电器 KM 动作。KS 动作后，其指示牌掉下，同时接通信号回路，给出灯光信号和音响信号。KM 动作后，接通跳闸线圈 YR 回路，使断路器 QF 跳闸，切除短路故障。QF 跳闸后，其辅助触点 QF1-2 随之切断跳闸回路，以避免跳闸长时间带电而烧坏。在短路故障被切除后，继电保护装置除 KS 外的其他所有继电器均自动返回起始状态。故障处理完后，KS 可手动复位。

2. 反时限过电流保护的组成和原理

反时限就是保护装置的动作时间与故障电流大小有反比关系，故障电流越大，动作时间越短。反时限过电流保护由 GL 型电流继电器组成，其原理电路图如图 7-11 所示。

当一次电路发生相间短路时，电流继电器 KA 动作，经过一定延时后，其常开触点先闭合，紧接着其常闭触点后断开。即采用先合后断的转换触点。否则，如常闭触点先断

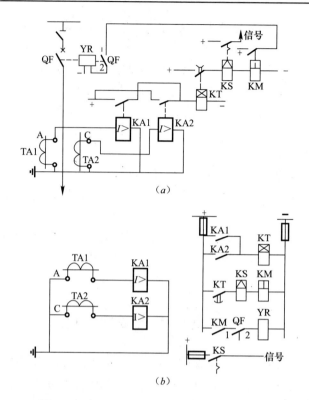

图 7-10　定时限过电流保护装置的原理电路图

（a）结线图（按集中表示法绘制）；（b）展开图（按分开表示法绘制）

QF—断路器；KT—时间继电器（DS 型）；KS—信号继电器（DX 型）；

KM—中间继电器（DZ 型）；YR—跳闸线圈

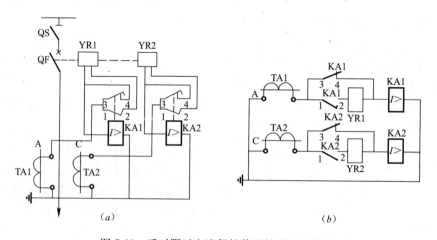

图 7-11　反时限过电流保护装置的原理电路图

（a）结线图（按集中表示法绘制）；（b）展开图（按分开表示法绘制）

QF—断路器；TA—电流互感器；KA—电流继电器（GL-15、25 型）；YR—跳闸线圈

开，将造成电流互感器二次侧带负荷开路，这是不允许的（会使电流互感器的二次侧产生高电压而影响安全），同时将使继电器失电返回，不起保护作用。这时断路器因其跳闸线

圈 YR 去分流而跳闸，切除短路故障。在 GL 型继电器去分流跳闸的同时，其信号牌掉下，指示保护装置已经动作。在短路故障被切除后，继电器自动返回，其信号牌可利用外壳上的旋钮手动复位。

3. 过电流保护动作电流的整定

带时限的过电流保护（包括定时限和反时限）的动作电流 I_{op} 的整定必须满足以下两个条件：

（1）为使保护装置在线路上通过最大负荷电流时（包括过负荷电流和尖峰电流）不动作，其动作电流必须躲过最大负荷电流，即：$I_{op.1} > I_{L.max}$。

（2）过电流保护装置在其保护范围外部故障被切除后，应能可靠地返回原状态。

如图 7-12（a）所示电路中，当线路 WL2 的首端 k 点发生短路时，短路电流同时流过保护装置 KA1、KA2，两套保护都会启动。按照保护选择性的要求，应是靠近故障点 k 的保护装置 KA2 首先断开 QF2，切除故障线路 WL2。这时故障线路 WL2 已被切除，保护装置 KA1 应立即返回起始状态，不致断开 QF1。欲使 KA1 能可靠返回，其返回电流也必须躲过线路的最大负荷电流，即 $I_{re.1} > I_{L.max}$。

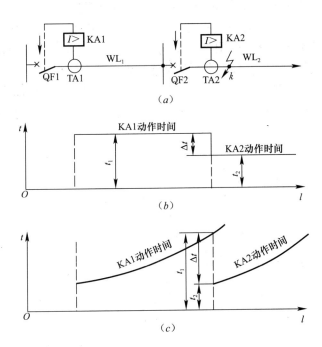

图 7-12　线路过电流保护整定说明图

（a）电路；（b）定时限过电流保护的时限整定说明；（c）反时限电流保护的时限整定说明

设电流互感器的变流比为 K_i，保护装置的结线系数为 K_W，保护装置的返回系数为 K_{re}，则最大负荷电流换算到继电器中的电流为 $K_W \cdot I_{L.max}/K_i$。由于要求返回电流躲过最大负荷电流，即 $I_{re} > K_W I_{L.max}/K_i$。而 $I_{re} = K_{re} I_{op}$，因此 $K_{re} I_{op} > K_W I_{L.max}/K_i$。将此式写成等式，计入一个可靠系数 K_{rel}，由此得到过电流保护装置动作电流的整定计算公式为

$$I_{op} = \frac{K_{rel} K_W}{K_{re} K_i} I_{L.max} \tag{7-9}$$

式中　K_{rel}——保护装置的可靠系数，对 DL 型继电器取 1.2，对 GL 型继电器取 1.3；

　　　$I_{L.max}$——线路上的最大负荷电流，可取为 $(1.5\sim3) \cdot I_{30}$，I_{30} 为线路计算电流。

4. 过电流保护动作时间的整定

过电流保护的动作时间，为了保证前后两级保护装置动作的选择性，应按"阶梯原则"进行整定，也就是在后一级保护装置所保护的线路首端（如图 7-12（a）中的 k 点）发生三相短路时，前一级保护的动作时间 t_1 应比后一级保护的动作时间 t_2 都要大一个时间级差 Δt，如图 7-12（b）和（c）所示，即

$$t_1 \geqslant t_2 + \Delta t \tag{7-10}$$

这一时间级差 Δt，应考虑到前一级保护动作时间 t_1 可能发生的负偏差（提前动作）Δt_1，及后一级保护动作时间 t_2 可能发生的正偏差（延后动作）Δt_2，还要考虑到保护装置（特别是采用 GL 型继电器时）动作的惯性误差 Δt_3。为了确保前后保护装置的动作选择性，还应加上一个保险时间 Δt_4（可取 0.1~0.15s）。因此前后两级保护动作时间的时间级差

$$\Delta t = \Delta t_1 + \Delta t_2 + \Delta t_3 + \Delta t_4$$

对于定时限过电流保护，可取 $\Delta t = 0.5$s；对于反时限过电流保护，可取 $\Delta t = 0.7$s。

定时限过电流保护的动作时间是利用时间继电器来整定的。反时限过电流保护的动作时间，由于 GL 型电流继电器的时限调节机构是按 10 倍动作电流的动作时间来标度的，因此要根据前后两级保护的 GL 型继电器的动作特性曲线来整定。

假设图 7-12a 所示线路中，后一级保护 KA2 的 10 倍动作电流的动作时间已经整定为 t_2，现在要确定前一级保护 KA1 的 10 倍动作电流的动作时间 t_1。整定计算的方法步骤如下（参看图 7-13）：

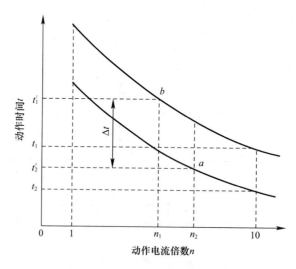

图 7-13　反时限过电流保护的动作时间整定

(1) 计算 WL2 首端的三相短路电流 I_k 反应到 KA2 中的电流值，$I'_{k(2)} = I_k K_{W(2)} / K_{i(2)}$。

(2) 计算 $I'_{k(2)}$ 对 KA2 的动作电流 $I_{op(2)}$ 的倍数，$n_2 = I'_{k(2)} / I_{op(2)}$。

(3) 确定 KA2 的实际动作时间。在图 7-13 所示 KA2 的动作特性曲线的横坐标轴上，

找出 n_2，然后向上找到该曲线上 a 点，该点所对应的动作时间 t_2'，就是 KA2 在通过 $I_{k(2)}'$ 时的实际动作时间。

（4）计算 KA1 的实际动作时间。根据保护选择性的要求，KA1 的实际动作时间 $t_1' = t_2' + \Delta t$。取 $\Delta t = 0.7s$，故 $t_1' = t_2' + 0.7s$。

（5）计算 WL2 首端的三相短路电流 I_k 反应到 KA1 中的电流值，$I_{k(1)}' = I_k K_{W(1)} / K_{i(1)}$

（6）计算 $I_{k(1)}'$ 对 KA1 的动作电流 $I_{op(1)}$ 的倍数，$n_1 = I_{k(1)}' / I_{op(1)}$

（7）确定 KA1 的 10 倍动作电流的动作时间。从图 7-13 所示 KA1 的动作特性曲线的横坐标轴上，找出 n_1，从纵坐标轴上找出 t_1'，然后找到 n_1 与 t_1' 相交的坐标 b 点。过 b 点的曲线所对应的 10 倍动作电流的动作时间为 t_1。再通过调节螺杆定好扇形齿轮顶杆行程起始点即可。

必须注意：有时 n_1 与 t_1' 相交的坐标点不在给出的曲线上，而在两条曲线之间，这时就只有从上下两条曲线来粗略估计其 10 倍动作电流的动作时间。

5. 过电流保护的灵敏度

根据式（7-1），保护灵敏度 $K_s = I_{k.min} / I_{op.1}$。对于线路过电流保护，$I_{k.min}$ 应取被保护线路末端在系统最小运行方式下的两相短路电流 $I_{k.min}^{(2)}$。而 $I_{op.1} = I_{op} K_i / K_W$。因此按规定过电流保护的灵敏度必须满足的条件为

$$K_s = \frac{K_W I_{k.min}^{(2)}}{K_i I_{op}} = \frac{I_{k.min}^{(2)}}{I_{op.1}} \geqslant 1.5 \tag{7-11}$$

当 K_s 满足 1.5 有困难时，个别情况可降低到 $K_s \geqslant 1.25$，或采用低电压闭锁的过电流保护装置来提高灵敏度。

带低电压闭锁的过电流保护装置可将电流继电器的动作电流减小，即按躲过线路的计算电流 I_{30} 来整定，即 $I_{op} = \dfrac{K_{rel} K_w}{K_{re} K_i} I_{30}$。由于 I_{op} 的减小，故能有效提高灵敏度。

6. 定时限过电流保护与反时限过电流保护的比较

定时限过电流保护的优点是：动作时间比较精确，整定简便，而且不论短路电流大小，动作时间都是一定的，不会出现因短路电流小、动作时间长而延长了故障时间的问题。但缺点是：所需继电器多，结线复杂。另外，愈靠近电源处的保护装置的动作时间愈长，这是定时限过电流保护共有的缺点。

反时限过电流保护的优点是：继电器数量大为减少、接线简单经济，而且可同时实现电流速断保护，且继电器接点容量大，可直接接通跳闸线圈，故它在供电系统中得到广泛应用。缺点是：动作时间的整定比较麻烦，而且误差较大，当短路电流较小时，其动作时间可能相当长，延长了故障持续时间。

[例 7-1]　某 10kV 电力线路，如图 7-14 所示。已知 TA1 的变流比为 100/5A，TA2 的变流比为 50/5A。WL2 的计算电流为 28A，WL2 首端 k-1 点的三相短路电流为 500A，其末端 k-2 点的三相短路电流为 200A。WL1 和 WL2 的过电流保护均采用两相两继电器式结线。（1）继电器均为 GL-15/10 型。现 KA1 已经整定，其动作电流为 7A，10 倍动作电流的动作时间为 1s。试整定 KA2 的动作电流和动作时间，并检验其灵敏度。（2）继电器均为 DL-34 型。其动作电流和动作时间不变，试整定 KA2 的动作电流和动作时间，并检验其灵敏度。

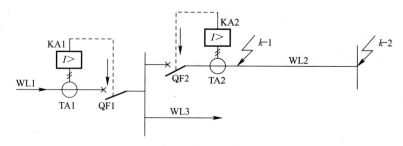

图 7-14　例 7-1 的电力线路

解：继电器均为 GL-15/10 型时：

1. 整定 KA2 的动作电流

取　$I_{\text{L.max}} = 2I_{30} = 2 \times 28\text{A} = 56\text{A}, K_{\text{rel}} = 1.3, K_{\text{re}} = 0.8, K_{\text{i}} = 50/5 = 10$

$$I_{\text{op}(2)} = \frac{K_{\text{rel}}K_{\text{W}}}{K_{\text{re}}K_{\text{i}}}I_{\text{L.max}} = \frac{1.3 \times 1}{0.8 \times 10} \times 56\text{A} = 9.1\text{A}$$

根据 GL-15/10 型继电器的规格，动作电流整定为 9A。

2. 整定 KA2 的动作时间

先确定 KA1 的实际动作时间。由于 k-1 点发生三相短路时 KA1 中的电流为

$$I'_{\text{k-1}(1)} = I_{\text{k-1}}K_{\text{W}(1)}/K_{\text{i}(1)} = 500\text{A} \times 1/20 = 25\text{A}$$

故 $I'_{\text{k-1}(1)}$ 对 KA1 的动作电流倍数为

$$n_1 = I'_{\text{k-1}(1)}/I_{\text{op}(1)} = 25\text{A}/7\text{A} = 3.6$$

利用 $n_1 = 3.6$ 和 KA1 整定的时限 $t_1 = 1\text{s}$，查表 7-2 的 GL-15 型继电器的动作特性曲线，得 KA1 的实际动作时间 $t'_1 \approx 1.6\text{s}$。

由此可得 KA2 的实际动作时间为

$$t'_2 = t'_1 - \Delta t = 1.6\text{s} - 0.7\text{s} = 0.9\text{s}$$

现在确定 KA2 的 10 倍动作电流的动作时间。由于 k-1 点发生三相短路时 KA2 中的电流为

$$I'_{\text{k-1}(2)} = I_{\text{k-1}}K_{\text{W}(2)}/K_{\text{i}(2)} = 500\text{A} \times 1/10 = 50\text{A}$$

故 $I'_{\text{k-1}(2)}$ 对 KA2 的动作电流倍数为

$$n_2 = I'_{\text{k-1}(2)}/I_{\text{op}(2)} = 50\text{A}/9\text{A} = 5.6$$

利用 $n_2 = 5.6$ 和 KA2 的实际动作时间 $t'_2 = 0.9\text{s}$，查表 7-2 的 GL-15 型继电器的动作特性曲线，得 KA2 的 10 倍动作电流的动作时间 $t_2 \approx 0.8\text{s}$。

3. KA2 的灵敏度检验

KA2 保护的线路 WL2 末端 k-2 点的两相短路电流为其最小短路电流，即

$$I_{\text{k.min}}^{(2)} = 0.866 \times I_{\text{k-2}}^{(3)} = 0.866 \times 200\text{A} = 173\text{A}$$

因此 KA2 的保护灵敏度为

$$K_{\text{s}(2)} = \frac{K_{\text{W}}I_{\text{k.min}}^{(2)}}{K_{\text{i}}I_{\text{op}(2)}} = \frac{1 \times 173\text{A}}{10 \times 9\text{A}} = 1.92 > 1.5 \quad （符合要求）$$

继电器均为 DL-34 型时：

1. 整定 KA2 的动作电流

$$I_{L.\max} = 2I_{30} = 2 \times 28A = 56A, K_{rel} = 1.2, K_{re} = 0.8, K_i = 50/5 = 10$$

$$I_{op(2)} = \frac{K_{rel}K_W}{K_{re}K_i}I_{L.\max} = \frac{1.2 \times 1}{0.8 \times 10} \times 56A = 8.4A$$

取整数，动作电流整定为 8A。

2. 整定 KA2 的动作时间

由于 KA1 的动作时间为 1s，$\Delta t = 0.5s$，

所以 $t_2 = t_1 - \Delta t = 1 - 0.5 = 0.5s$。

3. KA2 的灵敏度检验

同理 KA2 的保护灵敏度为

$$K_{s(2)} = \frac{K_W I_{k.\min}^{(2)}}{K_i I_{op(2)}} = \frac{1 \times 173A}{10 \times 8A} = 2.16 > 1.5 \quad （符合要求）$$

7.2.2 电流速断保护

上述带时限的过电流保护，由于其时限整定按阶梯原则，从负荷端开始向电源侧逐级增加一个级差 Δt，所以短路点越靠近电源处，短路电流越大，而保护的动作时间反而越长，这必然使短路电流的危害加重。为此，规定当过电流保护动作时间超过 $0.5 \sim 0.7s$ 时，应加装电流速断保护配合。

1. 电流速断保护的组成及速断电流的整定

电流速断保护就是一种瞬时动作的过电流保护。对于采用 DL 系列电流继电器构成的速断保护来说，就是把定时限过电流保护装置的时间继电器去掉即可，图 7-15 是线路上同时装有定时限过电流保护和电流速断保护的电路图，图中 KA1、KA2、KT、KS1 和 KM 属定时限过电流保护，KA3、KA4、KS2 和 KM 属电流速断保护。

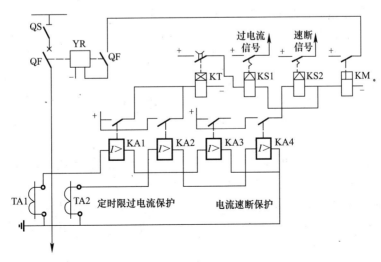

图 7-15 线路的定时限过电流保护和电流速断保护电路图

对于采用 GL 系列电流继电器来说，则利用该继电器的电磁元件来实现电流速断保

护，而其感应元件用来作反时限过电流保护，因此非常简单经济。速断动作电流是以感应元件动作电流倍数来整定的，一般为 2～8 倍。

为了保证前后两级瞬动的电流速断保护的选择性，因此电流速断保护的动作电流（即速断电流）I_{qb}，应按躲过它所保护线路的末端的最大短路电流，即三相短路电流 $I_{k.max}$ 来整定。如图 7-16 所示，前一段线路 WL1 末端 k-1 点的三相短路电流，实际上与后一段线路 WL2 首端 k-2 点的三相短路电流是近乎相等的，因为两点之间距离很短。

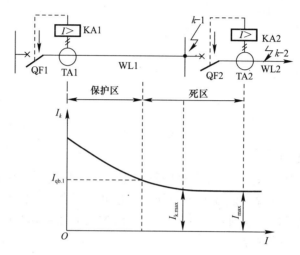

图 7-16 线路电流速断保护的保护区

$I_{k.max}$—前一级保护躲过的最大短路电流；$I_{qb.1}$—前一级保护整定的一次动作电流

因此可得电流速断保护动作电流（速断电流）的整定计算公式为

$$I_{qb} = \frac{K_{rel}K_W}{K_i}I_{k.max} \tag{7-12}$$

式中 K_{rel}——可靠系数，对 DL 型继电器，取 1.3；对 GL 型继电器，取 1.5；对过流脱扣器，取 1.8～2。

2. 电流速断保护的"死区"及其弥补

由于电流速断保护的动作电流躲过了线路末端的最大短路电流，因此靠近末端的一段线路上发生的不一定是最大的短路电流（例如两相短路电流）时，电流速断保护就不可能动作，这就是说，电流速断保护不可能保护线路的全长。这种保护装置不能保护的区域，称为"死区"，如图 7-16 所示。

为了弥补死区得不到保护的缺陷，所以凡是装设有电流速断保护的线路，必须配备带时限的过电流保护，过电流保护的动作时间比电流速断保护至少长一个时间级差 $\Delta t = 0.5\sim0.7\mathrm{s}$，而且前后的过电流保护动作时间又要符合"阶梯原则"，以保证选择性。

在电流速断的保护区内，速断保护为主保护，而在电流速断保护的死区内，则过电流保护为基本保护。

3. 电流速断保护的灵敏度

电流速断保护的灵敏度按其安装处（即线路首端）在系统最小运行方式下的两相短路电流 $I_{k.min}^{(2)}$ 来检验。因此电流速断保护的灵敏度必须满足的条件为

$$K_{s} = \frac{K_{W} I_{k. min}^{(2)}}{K_{i} I_{qb}} \geqslant 1.5 \sim 2 \qquad (7-13)$$

[**例 7-2**]　试整定例 7-1 中 KA2 继电器的速断电流，并检验其灵敏度。

解：1. 整定 KA2 的速断电流

由例 7-1 知，WL2 末端的 $I_{k. max} = 200A$；又 $K_w = 1$，$K_i = 10$，取 $K_{rel} = 1.4$。因此速断电流为

$$I_{qb} = \frac{K_{rel} \cdot K_{W}}{K_{i}} I_{k. max} = \frac{1.4 \times 1}{10} \times 200A = 28A$$

而 KA2 的 $I_{op} = 9A$，故速断电流倍数为

$$n_{qb} = I_{qb}/I_{op} = 28A/9A = 3.1$$

2. 检验 KA2 的保护灵敏度

$I_{k. max}$ 取 WL2 首端 k-1 点的两相短路电流，即

$$I_{k. min} = I_{k-1}^{(2)} = 0.866 I_{k-1}^{(3)} = 0.866 \times 500A = 433A$$

故 KA2 的速断保护灵敏度为

$$K_{s} = \frac{K_{W} I_{k-1}^{(2)}}{K_{i} I_{qb}} = \frac{1 \times 433A}{10 \times 28A} = 1.55 > 1.5 \quad （基本满足要求）$$

7.2.3　单相接地保护

1. 小电流接地系统的单相接地故障分析

我国 3～63kV 系统，特别是 3～10kV 系统，一般采用中性点不接地的运行方式或称小电流接地系统，如图 7-17 所示。

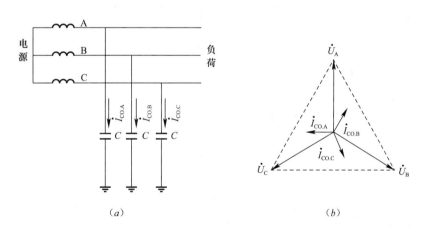

图 7-17　正常运行时的中性点不接地的电力系统
(a) 电路图；(b) 相量图

小电流接地系统在正常运行时，由于各相对地电容相同，电容电流对称且超前于相电压 90°，于是三相电流、电压相量和都为零。

在下面的分析中，故障前三相电压用 $\dot{U}_A$，$\dot{U}_B$，$\dot{U}_C$ 表示。单相接地故障后三相电压用 $\dot{U}_A'$，$\dot{U}_B'$，$\dot{U}_C'$ 表示。

当系统发生单相（如 C 相）接地后，如图 7-18 所示，故障相电压 $\dot{U}_C'$ 由正常时的 $\dot{U}_C$

降为零，非故障相对地电压 $\dot{U}'_\mathrm{A}=\dot{U}_\mathrm{A}+(-\dot{U}_\mathrm{C})=\dot{U}_\mathrm{AC}$，$\dot{U}'_\mathrm{B}=\dot{U}_\mathrm{B}+(-\dot{U}_\mathrm{C})=\dot{U}_\mathrm{BC}$。由相量图可见 C 相接地时，完好的 A、B 两相对地电压都由原来的相电压升高到线电压，即升高为原对地电压的 $\sqrt{3}$ 倍。

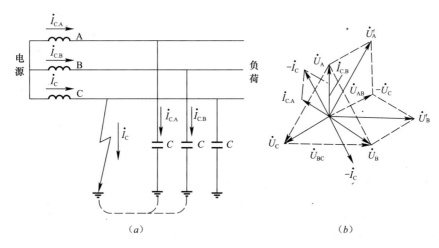

图 7-18　单相接地时的中性点不接地的电力系统
(a) 电路图；(b) 相量图

C 相接地时，系统的接地电流（电容电流）$\dot{I}_\mathrm{C}$ 应为 A、B 两相对地电容电流之和。即 $\dot{I}_\mathrm{C}=-(\dot{I}_\mathrm{C.A}+\dot{I}_\mathrm{C.B})$，$\dot{I}_\mathrm{C}$ 在相位上正好超前 $\dot{U}_\mathrm{C}90°$，在量值上，由于 $I_\mathrm{C}=\sqrt{3}I_\mathrm{C.A}$，而 $I_\mathrm{C.A}=U'_\mathrm{A}/X_\mathrm{C}=\sqrt{3}U_\mathrm{A}/X_\mathrm{C}=\sqrt{3}I_\mathrm{C0}$，因此 $I_\mathrm{C}=3I_\mathrm{C0}$，即一相接地的电容电流为正常运行时每相对地电容电流的 3 倍。I_C 一般由下面的经验公式求得，即

$$I_\mathrm{C}=\frac{U_\mathrm{N}(l_\mathrm{oh}+35l_\mathrm{cab})}{350} \tag{7-14}$$

式中　I_C——系统的单相接地电容电流（A）；

　　　U_N——系统的标称电压（kV）；

　　　l_oh——架空线路长度（km）；

　　　l_cab——电缆线路长度（km）。

若 I_C 较大（3～10kV 系统，$I_\mathrm{C}>30\mathrm{A}$；20～63kV 系统，$I_\mathrm{C}>10\mathrm{A}$）将出现断续电弧，这就可能使线路发生电压谐振现象，从而使线路上出现危险的过电压（可达相电压的 2.5～3 倍），这可能导致线路上的绝缘薄弱点的绝缘击穿。为防止这一现象的发生，供电系统可采用经消弧线圈接地的运行方式，如图 7-19 所示。

当系统发生单相接地时，流过接地点的电流是 $\dot{I}_\mathrm{C}$ 与 $\dot{I}_\mathrm{L}$（流过消弧线圈的电感电流）之和。由于 $\dot{I}_\mathrm{C}$ 超前 $\dot{U}_\mathrm{C}90°$，而 $\dot{I}_\mathrm{L}$ 滞后 $\dot{U}_\mathrm{C}90°$，所以 $\dot{I}_\mathrm{C}$ 与 $\dot{I}_\mathrm{L}$ 互相补偿。

因此，在小电流接地系统中，发生单相接地后，故障相电压为零，电容电量升高为原电容电流的 3 倍，非故障相电压升高为原来相电压的 $\sqrt{3}$ 倍，但线电压没有发生变化，所以三相用电设备仍能正常运行，但是不允许长期运行。规程规定：可以继续运行 2h。因为如果再有一相发生接地故障，就形成两相接地短路，短路电流很大。因此在小电流接地系统中，应该装设专门的单相接地保护或绝缘监视装置。在系统发生单相接地故障时，给

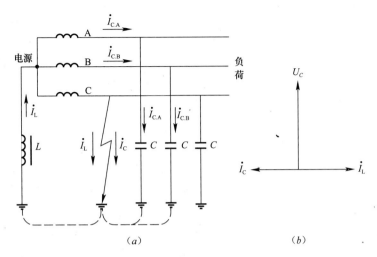

图 7-19　中性点经消弧线圈接地的电力系统

(a) 电路图；(b) 相量图

予报警信号，提醒供电值班人员注意，及时处理；当危及人身和设备安全时，单相接地保护则应动作于跳闸。

2. 小电流接地系统的单相接地保护

（1）绝缘监视装置

这种装置是利用系统出现单相接地后会出现零序电压，从而给出信号。$6 \sim 35 \mathrm{kV}$ 系统的绝缘监视装置，可采用三个单相双绕组电压互感器及三只电压表，接成如图 5-44c 所示结线，也可采用三个单相三绕组电压互感器或者一个三相五芯柱三绕组电压互感器，接成如图 5-44d 所示接线。接成 Y_0 的二次绕组，其中三只电压表均接各相的相电压。当一次电路某一相发生接地故障时，电压互感器二次侧的对应相的电压表指零，其他两相的电压表读取则升高到线电压。由指零电压表的所在相即可知该相发生了单相接地故障，但不能判明是哪一条线路发生了故障，因此这种绝缘监视装置是无选择性的，只适用于出线不多并且可以短时停电的系统。图 5-44d 中电压互感器接成开口三角形（△）的辅助二次绕组，构成零序电压过滤器，供电给一个过电压继电器，继电器的动作电压一般整定为 $15 \mathrm{V}$。在系统正常运行时，开口三角形（△）的开口处电压接近于零，继电器不动作。当一次电路发生单相接地故障时，将在开口三角形（△）的开口处出现近 $100 \mathrm{V}$ 的零序电压，使电压继电器动作，发出报警的灯光信号和音响信号。

（2）单相接地保护

又称为零序电流保护，利用单相接地故障线路的零序电流较非故障线路大的特点，实现有选择性地跳闸或发出信号。

单相接地保护必须通过零序电流互感器将一次电路发生单相接地时所产生的零序电流反映到其二次侧的电流继电器中去。图 7-20 为单相接地保护的原理说明。

图 7-21 中所示供电系统中，母线 WB 上接有三路出线 WL1、WL2 和 WL3，每路出线上都装设有零序电流互感器。现假设电缆 WL1 的 A 相发生接地故障，这时 A 相的电位为地电位，所以 A 相没有对地电容电流，只是 B 相和 C 相有对地电容电流 I_1 和 I_2。在电

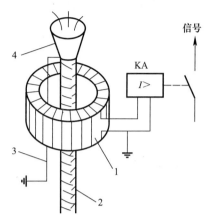

图 7-20　单相接地保护的零序
电流互感器的结构和接线

1—零序电流互感器（其环形铁心上绕二次绕组，环氧树脂浇注）；2—电缆；3—接地线；4—电缆头；KA—电流继电器

缆 WL2 和 WL3，也只是 B 相和 C 相有对地电容电流 I_3、I_4 和 I_5、I_6。所有的对地电容电流 $I_1 \sim I_6$。都要经过接地故障点。$I_1 \sim I_6$ 在供电系统中各条线路上的分布均表示如图。由图可以看出，故障芯线上流过所有电容电流之和，且与同一电缆其他两完好芯线及金属外皮上所流过的电容电流恰好相抵消，而除故障电缆外的其他电缆的所有电容电流 $I_3 \sim I_6$ 则经过电缆头接地线流入地中。接地线流过的这一不平衡电流（零序电流）就要在零序电流互感器 TAN 的铁心中产生磁通，使 TAN 的二次绕组感应出电动势，使接于二次侧的电流继电器 KA 动作，发出信号。而在系统正常运行时，由于三相电流之和为零，没有不平衡电流，因此零序电流互感器的铁心中没有磁通产生，其二次侧也就没有电动势和电流，所以继电器不动作。

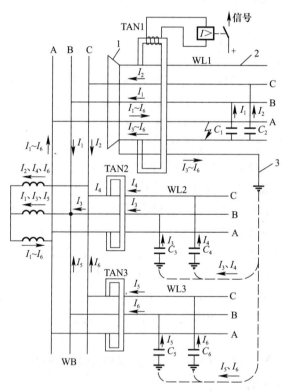

图 7-21　单相接地时接地电容电流的分布

1—电缆头；2—电缆金属外皮；3—接地线；
TAN—零序电流互感器；$I_1 \sim I_6$—通过线路对地电容 $C_1 \sim C_6$ 的接地电容电流

由此可知，这种单相接地保护装置能够相当灵敏地监视小接地电流系统的对地绝缘状况，而且能具体判断发生故障的线路。

这里必须强调指出：电缆头的接地线必须穿过零序电流互感器的铁心，否则接地保护装置不起作用。

关于架空线路的单相接地保护，可采用由三个相装设的同型号规格的电流互感器同极性并联所组成的零序电流过滤器。

当供电系统某一线路发生单相接地故障时，其他线路上都会出现不平衡的电容电流，而这些线路因本身是正常的，其接地保护装置不应该动作，因此单相接地保护的动作电流 $I_{op(E)}$，应该躲过在其他线路上发生单相接地时在本线路上引起的电容电流 I_c，即单相接地保护动作电流的整定计算公式为

$$I_{op(E)} = \frac{K_{rel}}{K_i} I_c \tag{7-15}$$

式中　I_c——为其他线路发生单相接地时，在被保护线路产生的电容电流，可按式（7-14）计算，只是式中 l 应采用被保护线路的长度；K_i 为零序电流互感器的变流比；

K_{rel}——可靠系数，保护装置不带时限时，取为 $4\sim5$，以躲过被保护线路发生两相短路时所出现的不平衡电流，保护装置带时限时，取为 $1.5\sim2$，这时接地保护的动作时间应比相间短路的过电流保护动作时间大一个 Δt，以保证选择性。

单相接地保护的灵敏度，应按被保护线路末端发生单相接地故障时流过接地线的不平衡电流作为最小故障电流来检验，而这一电容电流为与被保护线路有电联系的总电网电容电流 $I_{c.\sum}$ 与该线路本身的电容电流 I_c 之差。$I_{c.\sum}$ 和 I_c 均按式（7-14）计算，式中 l，对 $I_{c.\sum}$ 取该线路同一电压级的有电联系的所有线路总长度，而计算 I_c 时只取本线路的长度。因此单相接地保护装置的灵敏度必须满足的条件为

$$K_s = \frac{I_{c.\sum}}{K_i I_{op(E)}} \geqslant 1.5 \tag{7-16}$$

7.3　电力变压器的继电保护

7.3.1　概述

变压器是供配电系统中的主要设备。它的运行较为可靠，故障机会较少。但在运行中，它还是可能发生内部故障、外部故障及不正常工作状态的。为此需要根据变压器的容量大小及其重要程度装设各种专用的保护。

变压器故障分为油箱内部故障和外部故障两种。内部故障指变压器油箱内绕组的相间短路、匝间短路和单相接地（碰壳）等；外部故障指引出线上及绝缘套管的相间短路和单相接地等。

变压器油箱内部故障是很危险的，因为短路电流产生的电弧，不仅破坏绕组绝缘、烧坏铁芯，而且因绝缘材料和变压器油分解产生大量气体，压力增大，会使油箱爆炸，后果严重。

变压器的不正常运行状态主要有：外部短路和过负荷引起的过电流；油箱内油面降低和油温升高超过规定值等。

根据变压器故障和异常运行情况，对于 $(6\sim10)/0.4kV$ 的配电变压器，通常设置过电流保护和电流速断保护。如果过电流保护的动作时限不大于 $0.5s$，也可以不装电流速

断保护。

对于容量为 800kV·A 及以上的油浸式变压器（若为室内安装则容量为 400kV·A 及以上油浸变压器）还需装设瓦斯保护。

当两台变压器并列运行、容量为 400kV·A 及以上，或虽为单台运行，但又作为备用电源的变压器，若有可能过负荷，则应加装过负荷保护。

对 35/(6~10)kV 的总降压变压器，一般也装设过电流保护、电流速断保护和瓦斯保护，有可能过负荷时，则装过负荷保护。但对单台容量为 10000kV·A 及以上或两台 6300kV·A 及以上并列运行的变压器，应设置纵联差动保护以取代电流速断保护。

过负荷保护，轻瓦斯保护及油温、油面监视等可作用于信号，而其他保护则作用于跳闸。

7.3.2 变压器瓦斯保护

瓦斯保护又称气体继电保护，是反映油箱内部气体状态和油位变化的继电保护。它是将一只瓦斯（气体）继电器安装在油箱与油枕之间充满油的联通管内构成。

若变压器绕组发生短路，在短路点将产生电弧。电弧的高温使变压器油及其他绝缘材料分解产生瓦斯气体。瓦斯气体经联通管冲向油枕，使瓦斯继电器动作。瓦斯继电器动作分轻瓦斯动作和重瓦斯动作两种。轻瓦斯动作于信号，重瓦斯动作于跳闸。

FJ$_3$-80 型气体继电器的结构如图 7-22 所示，动作说明如图 7-23 所示。在变压器正常运行时，油杯侧产生的力矩（油杯及其附件在油内的重量产生的力矩）与平衡锤所产生的力矩相平衡，挡板处于垂直位置，干簧触点断开。

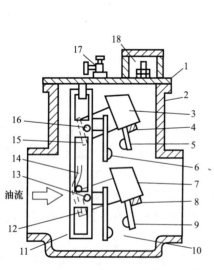

图 7-22 FJ$_3$-80 型气体继电器的结构示意图

1—盖；2—容器；3—上油杯；4—永久磁铁；5—上动触点；6—上静触点；7—下油杯；8—永久磁铁；9—下动触点；10—下静触点；11—支架；12—下油杯平衡锤；13—下油杯转轴；14—挡板；15—上油杯平衡锤；16—上油杯转轴；17—放气阀；18—接线盒

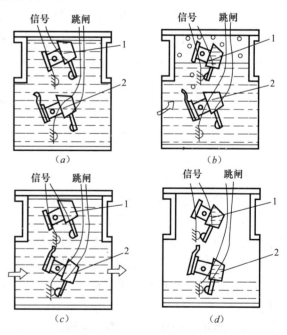

图 7-23 气体继电器动作说明

(a) 正常时；(b) 轻瓦斯动作；(c) 重瓦斯动作；
(d) 严重漏油时

1—上开口油杯；2—下开口油杯

若油箱内发生轻微故障，产生的瓦斯气体较少，气体慢慢上升，并聚积在瓦斯继电器内。当气体积聚到一定程度时，气体的压力使油面下降，油杯侧的力矩（油杯及杯内油的重量和附件在气体中的重量共同产生的力矩）大大超过平衡锤所产生的力矩（当油箱内油位严重降低也如此），因此油杯绕支点转动，使上部干簧触点闭合，发出轻瓦斯动作信号。

若油箱内发生严重的故障，会产生大量的瓦斯气体，再加上热油膨胀，使油箱内压力突增，迫使变压器油迅猛地从油箱冲向油枕。在油流的冲击下，继电器下部挡板被掀起，带动下部干簧触点闭合，接通跳闸回路，使断路器跳闸。此为重瓦斯动作。

如果变压器油箱漏油，使得气体继电器的油也慢慢流尽，先是继电器的上油杯下降，发生报警信号，接着继电器的下油杯下降，使断路器跳闸，同时发出跳闸信号。

瓦斯保护的接线如图 7-24 所示。由于瓦斯继电器的下部触点在发生重瓦斯时有可能"抖动"（即接触不稳定），影响断路器可靠跳闸，故利用中间继电器 KM 的一对常开触点构成"自保持"动作状态，而另一对常开触点接通跳闸回路。当跳闸完毕时，中间继电器失电返回。

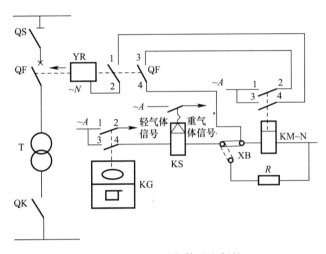

图 7-24　变压器气体继电保护

T—电力变压器；KG—气体继电器；KS—信号继电器；KM—中间继电器；
QF—断路器；YR—跳闸线圈；XB—连接片

气体继电器只能反映变压器内部故障，能反映的故障包括漏油、漏气、油内有气、匝间故障、绕组相间短路。其结构简单，价格便宜，如能妥善安装，精心维护，误动作的可能性不大。

7.3.3　变压器的过电流保护

变压器过电流保护无论定时限还是反时限，其组成和原理都与线路过电流保护完全相同，其动作电流的整定只需将最大负荷电流 $I_{\mathrm{L.max}}$ 用 $(1.5 \sim 3) I_{\mathrm{NT.1}}$ 代替，即：

$$I_{\mathrm{op}} = \frac{K_{\mathrm{rel}} \cdot K_{\mathrm{W}}}{K_{\mathrm{re}} \cdot K_{\mathrm{i}}} (1.5 \sim 3) I_{\mathrm{NT.1}} \tag{7-17}$$

式中　$I_{\mathrm{NT.1}}$——变压器一次侧额定电流（A）。

过电流保护的动作时限也是按"阶梯原则"整定，要求与线路保护一样。但对于 $(6 \sim 10)/0.4\mathrm{kV}$ 配电变压器，因属电力系统末端变电所，其过流保护的动作时限可整定为 0.5s。

变压器过电流保护的灵敏度，按低压侧母线处最小的两相短路电流折算到高压侧后校验，即：

$$K_s = \frac{I_{k.\,min}^{(2)'}}{I_{op.\,1}} \geqslant 1.25 \sim 1.5 \qquad (7\text{-}18)$$

式中　$I_{k.\,min}^{(2)'}$——系统最小运行方式下变压器二次母线处两相短路电流折算到一次侧后的数值。

7.3.4　变压器电流速断保护

变压器电流速断保护的组成及原理和线路一样。速断电流整定只需将最大短路电流取用低压侧母线处最大三相短路电流并折算到一次侧（即 $I_{k.\,max}^{(3)'}$）。

$$I_{qb} = \frac{K_{rel} \cdot K_W}{K_i} I_{k.\,max}^{(3)'} \qquad (7\text{-}19)$$

式中　$I_{k.\,max}^{(3)'}$——系统最大运行方式下变压器二次母线处三相短路电流折算到高压侧的数值。

速断保护的灵敏度按保护安装处（即高压侧）最小的两相短路电流来校验。

$$K_s = \frac{I_{k.\,min}^{(2)'}}{I_{qb.\,1}} = \frac{K_W \cdot I_{k.\,min}^{(2)'}}{K_i \cdot I_{qb}} \geqslant 2 \qquad (7\text{-}20)$$

式中　$I_{k.\,min}^{(2)'}$——系统最小运行方式下变压器高压侧两相短路电流。

当变压器空载投入或突然恢复电压时，会产生很大的励磁涌流。为防止变压器速断保护误动作，根据经验，速断保护动作电流还必须大于（2~3）倍的一次侧额定电流，即：

$$I_{qb} = \frac{(2 \sim 3)I_{NT.\,1}}{K_i} \qquad (7\text{-}21)$$

变压器的速断保护也有保护"死区"，因此必须与过电流保护配合使用。

7.3.5　变压器过负荷保护

当变压器确有过负荷可能时，才装设过负荷保护。过负荷保护只在高压侧一相上装设，而且只动作于信号。其动作电流整定为：

$$I_{op(L)} = \frac{(1.2 \sim 1.3)I_{NT.\,1}}{K_i} \qquad (7\text{-}22)$$

动作时限一般取 10~15s。

图 7-25 所示为变压器过电流保护、电流速断保护及过负荷保护的综合电路图。其中 KA1、KA2 构成过电流保护；KA3、KA4 构成电流速断保护；KA5 构成过负荷保护。

7.3.6　变压器低压侧单相接地保护

对（6~10）/0.4kV，Y，yno 连接变压器，当低压侧 b 相发生单相短路，其短路电流 $\dot{I}_k = \dot{I}_b$。由对称分量法可知：这一单相短路电流 $\dot{I}_b$，可分解为正序分量 $\dot{I}_{b1} = \dot{I}_b/3$，负序分量 $\dot{I}_{b2} = \dot{I}_b/3$，零序分量 $\dot{I}_{b0} = \dot{I}_b/3$。该变压器低压和高压两侧各序电流分量的相量图，如图 7-26 所示。

低压侧的正序电流 $\dot{I}_{a1}$、$\dot{I}_{b1}$、$\dot{I}_{c1}$ 和负序电流 $\dot{I}_{a2}$、$\dot{I}_{b2}$、$\dot{I}_{c2}$ 都要感应到高压侧去，即高压侧正序电流 $\dot{I}_{A1}$、$\dot{I}_{B1}$、$\dot{I}_{C1}$，负序电流 $\dot{I}_{A2}$、$\dot{I}_{B2}$、$\dot{I}_{C2}$。而低压侧的零序电流 $\dot{I}_{a0}$、$\dot{I}_{b0}$、$\dot{I}_{c0}$，由于变压器为三相三芯柱的，其铁芯中不可能存在三个相同的零序磁通，因此高压侧就不可能感应零序电流。

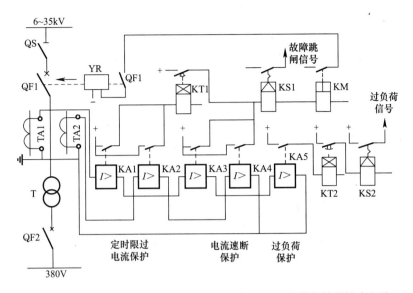

图 7-25　变压器的电流速断保护、过电流保护和过负荷保护的综合电路

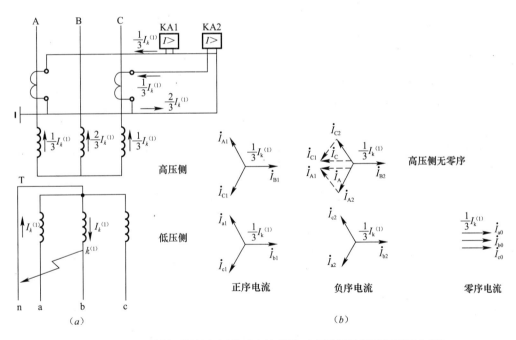

图 7-26　变压器低压侧单相短路过电流保护（高压侧采用两相两继电器）

(a) 电流分布；(b) 电流相量分解

注：变压器 Y, yno 联结，变压器和互感器的变比均为 1。

　　由以上分析可知，当变压器一次侧为两相两继电器接线，低压侧 b 相（对应的高压侧 B 相未装电流互感器）发生单相短路，流入继电器的电流，仅为单相短路电流 $I_k^{(1)}$ 的 1/3。灵敏度达不到要求。当变压器一次侧为两相一继电器差接线时，低压侧 b 相（对应的高压侧 B 相未装电流互感器）发生单相短路，由图 7-27 所示的短路电流分布可知，继电器中根本无电流流过，这种接线不能作为低压侧的单相短路保护。为此，应装设单独的低压侧单相接地保护（即零序电流保护）。

图 7-28 所示为变压器低压侧单相接地保护原理图。在低压侧零线上装一只零序电流互感器，接一只 GL 型电流继电器即可构成低压侧单相接地保护。

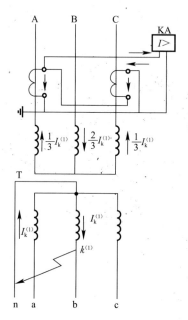

图 7-27　Y，yn0 联结的变压器

注：高压侧采用两相一继电器的过电流保护，
在低压侧发生单相短路时的电流分布。

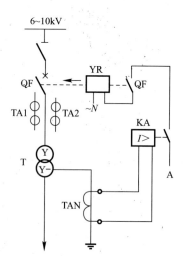

图 7-28　变压器的零序过电流保护

QF—断路器；TAN—零序电流互感器；

KA—电流继电器；YR—跳闸线圈

零序电流保护的动作电流，按躲过变压器低压侧最大不平衡电流来整定，其整定计算式为：

$$I_{op(0)} = \frac{K_{rel} \cdot K_{dsq} \cdot I_{NT2}}{K_i} = \frac{0.25 \times K_{rel} \times I_{NT2}}{K_i} \tag{7-23}$$

式中　I_{NT2}——变压器二次侧额定电流；

K_{rel}——可靠系数，可取 1.2～1.3；

K_{dsq}——不平衡系数，一般取 25％左右；

K_i——零序电流互感器变比。

零序电流保护的动作时限一般取 0.5～0.7s。

保护的灵敏度按低压侧干线末端单相短路电流来校验，即：

$$K_s = \frac{I_{k.min}^{(1)}}{I_{op(0)} \cdot K_i} \geqslant 1.25 \sim 1.5 \tag{7-24}$$

式中　$I_{k.min}^{(1)}$——低压干线末端最小的单相短路电流。

对架空线 $K_s \geqslant 1.5$；对电缆线 $K_s \geqslant 1.25$。

[例 7-3]　某变电所装有一台 SL_7-630，10/0.4kV 配电变压器（室内安装）。高压侧额定电流为 36.4A，最大负荷电流 $I_{L.max} = 3 \times 36.4$A。在系统最大运行方式下，变压器低压侧母线三相短路电流为 17800A（折算到高压侧为 712A）；系统最小运行方式下变压器高压侧三相短路电流为 2750A，而低压侧母线三相短路电流为 16475A（折算到高压侧为

659A）。又知系统最小运行方式下变压器低压侧单相短路电流 $I_{k.\,min}^{(1)}=5540A$。试设计变压器的保护，并整定动作值及校验灵敏度。

解： 1. 设计保护方案

因为该变压器为室内安装，容量为 630kV·A，电压 10/0.4kV。因此可设置下列保护。

（1）装设瓦斯保护。

（2）选两只变比为 100/5 的电流互感器和两只 GL-11 型电流继电器构成不完全星形接线的反时限过电流保护和速断保护。

（3）低压侧单相接地。若高压侧的过电流保护灵敏度不满足要求，应加装专门的零序电流保护。

2. 动作电流整定及灵敏度校验

（1）过电流保护的动作电流及灵敏度

动作电流：

$$I_{op} = \frac{K_{rel} \cdot I_{L.\,max} \cdot K_W}{K_{re} \cdot K_i} = \frac{1.3 \times 3 \times 36.4 \times 1}{0.8 \times 20} = 8.87A \quad 整定为 9A$$

一次侧动作电流：

$$I_{op.\,1} = \frac{I_{op} \cdot K_i}{K_W} = \frac{9 \times 20}{1} = 180A$$

保护动作时限：因为是电力系统末端，故取 10 倍动作电流的动作时限为 0.5s。

保护灵敏度：

$$K_s = \frac{\frac{\sqrt{3}}{2} \cdot I_{k.\,min}^{(3)'}}{I_{op.\,1}} = \frac{\frac{\sqrt{3}}{2} \times 659}{180} = 3.17 > 1.5 \quad （满足要求）$$

（2）速断保护的速断电流及灵敏度

速断电流：

$$I_{qb} = \frac{K_{rel} \cdot I_{k.\,max}^{(3)'} \cdot K_W}{K_i} = \frac{1.5 \times 712 \times 1}{20} = 53.4A$$

$$n_{qb} = \frac{I_{qb}}{I_{op}} = \frac{53.4}{9} = 5.933 \quad 实取 6 倍$$

保护灵敏度：

$$K_s = \frac{\frac{\sqrt{3}}{2} \cdot I_{k.\,min}^{(3)}}{I_{op.\,1} \cdot n_{qb}} = \frac{\frac{\sqrt{3}}{2} \times 2750}{180 \times 6} = 2.2 > 2 \quad 满足$$

（3）低压侧单相接地保护

采用高压侧过电流保护兼作低压单相接地保护时，其灵敏度为：

$$K_s = \frac{1}{3} \cdot \frac{I_{k.\,min}^{(1)'}}{I_{op.\,1}} = \frac{1}{3} \times \frac{5540}{\frac{10}{0.4} \times 180} = 0.41 < 1.5 \quad （不满足）$$

若高压侧过电流保护采用"两相三继电器式"接线（即在电流互感器中性线上再加接一只电流继电器），则灵敏度提高 2 倍，即

$$K_s = \frac{2}{3} \cdot \frac{I_{k.\,min}^{(1)'}}{I_{op.\,1}} = \frac{2}{3} \times \frac{5540}{\frac{10}{0.4} \times 180} = 0.82 < 1.5 \quad (仍不满足)$$

由此可见，应设专门的零序电流保护，即选一只变比为 300/5 的零序电流互感器，安装在低压侧中性线上，再接一只 GL-11 型电流继电器。

零序电流保护动作电流：

$$I_{op(0)} = \frac{K_{rel} \cdot K_{dsq} \cdot I_{NT.\,2}}{K_i} = \frac{1.2 \times 0.25 \times \dfrac{630}{\sqrt{3} \times 0.4}}{60} = 4.546A \quad 整定为 4.5A。$$

零序保护灵敏度校验：

$$K_s = \frac{I_{k.\,min}^{(1)}}{I_{op(0)} \cdot K_i} = \frac{5540}{4.5 \times 60} = 20.5 > 2 \quad (满足要求)$$

零序电流保护动作时限取 0.7s。

7.4　低压供配电系统的保护

低压供配电系统的保护一般采用低压熔断器保护和低压断路器保护。

7.4.1　低压熔断器保护

1. 熔断器在供电系统中的配置

在低压系统中采用熔断器保护短路或过负荷是靠熔断器的熔体熔断来切除故障的，因此熔断器在供电系统中的配置，应符合保护选择性的原则，也就是熔断器要配置得能使故障范围缩小到最低限度。此外应考虑经济性，即供电系统中配置的熔断器级数要尽量少。

图 7-29 是某放射式配电系统中熔断器的合理配置方案，既可满足保护选择性的要求，配置的级数又较少。图中熔断器 FU5 用来保护电动机及其支线。当 k—5 处短路时，FU5 熔断。熔断器 FU4 主要用来保护动力配电箱母线。当 k—4 处短路时，FU4 熔断。同理，熔断器 FU3 主要用来保护配电干线，FU2 主要用来保护低压配电屏母线，FU1 主要用来保护电力变压器。在 k—1～k—3 处短路时，也都是靠近短路点的熔断器熔断。注意：在低压系统中的 PE 线和 PEN 线上，不允许装设熔断器，以免 PE 线或 PEN 线因熔断器熔断而断路时，使所有接 PE 线或 PEN 线的设备的外露可导电部分带电，危及人身安全。

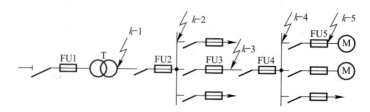

图 7-29　熔断器在低压放射式线路中的配置

2. 熔断器的选择和校验

选择熔断器主要是确定熔断器的额定电流。

选择和校验熔断器时应满足下列条件：

(1) 熔断器的额定电压应不低于保护线路的额定电压。

（2）熔断器熔管的额定电流应不小于它所安装的熔体额定电流。即：

$$I_{\text{N. FU}} \geqslant I_{\text{N. FE}} \tag{7-25}$$

式中　$I_{\text{N. FU}}$——熔断器额定电流，即熔断器熔管的额定电流；

$I_{\text{N. FE}}$——熔断器熔体的额定电流。

（3）熔断器的类型应符合安装条件（户内或户外）及被保护设备的技术要求。

（4）断流能力的校验：

1）对限流式熔断器（如 RT0 型），由于限流式熔断器能在短路电流达到冲击值之前完全熄灭电弧、切除短路，因此只需满足条件

$$I_{\text{oc}} \geqslant I''^{(3)} \tag{7-26}$$

式中　I_{oc}——熔断器的最大分断电流；

$I''^{(3)}$——熔断器安装地点的三相次暂态短路电流有效值，在无限大系统中 $I''^{(3)} = I_{\infty}^{(3)}$。

2）对非限流式熔断器（如 RM10 型），由于非限流式熔断器不能在短路电流达到冲击值之前熄灭电弧、切除短路，因此需满足条件

$$I_{\text{oc}} \geqslant I_{\text{sh}}^{(3)} \tag{7-27}$$

式中　$I_{\text{sh}}^{(3)}$——熔断器安装地点的三相短路冲击电流有效值。

3. 熔断器熔体额定电流 $I_{\text{N. FE}}$ 的选择

确定熔断器的额定电流关键是确定熔体的额定电流。

熔断器熔体电流应保证在正常工作电流和用电设备启动时的尖峰电流下不误动作选择，并在故障时能在一定时间熔断。

（1）按正常工作电流选择：

熔体额定电流 $I_{\text{N. FE}}$ 应不小于线路的计算电流 I_{c}，以使熔体在线路正常运行时不致熔断，即

$$I_{\text{N. FE}} \geqslant I_{\text{c}} \tag{7-28}$$

（2）按用电设备启动时的尖峰电流选择：

熔体额定电流 $I_{\text{N. FE}}$ 应躲过线路的尖峰电流 I_{pk}，以使熔体在线路出现正常尖峰电流时也不致熔断。由于尖峰电流是短时最大电流，而熔体加热熔断需一定时间，所以满足的条件为

$$I_{\text{N. FE}} \geqslant K I_{\text{pk}} \tag{7-29}$$

式中，K 为小于 1 的计算系数。对供单台电动机的线路来说，此系数应根据熔断器的特性和电动机的启动情况决定：启动时间在 3s 以下（轻载启动），宜取 $K = 0.25 \sim 0.35$；启动时间在 $3 \sim 8s$（重载启动），宜取 $K = 0.35 \sim 0.5$；启动时间超过 8s 或频繁启动、反接制动，宜取 $K = 0.5 \sim 0.6$。对供多台电动机的线路来说，此系数应视线路上最大一台电动机的启动情况、线路计算电流与尖峰电流的比值及熔断器的特性而定，取为 $K = 0.5 \sim 1$；如线路计算电流与尖峰电流的比值接近于 1，则可取 $K = 1$。目前低压熔断器品种繁多，启动系数太繁杂，这种按照启动系数的方法计算不适用，因此工程设计中常用查表法，按熔断体允许通过的启动电流选择熔断器的规格，或按电动机功率配置熔断器。见附表 C-40、C-41。

按照国家新标准 GB 50055—2011 规定：当交流电动机正常运行、正常启动或自启动时，短路保护熔体额定电流应根据其安秒特性曲线在计及偏差后，略高于电动机启动电流

时间特性曲线，但不得小于电动机的额定电流，以确保熔体额定电流躲过尖峰电流；当电动机频繁启动和制动时，熔断体的额定电流应加大 1 级或 2 级。

1) 单台用电设备的尖峰电流 I_{PK} 就是其启动电流 I_{st}：

$$I_{pk} = I_{st} = K_{st} I_N \tag{7-30}$$

式中 I_N——用电设备的额定电流；

K_{st}——用电设备的启动电流倍数（K_{st} 取值见 2.7 节尖峰电流的计算）。

2) 多台用电设备（配电）线路上的尖峰电流按下式计算：

$$I_{pk} = I_{st.max} + I_{c(n-1)} = (K_{st} I_N)_m + I_{c(n-1)} \tag{7-31}$$

式中 $I_{st.max}$——启动电流最大的一台电动机启动电流（A）；

$I_{c(n-1)}$——除启动电流最大的那台电动机之外，其他用电设备的计算电流。

4. 前后熔断器之间的选择性配合

前后熔断器的选择性配合，就是在线路发生故障时，靠近故障点的熔断器最先熔断，切除故障部分，从而使系统的其他部分迅速恢复正常运行。

前后熔断器的选择性配合，宜按它们的保护特性曲线（安秒特性曲线）来进行检验。如图 7-30 所示：

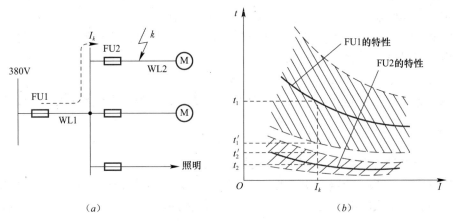

图 7-30   熔断器在低压放射式线路中的配置

(a) 熔断器在低压线路中的选择性配置；(b) 熔断器按保护特性曲线进行选择性校验

（注：斜线区表示特性曲线的误差范围）

如图 7-30 (a) 所示线路中，设支线 WL2 的首端 k 点发生三相短路，则三相短路电流 I_k 要通过 FU2 和 FU1。但是根据保护选择性的要求，应该是 FU2 的熔体首先熔断，切除故障线路 WL2，而 FU1 不再熔断，干线 WL1 恢复正常运行。但是熔体实际熔断时间与其产品的标准保护特性曲线所查得的熔断时间可能有 ±30％～±50％ 的偏差。从最不利的情况考虑，设 k 点短路时，FU1 的实际熔断时间 t_1' 比标准保护特性曲线查得的时间 t_1 小 50％（为负偏差），即 $t_1' = 0.5 t_1$，而 FU2 的实际熔断时间 t_2' 又比标准保护特性曲线查得的时间 t_2 大 50％（为正偏差），即 $t_2' = 1.5 t_2$。这时由图 7-30 (b) 可以看出，要保证前后两熔断器 FU1 和 FU2 的保护选择性，必须满足的条件是 $t_1' > t_2'$ 或 $0.5 t_1 > 1.5 t_2$，即

$$t_1' > 3 t_2' \tag{7-32}$$

　　上式说明：在后一熔断器所保护线路的首端发生最严重的三相短路时，前一熔断器根据其保护特性曲线得到的熔断时间，至少应为后一熔断器根据其保护特性曲线得到的熔断时间的三倍，才能确保前后两熔断器动作的选择性。如果不能满足这一要求时，则应将前一熔断器的熔体电流提高 1～2 级，再进行校验。

　　如果不用熔断器的保护特性曲线来检验选择性，则一般只有前一熔断器的熔体电流大于后一熔断器的熔体电流 2～3 级以上，才有可能保证动作的选择性。

7.4.2　低压断路器保护

1. 低压断路器在低压配电系统中的配置

　　低压断路器在低压配电系统中的配置，通常有下列三种方式：

　　(1) 单独接低压断路器或低压断路器-刀开关的方式。对于只装一台主变压器的变电所，低压侧主开关采用低压断路器，如图 7-31 (a) 所示。

　　对于装有两台主变压器的变电所，低压侧主开关采用低压断路器时，低压断路器容量应考虑到一台主变压器退出工作时，另一台主变压器要供电给变电所全部一、二级负荷，而且这时可能两段母线都带电。为了保证检修主变压器和低压断路器时的安全，因此低压断路器的母线侧应装设刀开关或隔离开关，如图 7-31 (b) 所示，以隔离来自低压母线的反馈电源。

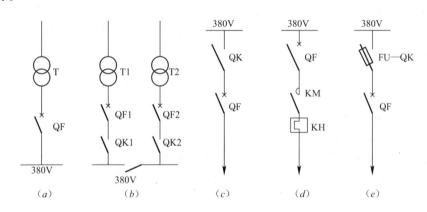

图 7-31　低压断路器常见的配置方式

(a) 适于一台主变压器的变电所；(b) 适于两台主变压器的变电所；(c) 适于低压配电出线；
(d) 适于频繁操作的低压线路；(e) 适于自复式熔断器保护的低压线路；
QF—低压断路器；QK—刀开关；FU—QK—刀熔开关；KM—接触器；KH—热继电器

　　对于低压配电出线上装设的低压断路器，为保证检修配电出线和低压断路器的安全，在低压断路器的母线侧应加装刀开关，如图 7-31 (c) 所示，以隔离来自低压母线的电源。

　　(2) 低压断路器与磁力启动器或接触器配合的方式。对于频繁操作的低压线路，宜采用如图 7-31 (d) 所示的结线方式。这里的低压断路器主要用于电路的短路保护，磁力启动器或接触器用作电路频繁操作的控制，热继电器用作过负荷保护。

　　(3) 低压断路器与熔断器配合的方式。如果低压断路器的断流能力不足以断开电路的短路电流时，可采用如图 7-31 (e) 所示结线方式。这里的低压断路器作为电路的通断控制及过负荷和失压保护用，它只装热脱扣器和失压脱扣器，不装过流脱扣器，而是利用熔断器或刀熔开关来实现短路保护。如果自复式熔断器与低压断路器配合使用，则既能有效地切断短路电流，而且在短路故障消除后又能自动恢复供电，从而可大大提高供电可靠性。

低压断路器在低压供配电系统中的配置同样要满足选择性的要求，即当电路中发生短路时，应该是距离短路点最近的低压断路器瞬间动作，切除短路，而其他低压断路器不应动作。如图 7-32 所示 k_2 点短路，QF2 应瞬时跳闸，QF1 不应动作；当 k_1 点短路，QF1 应瞬时跳闸。

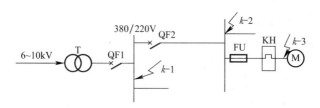

图 7-32　低压断路器动作选择性说明图

2. 低压断路器过电流保护特性

过电流保护特性包括瞬时、短延时和长延时三段保护特性。

过电流保护是由断路器上装设的过电流脱扣器来完成的。过电流脱扣器包括瞬时脱扣器、短延时脱扣器（又称定时限脱扣器）和长延时脱扣器（又称反时限脱扣器）。见第 5 章低压断路器。其中瞬时和短延时脱扣器适于短路保护，当被保护电路的电流达到瞬时或短延时脱扣器整定值时，脱扣器瞬时或在规定时间内动作（如 0.2s、0.4s、0.6 和 0.8s 等）。而长延时脱扣器适于过负荷保护，电流越大动作时间越短。如图 5-31 所示。

3. 低压断路器的选择和校验

选择和校验低压断路器时应满足下列条件：

（1）低压断路器的额定电压应不低于保护线路的额定电压。

（2）低压断路器的额定电流应不小于它所安装的脱扣器额定电流。即：

$$I_N \geqslant I_{N.OR} \tag{7-33}$$

式中　I_N——断路器额定电流，即断路器壳架或主触头的额定电流，指断路器所能安装的最大过电流脱扣器的额定电流；

　　　$I_{N.OR}$——断路器过电流脱扣器的额定电流。

（3）低压断路器的类型应符合安装条件、保护性能及操作方式的要求，因此应同时选择其操作机构形式。

（4）低压断路器断流能力的校验：

1）对动作时间在 0.02s 以上的万能式断路器（DW 型），其极限分断电流 I_{oc} 应不小于通过它的最大三相短路电流周期分量有效值 $I_k^{(3)}$，即

$$I_{oc} \geqslant I_k^{(3)} \tag{7-34}$$

2）对动作时间在 0.02s 及以下的塑壳式断路器（DZ 型），其极限分断电流 I_{oc} 或 i_{oc} 应不小于通过它的最大三相短路冲击电流 $I_{sh}^{(3)}$ 或 $i_{sh}^{(3)}$，即

$$I_{oc} \geqslant I_{sh}^{(3)} \tag{7-35}$$

或
$$i_{oc} \geqslant i_{sh}^{(3)} \tag{7-36}$$

4. 低压断路器脱扣器的选择和整定

(1) 低压断路器过流脱扣器额定电流的选择。过流脱扣器的额定电流 $I_{\text{N.OR}}$ 应不小于线路的计算电流 I_{C}，即

$$I_{\text{N.OR}} \geqslant I_{\text{C}} \tag{7-37}$$

(2) 低压断路器过流脱扣器动作电流的整定

1) 瞬时过流脱扣器动作电流的整定。瞬时过流脱扣器的动作电流（整定电流）$I_{\text{op(o)}}$，应躲过线路的尖峰电流 I_{pk}，即：

$$I_{\text{op(o)}} \geqslant K_{\text{rel}} I_{\text{pk}} \tag{7-38}$$

$$I_{\text{pk}} = I'_{\text{st.max}} + I_{\text{c}(n-1)} = (2 \sim 2.5) I_{\text{st.max}} + I_{\text{c}(n-1)} = (2 \sim 2.5)(K_{\text{st}} I_{\text{N}})_{\text{m}} + I_{\text{c}(n-1)}$$

式中　K_{rel}——可靠系数，取 1.2；

　　　I_{pk}——尖峰负荷；

　　$I'_{\text{st.max}}$——线路中最大一台电动机全启动电流；

　　$I_{\text{st.max}}$——启动电流最大的一台电动机启动电流（A）；

$I_{\text{c}(n-1)}$——除启动电流最大的那台电动机之外，线路中其他用电设备的计算电流；

　　　I_{N}——用电设备的额定电流；

　　　K_{st}——用电设备的启动电流倍数。

2) 短延时过流脱扣器动作电流和动作时间的整定。短延时过流脱扣器的动作电流 $I_{\text{op(s)}}$，应躲过线路短时间出现的负荷尖峰电流 I_{pk}，即：

$$I_{\text{op(s)}} \geqslant K_{\text{rel}} I_{\text{pk}} = K_{\text{rel}}(I_{\text{st.max}} + I_{\text{c}(n-1)}) = K_{\text{rel}}((K_{\text{st}} I_{\text{N}})_{\text{m}} + I_{\text{c}(n-1)}) \tag{7-39}$$

式中　K_{rel}——可靠系数，取 1.2。

短延时过流脱扣器的动作时间通常分 0.2s、0.4s、0.6s 和 0.8s 等，应按前后保护装置保护选择性要求来确定，应使前一级保护的动作时间比后一级保护的动作时间长一个时间级差 0.2s。

3) 长延时过流脱扣器动作电流和动作时间的整定。长延时过流脱扣器主要用来保护过负荷，因此其动作电流 $I_{\text{op}}(l)$，只需躲过线路的最大负荷电流，即计算电流 I_{C}，即

$$I_{\text{op}}(l) \geqslant K_{\text{rel}} I_{\text{C}} \tag{7-40}$$

式中　K_{rel}——可靠系数，一般取 1.1。

长延时过流脱扣器的动作时间，应躲过允许过负荷的持续时间。其动作特性通常是反时限的，即过负荷电流越大，其动作时间越短。一般动作时间为 1～2h。

(3) 低压断路器热脱扣器的选择和整定

热脱扣器也是一种反时限过流脱扣器，用于过负荷保护。

1) 热脱扣器额定电流的选择。热脱扣器的额定电流 $I_{\text{N.TR}}$ 应不小于线路的计算电流 I_{C}，即

$$I_{\text{N.TR}} \geqslant I_{\text{C}} \tag{7-41}$$

2) 热脱扣器动作电流的整定。热脱扣器动作电流

$$I_{\text{op.TR}} \geqslant K_{\text{rel}} I_{\text{C}} \tag{7-42}$$

式中　K_{rel}——可靠系数，可取 1.1，不过一般应通过实际运行试验进行检验。

(4) 低压断路器欠压脱扣器的整定。低压断路器在主电路电压高于 $0.75 U_{\text{N}}$ 时，能可靠工作而不动作；当电压小于 $0.4 U_{\text{N}}$ 时，能可靠动作跳闸。欠压脱扣器为延时式的，可

延时 0.3~1s（利用钟表机构延时式）或 1~20s（利用电子延时式）。

5. 低压断路器过电流保护灵敏度的检验

为了保证低压断路器的瞬时或短延时过流脱扣器在系统最小运行方式下在其保护区内发生最轻微的短路故障时能可靠地动作，低压断路器保护的灵敏度必须满足条件

$$K_{s} = \frac{I_{k.min}}{I_{op}} \geqslant 1.3 \tag{7-43}$$

式中　I_{op}——瞬时或短延时过流脱扣器的动作电流；

$I_{k.min}$——低压断路器保护的线路末端在系统最小运行方式下的单相短路电流 $I_{k.min}^{(1)}$（中性点接地系统）或两相短路电流 $I_{k.min}^{(2)}$（对中性点不接地系统）。

[例 7-4]　有一条 380V 动力线路上计算电流为 120A，尖峰电流为 400A，试选 NS 系列低压断路器，并整定低压断路器的瞬时及长延时脱扣器动作电流值。

解：1. 断路器额定电流的选择：因为 $I_N \geqslant I_{N.OR} \geqslant I_C$

所以查附表 C-15 选择 NS250H/160 断路器，$I_N=250A$，$I_{N.OR}=160A$

则　　　　　　　　　$I_N \geqslant I_{N.OR} \geqslant I_C = 120A$　　满足要求。

2. 瞬时过流脱扣器动作电流的整定：$I_{OP(O)} \geqslant K_{rel} I_{pk} = 1.2 \times 400 = 480A$，$I_{OP(O)} = 8I_N = 8 \times 160 = 1280A$。

查产品样本 NS250 断路器，瞬时过电流脱扣器动作电流为固定式 1250A，大于 480A，故取瞬时过流脱扣器动作电流 1250A。

3. 长延时脱扣器动作电流的整定：$I_{OP(l)} \geqslant K_{rel} I_{30} = 1.1 \times 120 = 132A$

NS250 断路器长延时脱扣器动作电流可调为 0.8、0.9、1.0 倍 $I_{N.OR}$，故取 $I_{OP(l)} = 0.9 I_{N.OR} = 0.9 \times 160 = 144A > 132A$。由上述计算知：低压断路器选 NS250H/160 型，脱扣器额定电流为 250A，瞬时脱扣电流为 1250A，长延时脱扣电流 144A。

6. 前后低压断路器之间及低压断路器与熔断器之间的选择性配合

（1）前后低压断路器之间的选择性配合。前后两低压断路器之间是否符合选择性配合，宜按其保护特性曲线进行检验，按产品样本给出的保护特性曲线考虑其偏差范围可为 ±20%~±30%。如果在后一断路器出口发生三相短路时，前一断路器保护动作时间在计入负偏差、后一断路器保护动作时间在计入正偏差情况下，前一级的动作时间仍大于后一级的动作时间，则能实现选择性配合的要求。对于非重要负荷，保护电器可允许无选择性动作。一般来说，要保证前后两低压断路器之间能选择性动作，前一级低压断路器宜采用带短延时的过流脱扣器，后一级低压断路器则采用瞬时过流脱扣器，而且动作电流也是前一级大于后一级，至少前一级的动作电流不小于后一级动作电流的 1.2 倍，即

$$I_{op.1} \geqslant 1.2 I_{op.2} \tag{7-44}$$

（2）低压断路器与熔断器之间的选择性配合。要检验低压断路器与熔断器之间是否符合选择性配合，只有通过保护特性曲线。前一级低压断路器可按厂家提供的保护特性曲线考虑 -30%~-20% 的负偏差，而后一级熔断器可按厂家提供的保护特性曲线考虑 +30%~+50% 的正偏差。在这种情况下，如果两条曲线不重叠也不交叉，且前一级的曲线总在后一级的曲线之上，则前后两级保护可实现选择性的动作，而且两条曲线之间留有的裕量越大，则动作的选择性越有保证。

思　考　题

7-1　继电保护的作用是什么？对保护装置有哪些要求？

7-2　电磁式、感应式电流继电器的电流时间特性分别是什么？

7-3　过电流继电保护装置的接线方式有哪些？

7-4　什么叫过电流继电器的动作电流、返回电流和返回系数？如继电器返回系数过低有什么不好？

7-5　定时限过电流保护如何整定和调节其动作电流和动作时间？反时限过电流保护是如何整定和调节动作电流和动作时限的？说明什么是 10 倍动作电流的动作时间。

7-6　电流速断保护为何会出现"死区"？如何弥补？

7-7　变压器瓦斯保护的原理是什么？什么是"轻瓦斯"动作？什么是"重瓦斯"动作？

7-8　变压器在何时需装设过负荷保护？其动作电流、动作时间各如何整定？

7-9　变压器纵联差动保护的基本原理是什么？

7-10　如何选择线路熔断器的熔体？为什么熔断器保护要考虑与被保护线路相配合？如何配合？

7-11　低压断路器的瞬时、短延时和长延时过流脱扣器的动作电流如何整定？其热脱扣器的动作电流又如何整定？

习　题

7-1　某 10kV 供电线路，已知最大负荷电流为 180A，线路始端和末端的三相短路电流有效值分别为 3.2kA、1kA。线路末端出线保护动作时间为 0.5s。试整定该线路的定时限过电流保护的动作电流、动作时间及灵敏度，以及是否要装设电流速断保护。若需要，如何整定其速断电流及灵敏度（电流互感器变化为 40，采用两相不完全星形接线）。

7-2　某变电所装有一台 10/0.4kV、1000kV·A 的电力变压器一台，变电所低压母线三相短路电流 $I_k^{(3)}$ 为 20kA，拟采用两只感应式电流继电器组成两相不完全星形接线。电流互感器变比为 30，试整定变压器的反时限过电流保护的动作电流、动作时间、灵敏度，以及电流速断保护的速断电流倍数。

7-3　有一台电动机额定电压为 380V，启动时间为 3s 以下，额定电流为 20A，启动电流为 141A。该电动机端子处三相短路电流为 16kA，环境温度为 30℃。试选择保护该电动机短路的 KT₀ 型熔断器及熔体的额定电流，并选择此电动机的配电导线（采用 BV 型导线，穿硬塑料管）的截面和穿管管径。

7-4　有一条 380V 动力线路，其 $I_C = 265A$，$I_{pk} = 500A$，环境温度为 30℃，拟选 DZ20 型低压断路器进行保护，用 VV 电缆明敷，试选 DZ20 型低压断路器的型号及脱扣器的额定电流，瞬时脱扣器的动作电流值及电缆截面。

第8章 供电系统的自动监控

8.1 供配电系统二次接线

8.1.1 二次系统接线图

1. 二次系统的主要作用

变电所的二次系统又称二次回路，主要包括控制与信号系统、继电保护与自动化系统、测量仪表与操作电源等部分。尽管二次系统是一次系统的辅助部分，但它对一次系统的安全可靠运行起着十分重要的作用。二次系统的主要作用有：

（1）保护作用。变电所内所有一次设备和电力线路，随时都可能发生短路故障，强大的短路电流将严重威胁电气设备和人身安全。为了防止事故扩大漫延并保证设备和人身安全，必须装设各种自动保护装置，使故障部分尽快与电源断开，这就是继电保护装置（以下简称"保护"）的主要任务。

（2）控制作用。变电所的主要控制对象是高压断路器和低压断路器等分合大电流的开关设备。由于它们的安装地点往往远离值班室（或控制室），因此需要实现远距离控制操作。

（3）监视作用。变电所各种电气设备的运行情况是否正常，开关设备处于何种位置，必须在值班室中通过各种测量仪表（电压、电流、功率、频率、电度表等）和信号装置（各种灯光、音响、信号牌、显示器等）进行观察监视，以便及时发现并尽快采取相应措施。

（4）事故分析与事故处理作用。在现代大型变电所中，多装有故障滤波器和多种自动记录仪表，能将系统故障时电气参数的变化情况摄录下来，以利于分析事故。计算机实时监控技术近年来已在部分变电所中开始应用，这对分析和处理事故更为有利。

（5）自动化作用。为保证电力用户长期连续供电，变电所需要装设必要的自动装置，例如自动重合闸装置、备用电源自动投入装置、按频率自动减负荷装置、电力电容器自动投切装置等。

2. 二次系统接线图

二次系统接线图是二次回路各种元件设备相互连接的电气接线图，通常分为原理图、展开图和安装图三种，各有特点而又相互对应，用途不完全相同。原理图的作用在于表明二次系统的构成原理，它的主要特点是，二次回路中的元件设备以整体形式表示，而该元件设备本身的电气接线并不给出，同时将相互联系的电气部件和连接画在同一张图上，给人以明确的整体概念。展开图的特点是，将二次系统有关设备的部件（如线圈和触点）解体，按供电电源的不同分别画出电气回路接线图，如交流电压回路、交流电流回路、直流控制回路、直流信号回路等。因此，同一设备的不同部件往往被画在不同的二次回路中，展开图既能表明二次回路工作原理，又便于核查二次回路接线是否正确，有利于寻找故障。安装图用于电气设备制造时装配与接线、变电所电气部分施工安装与调试、正常运行与事故处理等方面，通常分为盘（屏）面布置图、盘（屏）后接线图和端子排图三种，它们相互对应、相互补充。盘面布置图表明各个电气设备元件在配电盘（控制盘、保护盘等）正面的安装位置；盘后接线图表明各设备元件间如何用导线连接起来，因此对应关系应标明；端子排图用来表明盘内设备或与盘外设备需通过端子排进行电气连接的相互关系，端子排有利于电气试验和电路改换。因此，盘后接线图和端子排图必须注明导线从何处来，到何处去，通常采用端子编号法解决，以防接错导线。目前，我国广泛采用"相对编号法"，例如甲、乙两个端子需用导线连接起来，那么就在甲端子旁边标上乙端子的编号，而在乙端子旁边标上甲端子的编号；如果一个端子需引出两根导线，那就在它旁边标出所要接的两个端子编号。

8.1.2　断路器的控制、信号回路

1. 断路器的控制、信号回路的设计原则

（1）控制、信号回路一般分为控制保护回路、合闸回路、事故信号回路、预告信号回路、隔离开关与断路器闭锁回路等。

（2）断路器的控制、信号回路电源取决于操动机构的形式和控制电源的种类。断路器一般采用电磁或弹簧操动机构。弹簧操动机构的控制电源可用直流也可用交流，电磁操动机构的控制电源要用直流。

（3）断路器的控制、信号回路接线可采用灯光监视方式或音响监视方式。工业企业和民用建筑变配电所一般采用灯光监视的接线方式。

（4）断路器的控制、信号回路的接线要求：

1）应能监视电源保护装置（熔断器或低压断路器）及跳、合闸回路的完整性（在合闸线圈及合闸接触器线圈上不允许并接电阻）。

2）应能指示断路器合闸与跳闸的位置状态，自动合闸或跳闸时应有明显信号。

3）有防止断路器跳跃（简称"防跳"）的闭锁装置。

4）合闸或跳闸完成后应使命令脉冲自动解锁。

5）接线应简单可靠，使用电缆芯最少。

（5）断路器的事故跳闸信号回路，可采用不对应原理接线。当断路器为电磁或弹簧操动时，利用控制开关与操动机构辅助触点构成不对应接线。

（6）各断路器应有事故跳闸信号，事故信号能使中央信号装置发出音响及灯光信号。用灯光（平光或闪光）表示本回路发生事故，并用信号继电器直接指示故障的性质。

（7）断路器的控制、信号回路根据需要可采用闪光信号装置，用以与事故信号和自动装置配合，指示事故跳闸和自动投入的回路。绿灯闪光表示断路器自动跳闸，红灯闪光表示断路器自动合闸（通常有自动投入装置时，才将红灯接入闪光）。

当断路器的转换开关采用 LW12、LW2 型时，要求将红灯也接入闪光信号回路，使闪光信号还能起到对位作用。转换开关在"预备跳闸"位置时红灯闪光，转换开关在"预备合闸"位置时绿灯闪光。

（8）有可能出现不正常情况的线路和回路，应有预告信号。预告信号应能使中央信号装置发出音响及灯光信号，并用信号继电器直接指示故障的性质、发生故障的线路及回路。

预告信号一般包括下列内容，可按需要装设：

1) 变压器过负荷。

2) 变压器温度过高（油浸变压器为油温过高）。

3) 变压器温度信号装置电源故障。

4) 变压器轻瓦斯动作（油浸变压器）。

5) 变压器压力释放装置动作。

6) 自动装置动作。

7) 控制回路内故障（熔断器熔丝熔断或自动开关跳闸）。

8) 保护回路断线或跳闸、合闸回路断线。

9) 交流系统绝缘降低（高压中性点不接地系统）。

10) 直流系统绝缘降低。

11) 当采用微机监控综合自动化系统时，应在变电所内设置一套微机中央信号监控装置。此装置能完成全站事故信号与预告信号报警，同时可将全站各种信息传送至监控主机。

装置测量部分可完成直流系统电压及控制回路电流，变压器油温及环境温度的测量。

装置监视部分能实现装置故障报警、直流系统接地报警、直流电压过高报警、直流电压过低报警、预告音响报警、事故音响报警及变压器油温高报警。

2. 灯光监视的断路器控制、信号回路接线

（1）基本的跳合闸回路

最基本的跳、合闸回路如图 8-1 所示。断路器的手动合闸回路为控制开关 SA1 的 5-6

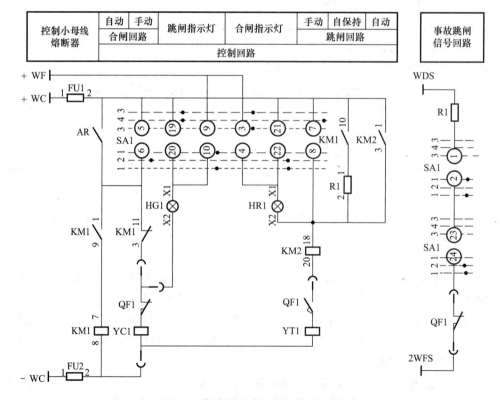

图 8-1　断路器基本控制、信号回路

触点闭合，经过断路器的常闭触点接通合闸线圈 YC1（或合闸接触器 KM1）；手动跳闸回路为控制开关 SA1 的 7-8 触点闭合，经过断路器的常开触点接通跳闸线圈 YT1。在跳、合闸回路中断路器辅助触点 QF1 是保证跳、合闸脉冲为短脉冲的。

在合闸操作前 QF1 常闭触点是闭合的，当控制开关 SA1 手柄转至"合闸"位置时，其 5-6 触点接通，合闸线圈 YC1（或合闸接触器 KM1）通电，断路器随即合闸。合闸过程一完成，与断路器传动轴一起联动的常闭辅助触点 QF1 即断开，自动地切断合闸线圈（或合闸接触器线圈）中的电流，保证合闸线圈的短脉冲。跳闸过程亦如此，跳闸操作之前，断路器为合闸状态，QF1 常开触点闭合，当控制开关 SA1 手柄转至"跳闸"位置时，其 7-8 触点接通，跳闸线圈 YT1 通电，使断路器跳闸。跳闸过程一完成，断路器常开辅助触点 QF1 即断开，保证跳闸线圈的短脉冲。此外，跳、合闸线圈回路中串有断路器辅助触点 QF1，可由 QF1 触点切断跳、合闸线圈回路的电弧电流，以避免烧坏控制开关或跳、合闸回路中串接的继电器触点。因此，QF1 触点必须有足够的切断容量，并要比控制开关或跳、合闸回路串接的继电器触点先断开。

断路器的自动合闸只需要将自动装置的动作触点与控制开关 SA1 的合闸触点 5-6 并联即可实现。同样，断路器自动跳闸时将继电保护的出口继电器触点与控制开关 SA1 的跳闸触点 7-8 并联来完成的。

（2）灯光监视的断路器信号回路

1）位置指示灯回路。断路器的正常位置由信号灯来指示，如图 8-1 所示。在双灯制接线中，红灯 HR1 表示断路器处于正常合闸状态，它是由断路器的常开辅助触点 QF1 与控制开关 SA1 的 21-22 触点接通而点燃的。表示断路器处在正常合闸状态。绿灯 HG1 表示断路器的跳闸状态，它是由断路器的常闭辅助触点 QF1 与控制开关 SA1 的 19-20 触点接通而点燃的，表示断路器处在正常跳闸状态。

2）自动跳、合闸时的灯光显示。当继电保护动作使断路器跳闸或自动装置动作使断路器合闸时，利用指示灯的闪光来表示。其接线是按照控制开关与断路器的辅助触点不对应原则设计的。当控制开关使断路器跳闸后，控制开关保持在跳闸后的位置，而若此时自动装置将断路器自动合闸，就出现了控制开关位置与断路器位置不对应的情况。此时红灯 HR1 通过控制开关 SA1 的 3-4 触点与断路器常开辅助触点 QF1 接通闪光信号电源，HR1 灯闪光，以引起运行人员注意，将控制开关手柄切换至"合闸后"，与断路器位置相对应，红灯则停止闪光而发出平光。若当控制开关使断路器合闸后，控制开关保持在"合闸后"的位置，如继电保护使断路器跳闸，也将出现控制开关与断路器位置不对应的情况，此时绿灯 HG1 经控制开关 SA1 的 9-10 触点和断路器的常闭辅助触点 QF1 接通闪光信号电源，HG1 闪光。

断路器由继电保护动作而跳闸时，还要求发出事故跳闸音响信号，也同样是利用上述不对应原则实现的，其启动回路接线原理见图 8-1。为了避免控制开关转至"预备合闸"和"合闸"位置瞬间，断路器位置与控制开关位置不对应而引起误发事故信号，采用了控制开关的两对触点 1-2、23-24 串接的方法，来保证只有在"合闸后"位置发生事故跳闸才能接通事故信号。

控制开关在"预合"或"预跳"位置时，由于断路器辅助触点出现不对应的情况，此时绿灯或红灯闪光，当操作完毕后，闪光停止而发平光。

（3）电磁操动的断路器控制、信号回路

由于电磁操动机构的合闸功率及合闸电流都比较大，所以控制电源尽量选用直流220V。35kV断路器采用的电磁操动机构均不具备"防跳"性能。3～10kV断路器的CD17型电磁操动机构也不具备"防跳"性能。仅CD-14型电磁操动机构具备"防跳"性能，故在不具备"防跳"性能的电磁操动的断路器控制回路中均应采用电气"防跳"装置。断路器采用电磁操动机构时，其控制、信号回路接线见图8-2。

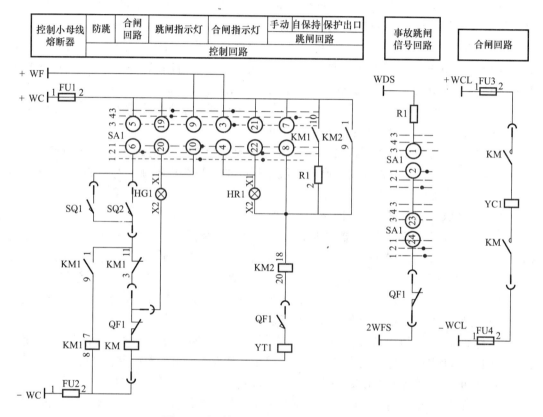

图8-2　电磁操动的断路器控制、信号回路
1KM-接触器

图8-2具有电气"防跳"装置，KM1是"防跳"继电器。随着真空断路器生产水平的不断提高，断路器机构的分闸时间越来越短，一般在35～60ms内，所以KM1的动作时间必须要小于断路器的分闸时间。一般选用DZB-284型中间继电器，其动作时间小于30ms。也可选用DZK型快速动作继电器。

在断路器合闸过程中出现短路故障，保护装置动作使断路器跳闸。此时KM1的电流线圈带电，其动合触点闭合。如此时转换开关SA1触点或自动装置触点未复归，合闸脉冲未解除，KM1的电压线圈使KM1继电器自保持，其动断触点断开，并切断合闸回路，使断路器不能再次合闸。在合闸脉冲解除后，KM1的电压线圈断电，继电器复归，接线恢复原状。

跳闸回路KM1继电器动合触点的作用：保护出口继电器KM2的触点接通跳闸线圈

YT1 使断路器跳闸。如果无 KM1 触点并联，则当 KM2 触点比 QF1 辅助触点断开得早时，可能导致 KM2 触点烧坏，故 KM1 触点起到保护 KM2 触点的作用。

DZB-284 型具有一个与动合触点串联的第二电流线圈，其作用是当保护出口继电器 KM2 回路串接有信号继电器，如触点 KM1 闭合而无此电流线圈时，信号继电器可能还未可靠掉牌就被 KM2 触点短路，串接电流线圈后，可起到保证信号继电器可靠动作的作用。

如选用的"防跳"继电器动合触点没有串联的第二电流线圈，则需要串接一个电阻 $R1$。一般串接信号继电器的型号为 DX-31B/0.5 型（阻值为 1.1Ω）或 DX-31B/1 型（阻值为 0.28Ω），故 $R1$ 电阻选择 1Ω 即可满足要求。

（4）弹簧操动的断路器控制、信号回路接线

目前国内生产的弹簧储能式操动机构 CT2-XG、CT10、CT12Ⅱ 型适用于 35kV 断路器，CT7、CT8、CT9、CT12I、CT17、CT19 型适应于 3～10kV 断路器，其中 CT17、CT19 适用于真空断路器。

1）直流操作方式。图 8-3 为采用直流操作，具有电气"防跳"装置的弹簧操动的断路器控制、信号回路。

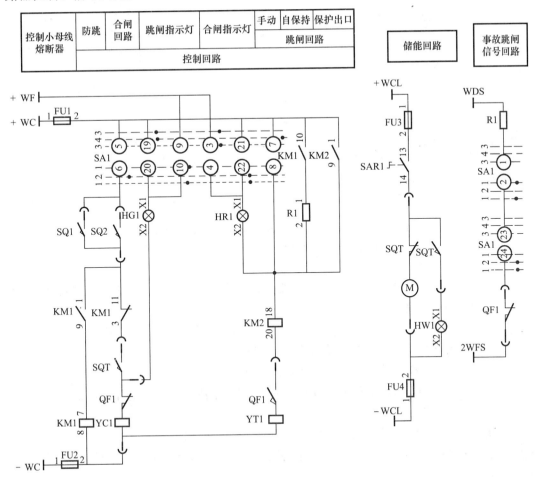

图 8-3　弹簧操动的断路器控制、信号回路

图 8-4 为 ZN12-12 型真空断路器弹簧操动机构采用直流操作的断路器控制、信号回路。机构无电气"防跳"装置，开关柜为手车式结构，其接线与其他弹簧操动机构接线相似。

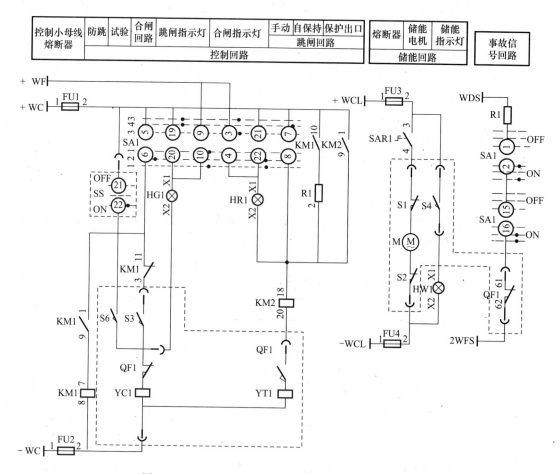

图 8-4　ZN12-12 型弹簧操动的断路器控制、信号回路

注：虚线框内为断路器机构内部接线，ss 为手车连锁开关

图 8-5 为 VD4-12 型真空断路器弹簧操动机构采用直流操作的断路器控制、信号回路。机构具有电气"防跳"装置。

2）交流操作方式。图 8-6，图 8-7 为采用交流操作电源，接线均采用电气"防跳"装置（利用控制开关触点或继电器触点在合闸时切断储能电机控制回路）。

图 8-6 接线适用于仅采用电流脱扣保护的断路器。

图 8-7 接线适用于采用分励脱扣保护和采用 UPS 电源作为操作电源的断路器。

（5）转换开关触点通、断状态选择

常用的控制、信号回路接线中接闪光母线"＋WF"的转换开关"SA1"触点通、断情况见表 8-1～表 8-3；无闪光母线的转换开关"SA1"触点通、断情况见表 8-4、表 8-5。

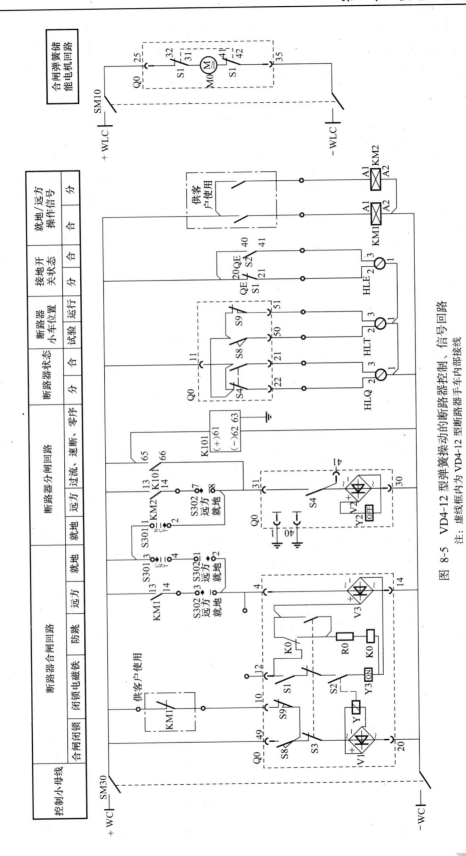

图 8-5　VD4-12 型弹簧操动的断路器整制、信号回路

注：虚线框内为 VD4-12 型断路器手车内部接线

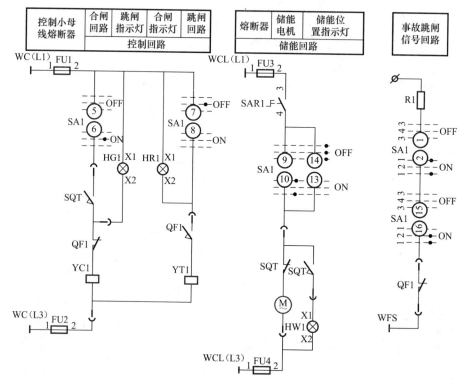

图 8-6　弹簧操动的断路器（交流操作）控制、信号回路（1）

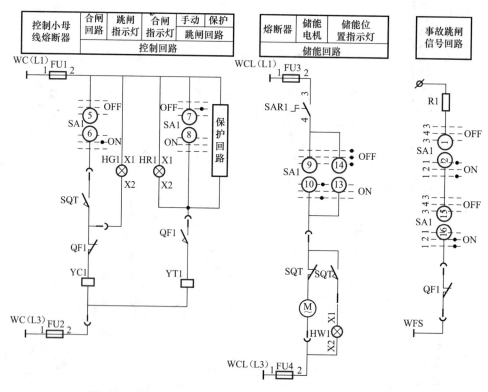

图 8-7　弹簧操动的断路器（交流操作）控制、信号回路（2）

LW12-16D/49.6789.9 型转换开关"SA1"触点通断情况（接有闪光母线）　表 8-1

触点号	1—2	3—4	5—6	7—8	9—10	11—12	13—14	15—16	17—18	19—20	21—22	23—24	25—26	27—28	29—30	31—32	33—34	35—36
跳闸后	—	×	—	—	—	×	—	—	—	—	—	×	—	—	×	—	—	×
预备合闸	×	—	—	—	×	—	—	—	—	—	×	—	—	—	—	×	—	—
合闸	—	—	×	—	×	—	—	—	—	—	—	—	×	—	×	—	—	—
合闸后	×	—	—	—	×	—	—	—	—	—	—	—	×	—	×	—	—	—
预备跳闸	—	×	—	—	—	—	—	×	—	—	—	×	—	—	—	—	×	—
跳闸	—	—	—	×	—	—	×	×	—	—	—	—	—	—	—	—	—	×

LW12-16D/49.6787.8 型转换开关"SA1"触点通断情况（接有闪光母线）　表 8-2

触点号	1—2	3—4	5—6	7—8	9—10	11—12	13—14	15—16	17—18	19—20	21—22	23—24	25—26	27—28	29—30	31—32
跳闸后	—	×	—	—	—	×	—	—	×	—	—	×	—	—	—	×
预备合闸	×	—	—	—	×	—	—	×	—	—	—	—	—	—	×	—
合闸	—	—	×	—	×	—	—	—	—	—	×	×	—	×	—	—
合闸后	×	—	—	—	×	—	—	—	—	—	×	×	—	×	—	—
预备跳闸	—	×	—	—	—	×	—	—	×	—	—	—	—	—	—	—
跳闸	—	—	—	×	—	×	×	—	—	—	—	—	—	—	—	×

LW12-16D/49.6781.7 型转换开关"SA1"触点通断情况（接有闪光母线）　表 8-3

触点号	1—2	3—4	5—6	7—8	9—10	11—12	13—14	15—16	17—18	19—20	21—22	23—24	25—26	27—28
跳闸后	—	×	—	—	—	×	—	—	×	—	—	—	×	—
预备合闸	×	—	—	—	×	—	—	×	—	—	—	—	×	—
合闸	—	—	×	—	×	—	—	—	—	×	×	—	—	—
合闸后	×	—	—	—	×	—	—	—	—	×	×	—	—	—
预备跳闸	—	×	—	—	—	×	—	—	×	—	—	—	×	—
跳闸	—	—	—	×	—	×	×	—	—	—	—	—	—	—

LW12-16D/49.4635.7 型转换开关"SA1"触点通断情况（无闪光母线）　表 8-4

在"断开"位置的手柄（正面）样式和触点盒（背面）接线图	[⇦]													
触点号	—	1—2	3—4	5—6	7—8	9—10 11—12	13—14	15—16	17—18 19—20	21—22	23—34	25—26	27—28
跳闸后	→	—	×	—	—	—	×	—	—	×	—	—	×
预备合闸	↓	×	—	—	—	×	×	—	—	×	—	—	—
合闸	↙	—	—	×	—	× ×	—	—	×	×	—	—	—
合闸后	↓	×	—	—	—	×	—	—	×	×	—	—	—
预备跳闸	→	—	×	—	—	—	×	—	—	×	—	—	×
跳闸	↗	—	—	—	×	—	×	—	—	×	—	—	×

LW12-16D/49.4636.6 型转换开关"SA1"触点通断情况（无闪光母线）　　　表 8-5

在"断开"位置的手柄（正面）样式和触点盒（背面）接线图	—	1—2	3—4	5—6	7—8	9—10	11—12	13—14	15—16	17—18	19—20
触点号	—	1—2	3—4	5—6	7—8	9—10	11—12	13—14	15—16	17—18	19—20
跳闸后	→	—	×	—	—	—	—	×	—	—	×
预备合闸	↓	×	—	—	—	×	—	—	—	×	—
合闸	✓	—	—	×	—	—	×	—	—	—	×
合闸后	↓	×	—	—	—	×	—	—	×	—	—
预备跳闸	→	—	×	—	—	—	—	×	—	×	—
跳闸	✓	—	—	—	×	—	—	×	—	—	×

8.2　供电系统的自动装置

8.2.1　自动重合闸装置（简称 AR）

在配电系统中（尤其是架空线路）很多故障是非稳定性的，当电压消失以后，这些故障能自行消失。运行经验证明，采用自动重合闸装置可以迅速消除这些故障，恢复供电，从而提高供电的可靠性。

在有些情况下，为了简化继电保护，可以用自动重合闸装置来补救继电保护的非选择性动作。

1. 选用原则

6～10kV 及 35kV 架空线路和电缆与架空的混合线路，当具有断路器时，宜装设自动重合闸装置。

单相电源三相自动重合闸装置，按其不同特征可作如下分类：

（1）按照自动重合闸的合闸方式可分为机械式和电气式两种。机械式自动重合闸装置是采用弹簧式操动机构，依靠机械储能来驱动断路器的自动重合，一般在交流操作电源的变配电所中应用。电气式自动重合闸装置采用电磁式或弹簧式操作机构，依靠重合闸继电器来启动断路器自动重合，一般在有蓄电池直流操作电源的变配电所中应用。

（2）按照自动重合闸的启动方式可分为不对应启动及保护启动两种。一般应优先采用转换开关位置和断路器位置不对应的方式，来启动自动重合闸装置。

（3）按照自动重合闸的重合次数可分为一次重合闸和多次重合闸两种。自动重合闸装置的重合成功率随其成功次数的增加而大为减少，而且多次重合闸装置接线复杂，断路器的断流容量降低较多，因此一般配电系统中仅采用一次重合闸装置。

（4）按照自动重合闸复归原位的方式，可分为手动复归方式和自动复归方式两种。一般情况，自动重合闸装置动作后应自动复位，为下一次动作准备条件。

（5）按照自动重合闸加速保护装置时间，可分为重合闸前加速保护动作和重合闸后加速保护动作两种。

当线路上装设了带时限的保护时，尽可能采用重合闸后加速保护动作，避免线路重合在稳定性故障上，使事故扩大，并尽快再次断开线路。

在单侧电源具有分支接线的线路上，为了加速断开线路故障或简化继电保护，可采用重合闸前加速保护动作，用自动重合闸装置来补救继电保护的非选择性动作。

2. 接线

自动重合闸装置的接线应满足下列要求：

（1）用转换开关将断路器断开，或将断路器投于故障线路上而随即由保护装置将其断开时，自动重合闸装置均不应动作。

（2）自动重合闸装置的动作次数应符合预先的规定，在任何情况下（包括装置本身的元件损坏及继电器触点粘住或拒动时），均不应使断路器重合的次数超过规定。图 8-8 为 JCH-4 型重合闸继电器的接线，它属于电气式、不对应启动方式、一次重合闸、自动复归和后加速保护的自动重合闸装置，其动作原理如下：

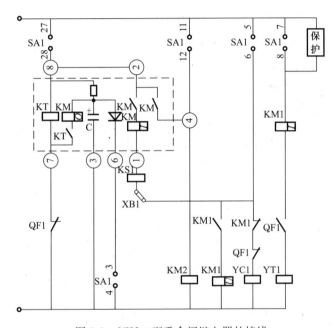

图 8-8　JCH-4 型重合闸继电器的接线

当自动重合闸装置投入时，SA1 的 1-2 接点闭合，线路在正常情况下，自动重合闸装置中的电容器 C 已充足电荷，准备放电。当断路器由于保护或其他原因跳闸时，断路器的辅助触点 QF1 启动，此时转换开关 SA1 的 27-28 接点仍闭合，使时间继电器 KT 接通，经过规定的延时闭合其触点，使电容器 C 通过中间继电器 KM 的电压线圈放电，KM 动作接通合闸回路，并由 KM 的电流线圈自保持。如重合成功，则所有继电器自动复归到原来位置，电容器 C 又开始充电。如线路上存在永久性故障，此时重合不成功。虽然时间继电器又重复启动，但由于继电器 C 需要充电 15~25s，才能达到中间继电器 KM 动作所需的电压，因而保证自动重合闸装置只动作一次。

当手动跳闸时，转换开关 SA1 的 27-28 接点断开，转换开关 SA1 的 3-4 接点闭合，使电容器 C 放电，重合闸装置不能动作。

中间继电器 KM2 的作用是：当自动重合或手动合闸于稳定性故障上时，加速保护回路动作，迅速断开断路器。

自动重合闸装置的额定电流，即中间继电器 KM 电流线圈的额定电流，应小于断路器合闸线圈 YC1 或合闸接线器线圈 KM1 的额定电流。

3. 限时整定

对单侧电源线路的自动重合闸装置的动作时限应力求缩短，可减少对用户的停电时间和减轻电动机自启动条件，但应大于下列时限：

（1）故障点灭弧时间（计及负荷侧电动机反馈对灭弧时间的影响）及周围介质去游离时间。

（2）断路器及其操作机构复归原状、准备好在此动作时间。

考虑到负荷侧电动机反馈对灭弧时间的影响，一般均取自动重合闸的动作时限 $t_{AR} = 0.8 \sim 1.0s$ 或更长一些。

后加速继电器采用瞬时动作、延时返回的继电器，其返回时间一般在 0.4s 左右，在这段时间内，被加速的电流保护装置已来得及动作于断路器跳闸。在直流操作电源中采用 DZS-233 型继电器，在交流操作电源中采用 JZ-21/J610 型继电器，其时限整定为 0.4s。

8.2.2　备用电源自动投入装置（简称 ATS）

在有双电源供电的变配电所中，安装备用电源自动投入装置可以缩短备用电源的切换时间，保证供电的连续性。一般与电动机自启动配合使用，效果更好。

在有些情况下，备用电源自动投入装置还能简化继电保护装置，加速保护动作时间。

1. 基本要求

（1）工作电源电压，除了因手动断开或电源进线开关保护动作而消失外，在其他原因造成电压消失时，备用电源自动投入装置均应动作。

（2）应保证在工作电源断开后，备用电源有足够高的电压时，才投入备用电源。

（3）应保证备用电源自动投入装置延时动作并只动作一次。

（4）当电压互感器的熔断器之一熔断时，备用电源自动投入装置的启动元件不应动作。

（5）当采用备用电源自动投入装置时，应校验备用电源过负荷情况和电动机自启动的情况。如过负荷严重或不能保证电动机自启动，应在备用电源自动投入装置动作前自动减负荷。

（6）备用电源自动投入装置如投入稳定性故障，必要时应使投入断路器的保护加速动作。

2. 接线

备用电源自动投入装置的装设，一般有两种基本方式，见图 8-9。

（1）有一个工作电源和一个备用电源的变电所，备用电源自动投入装置装在备用电源进线断路器上。正常时由工作电源供电，当工作电源发生故障被切除时，备用电源进线断路器自动合闸，保证变配电所的继续供电。

（2）有两个工作电源的变配电所，备用电源自动投入装置装在母线分段断路器上，正常时两段母线分别由两个工作电源供电。当一个工作电源发生电源被切除后，母线分段断路器自动合闸，由另一个工作电源供给变配电所的负荷。

安装备用电源自动投入装置的断路器，可以采用电磁式或弹簧式操动机构，后者可用

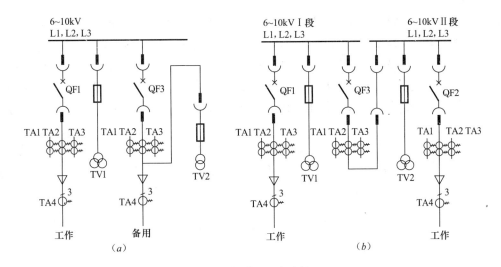

图 8-9　备用电源自动投入

（a）一个工作电源和一个备用电源的变电所，ATS 装在备用电源进线断路器上；

（b）两个工作电源的变配电所，ATS 装在分段断路器上

于交流操作电源或直流操作电源的变配电所中，而前者仅能用于直流操作电源的变配电所中。

图 8-10 所示为在直流操作电源的变配电所中有两个工作电源进线，备用电源自动投入装置装设在母线分段断路器上的一次接线和电压回路。其动作原理如下：

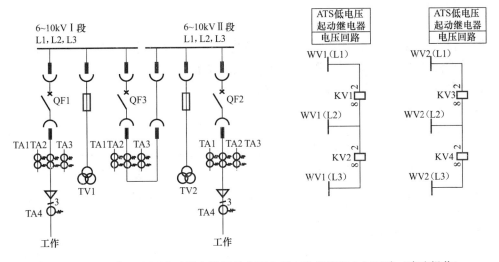

图 8-10　具有备用电源自动投入装置的变配电所一次接线和电压回路（直流操作）

备用电源自动投入装置采用带时限的低电压启动方式，当装置投入时，SA2 触点闭合。其中继电器 KV1 监视备用电源电压，继电器 KV2 反映工作电源失压。继电器 KV1 根据可能出现的母线最低工作电压不应动作的条件整定，一般整定在母线额定电压的 60%～70% 时动作，继电器 KV2 整定在母线上额定电压的 25% 时动作。为了防止电压互感器的熔断器之一熔断而引起备用电源自动投入装置误操作，在启动回路内串接了电压互感器的断线闭锁触点。如备用电源的电压正常，中间继电器 KM 动合触点闭合，经过继

电器 KT1 的延时以后，跳开发生故障的工作电源进线断路器。继电器 KT1 的整定时限，一般较本变配电所送出线路保护最长时限大一个时限阶段（0.5～0.78s），避免因送出线路而引起误动作，在故障工作电源进线断路器跳闸以后，经断路器辅助触点 QF1（QF2）的动断触点，来接通母线分段断路器的合闸回路。在此合闸回路内串接了闭锁继电器 KM1 的延时释放动断触点和 KT1 的延时释放动合触点。前者为了避免工作电源进线保护动作时，备用电源自动投入故障母线段，后者保证备用电源自动投入装置只动作一次。继电器 KT1 和 KM1 延时时限整定应保证母线分段断路器可靠合闸的条件来选择，一般继电器 KT1 的延时时限整定为 0.5s，继电器 KM1 的延时时限整定为 0.7～0.9s。如自投到故障母线上，由保护动作切断分段断路器，以免影响另一段母线的正常工作。

8.3 操作电源

8.3.1 所用电源

变、配电站为维持自身的正常运转，需要开关操作系统电源，控制回路、信号回路、保护回路的电源，以及照明、维修等电源。这些电源称为站用电源。站用电源是非常重要的，它是变电站正常工作的基础条件，因此站用电源的负荷等级与变电站供电范围的最高等级负荷相同。

高压系统变、配电站的站用电源一般直接引自该变电站的变压器 0.22/0.38kV 侧，重要的变电站的站用电源应来自不同电源的两台变压器二次侧取得两路电源。只有规模很大的变、配电站，才设专门的站用变压器。

8.3.2 操作电源

断路器需要配用专门的操作机构，操作机构工作时需要电源；另外，控制回路、信号回路、保护回路的工作也需要电源，这些电源称之为操作电源。

操作电源有直流操作电源和交流操作电源之分。

1. 直流操作电源

（1）由蓄电池组供电的直流操作电源

由蓄电池供电的直流操作电源，其优点是蓄电池的电压与被保护的网络电压无关，但需修建有特殊要求的蓄电池室，购置充电设备及蓄电池组，辅助设备多，投资多，运行复杂，维护工作量大，加上直流系统接地故障多，可靠性低，因此一般已较少采用，取而代之的是整流操作电源。

（2）硅整流电容储能直流电源

采用硅整流器作为直流操作电源的变电所，如果高压系统故障引起交流电压降低或完全消失时，将严重影响直流系统的正常工作。但若正常运行时利用电容器充电储能，一旦直流母线电压过度降低或消失，电容器即可迅速释放能量对继电器和跳闸回路放电，使其正常动作。

高压断路器的合闸功率较大，可以单独使用一台硅整流器；对于不很重要的变电所，也可以与继电保护、控制与信号系统合用一台硅整流器。

1）硅整流供电的直流系统接线

图 8-11 为该系统原理接线图，整流器 I 主要用作断路器合闸电源，兼向控制回路供

电。整流器 II 的容量较小，仅向控制回路供电。逆止元件 VD_3 和限流电阻 R_1 接于两组直流母线之间，使直流合闸母线仅能向控制母线供电，防止断路器合闸时整流器 II 向合闸母线供电。R_1 用来限制控制系统短路时流过 VD_3 的电流，保护 VD_3 不被烧毁。

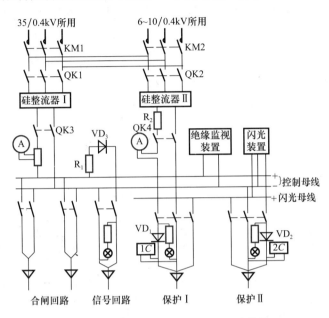

图 8-11　硅整流电容储能直流系统接线

储能电容器 1C 供电给高压线路的保护和跳闸回路，2C 供电给其他元件的保护和跳闸回路。

逆止元件 VD_1 和 VD_2 的主要作用：一是当直流电源电压降低时，使电容器所储能量仅用来补偿本保护回路，不向其他元件放电；二是限制电容器所储能量向各断路器 QF 控制回路中的信号灯和重合闸继电器等放电，它们应由信号回路供电。

2）电容器的种类选择

由于储能电容器要求的容量较大，又经常处于浮充电这种较好的运行条件下，因此多选用体积小而单个容量大的电解电容器。

（3）带镉镍电池的硅整流直流系统

镉镍电池具有体积小、容量大，可以浮充电运行等优点，近年来已在变电所操作电源系统中得到应用。正常运行时仍然由硅整流器供电给断路器跳合闸和其他直流负荷，镉镍电池处于浮充电运行状态，浮充电流 $20\sim50mA$。在事故状态下，交流母线电压很低或消失时，镉镍电池组可向直流负荷供电，尤其能保证断路器可靠地跳闸。为防止镉镍电池放电时间过长而使电能耗尽，应装设延时切断电池回路装置，延时时限可取 9s 左右。

（4）智能高频开关成套装置

图 8-12 所示是一种智能高频开关电力操作电源系统的原理图。它主要由交流输入部分、充电模块、电池组、直流配电部分、绝缘监测仪以及微机监控模块等几部分组成。交流输入通常为两路电源互为备用以提高可靠性。充电模块采用先进的移相谐振高频软开关电源技术，将三相 380V 交流输入先整流成高压直流电，再逆变及高频整流为可调脉宽的

脉冲电压波，经滤波输出所需的纹波系数很小的直流电，然后对免维护铅酸蓄电池组进行均充和浮充。绝缘监测仪可实时监测系统绝缘情况，确保安全。该系统监控功能完善，由监控模块、配电监控板、充电模块内置监控等构成分级集散式控制系统，可对电源装置进行全方位的监测、测量、控制，并具有"遥测、遥信、遥控"三遥功能。图 8-12 中 YB3 为线性光耦元件，用于直流母线电压检测；HL1-2 为霍尔元件，用于直流充放电电流检测。

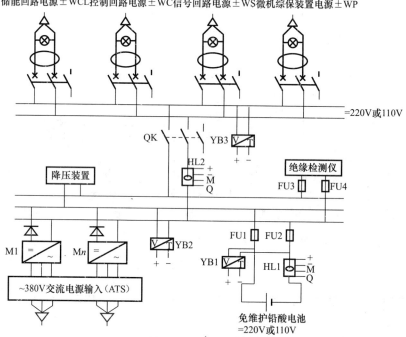

图 8-12　一种智能高频开关电力操作电源系统原理图

在一次系统电压正常时，直流负荷由开关电源输出的直流电直接经降压装置后供电，而蓄电池组处于浮充状态用于弥补电池的自放电损失；当一次系统发生故障时，交流电压可能会大大降低或消失，使开关电源不能正常供电，此时，由浮充的蓄电池向直流负荷供电，保证二次回路特别是继电保护回路及断路器跳闸回路可靠工作。

由于蓄电池本身是独立的化学能源，因而具有较高的可靠性。直流操作电源适于较重要的中、大型变配电所选用。

2. 交流操作电源

继电保护为交流操作时，保护跳闸通常采用去分流方式，即靠断路器弹簧操动机构中的过电流脱扣器直接跳闸，能源来自电流互感器而不需要另外的电源。因此，交流操作电源主要是供给控制、合闸和分励信号等回路使用。交流操作的电源为交流 220V，它有两种形式。

（1）常用的交流操作电源

常用的交流操作电源接线见图 8-13 所示。图中两路电源（工作和备用）可以进行切换，其中一路由电压互感器经 100/220V 变压器供给电源，而另一路由所用变压器或其他低压线路经 220/220V 变压器（也可由另一段母线电压互感器经 100/220V 变压器）供给电源。两路电源中的任一路均可作为工作电源，另一路作为备用电源。控制电源采用不接地系统，并设有绝缘检查装置。

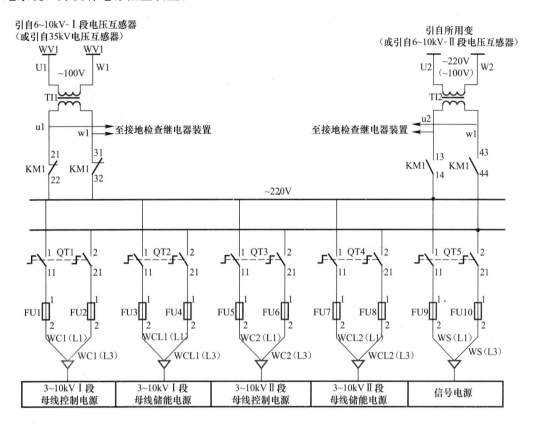

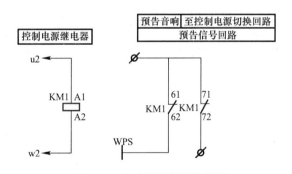

图 8-13　交流操作电源接线图

TI1、TI2-中间变压器，BK-400 型；KM1-中间继电器，CA2-DN122MLA1-D22 型；

QT1～5-组合开关，HZ15-10/201 型；FU1～FU10-熔断器，RL6-25/10 型

（2）带 UPS 的交流操作电源

1）概述

由于上述方式获得的电源是取自系统电压，当被保护元件发生短路故障时，短路电流很大，而电压却很低，断路器将会失去控制、信号、合闸以及分励脱扣的电源。所以交流操作的电源可靠性较低。随着交流不间断电源技术的发展和成本的降低，使交流操作应用

交流不间断电源（UPS）成为可能。这样就增加了交流操作电源的可靠性。由于操作电源比较可靠，继电保护则可以采用分励脱扣器线圈跳闸的保护方式，不再用电流脱扣器线圈跳闸的保护方式，从而可免去交流操作继电保护两项特殊的整定计算，即继电器强力切换接点容量检验和脱扣器线圈动作可靠性校验。带 UPS 的交流操作电源接线见图 8-14。

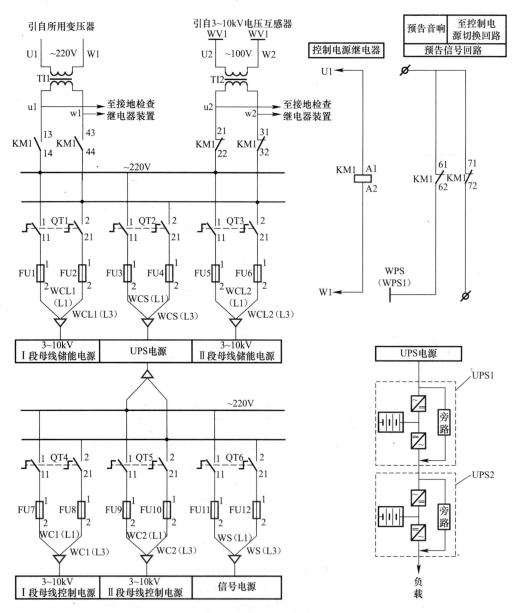

图 8-14　带 UPS 的交流操作电源接线图

TI1、TI2-中间变压器，BK-400 型；KM1-中间继电器，CA2-DN122MLA1-D22 型；QT1～6-组合开关，
HZ15-10/201 型；FU1～FU12-熔断器，RL6-25/10 型

从图中可以看到，当系统电源正常时，由系统电源小母线向储能回路、控制及信号回路（通过 UPS 电源）供电，同时可向 UPS 电源进行充电或浮充电。当系统发生故障时，外电源消失，由 UPS 电源向控制回路及信号回路供电，使断路器可靠跳闸并发出信号。

2）UPS 电源的选择

① UPS 的形式及工作原理简述。小容量（5kVA 以下）的 UPS 电源分为后备式和在线式两种。作为交流操作的控制、保护、信号电源应选用在线式的 UPS 电源，其工作原理框图见图 8-15。

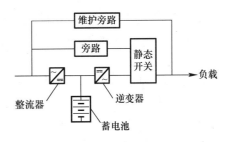

图 8-15　在线式 UPS 原理框图

UPS 首先由系统电源供电，经调制、整流、稳压将交流 220V 转换为直流，并给蓄电池充电，然后由逆变器将直流电转换成交流电，并保证输出电源的电压及频率能满足负载的要求，同时控制逻辑与静态开关做不间断的通信，跟踪旁路输出电压。当系统电源发生故障时，整流器不再输出任何电源，由蓄电池放电给逆变器，再由逆变器将蓄电池放出的直流电转换成交流电。若逆变器出现故障、过载等情况时，逆变器自动与负载断开，通过旁路向负载供电。如 UPS 系统需要进行维护，则由维护旁路向负载供电。

② UPS 电源容量的选择。当系统电源发生故障时，由 UPS 提供控制、操作及信号电源，而不考虑储能电源的容量，所以 UPS 电源容量主要考虑以下几个方面的负载：

A. 由系统电源供电时，正常的控制操作及信号回路所消耗的容量 C_1。

B. 由系统发生故障时，两台断路器同时分闸所消耗的容量 C_2。

8.4　变电所微机综合自动化

8.4.1　变电站综合自动化的基本概念

1. 常规变电站状况

常规变电站（以下简称常规站）的二次系统主要由继电保护、就地监控、远动装置、滤波装置所组成。在实际应用中，按继电保护、远动、就地监控、滤波等功能组织，构成保护屏、控制屏、滤波屏、中央信号屏等。每一个一次设备，例如一台变压器、一组电容器等，它们的电流互感器二次侧，分别引到这些屏上。断路器的跳、合闸操作回路，连到保护屏、控制屏、远动屏及其他自动装置屏上。对同一个一次设备，与之对应的各二次设备（屏）之间，保护与远动设备之间有许多连线。加之各设备安装在不同地点，使得变电站内电缆错综复杂。

常规变电站还存在如下缺点：（1）安全性、可靠性不高。（2）电能质量可控性不高。（3）占地面积大。（4）实时计算和控制性不高。（5）维护工作量大。

2. 变电站综合自动化的基本概念

随着计算机技术的发展，常规站基于上述状况，站内的装置变为采用微机型继电保护装置、微机监控、微机远动、微机滤波装置。微机化后的设备体积缩小，可靠性提高。这些微机型的装置功能不一样，其硬件配置却大体相同。对各种相关的数据量进行采集，配以输入/输出接口电路。因站内各装置要采集的量和要控制的对象有许多是共同的，人们提出这样一个问题：在现有技术条件下，从技术管理的综合自动化来考虑全微机化的变电站二次部分的优化设计，合理地共享软件资源和硬件资源。于是就有了变电站综合自动化的基本概念。

变电站自动化是应用控制技术、信息处理和通信技术，利用计算机软件和硬件系统或自动装置代替人工进行各种运行作业，提高变电站运行、管理水平的一种自动化系统。变电站自动化的范畴包括综合自动化技术、远动技术、继电保护技术及变电站其他智能技术等。

变电站综合自动化是将变电站的二次设备（包括测量仪表、信号系统、继电保护、自动装置和远动装置等）经过功能的组合和优化设计，利用先进的计算机技术、现代电子技术、通信技术和信号处理技术，实现对全变电站的主要设备和输、配电线路的自动监视、测量、自动控制和微机保护，以及与调度通信等综合性的自动化功能。

变电站综合化系统是利用多台微型计算机和大规模集成电路组成的自动化系统，代替常规的测量和监视仪表，代替常规控制屏、中央信号系统和远动屏，代替常规的继电保护，改变常规的继电保护装置不能与外界通信的缺陷。该系统可采集到比较齐全的数据和信息，利用计算机的高速计算能力和逻辑判断功能，监视和控制站内各种设备的运行和操作。具有功能综合化、结构微机化、操作监视屏幕化、运行管理智能化等特征。它的出现为变电站的小型化、智能化、扩大控制范围及变电站安全可靠、优质经济运行提供了现代化手段和基础保证。它的应用将为变电站无人值班提供强有力的现场数据采集及控制支持。变电站综合自动化系统的基本配置如图 8-16 所示。

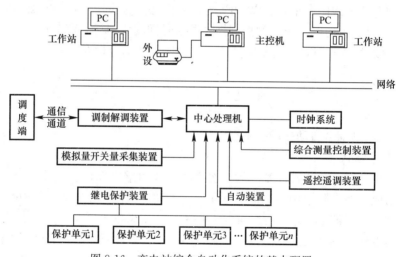

图 8-16 变电站综合自动化系统的基本配置

3. 变电站实现综合自动化的优越性

变电站实现综合自动化在下面几个方面体现出独特的优越性：

（1）在线运行的可靠性高；

（2）供电质量高；

（3）专业综合，易于发现隐患，处理事故恢复供电快；

（4）变电站运行管理的自动化水平高；

（5）减少控制电缆，缩小占地面积；

（6）维护调试方便；

（7）为变电站实现无人值班提供了可靠的技术条件。

综合自动化系统的优缺点取决于技术方面，同时又与各国的技术经济发展有关。相信随着技术的不断更新和完善，以及运行人员技术水平的不断提高，变电站综合自动化技术必将发挥它应有的巨大作用。

4. 对变电站综合自动化的要求

(1) 变电站综合自动化系统全面代替常规的二次设备；

(2) 变电站微机保护的软、硬件设置与监控系统相对独立，相互协调；

(3) 微机保护装置具有串行接口或现场总线接口，向计算机监控系统或提供保护动作信息或保护整定值等信息；

(4) 变电站综合自动化系统的功能和配置，满足无人值班的总体要求；

(5) 有可靠、先进的通信网络和合理的通信协议；

(6) 保护综合自动化系统有较高的可靠性和较强的抗干扰能力；

(7) 系统有良好的可扩展性和适应性；

(8) 系统的标准化程度和开放性能好；

(9) 充分利用数字通信的优势，实现数据共享；

(10) 变电站综合自动化系统的研究和开发工作，统一规划，统一指挥。

8.4.2　变电站综合自动化微机系统的结构原理

变电站综合自动化系统按模块化设计，微机保护系统、监控系统、自动控制系统等装置若干模块组成。它们的硬件结构基本相同，不同的是软件及硬件模块化的组合与数量不同。不同的功能用不同的软件来实现，不同的使用场合按不同的模块化组合方式构成。一个变电站综合自动化系统中各个子系统（例如微机保护子系统）的典型硬件结构主要包括：模拟量输入/输出回路、微型机系统、开关量输入/输出回路、人机对话接口回路、通信回路和电源，如图 8-17 所示。

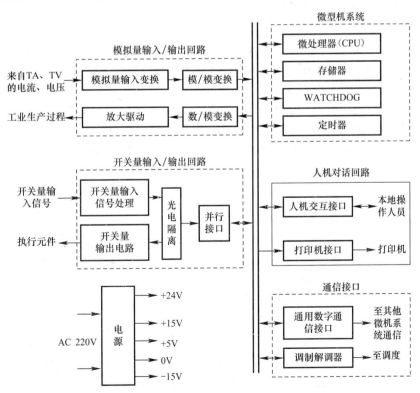

图 8-17　变电站综合自动化典型硬件结构

8.4.3 变电站综合自动化的发展简介

随着工农业生产的发展和人民生活水平的提高，社会生活和经济发展的用电量迅速上升，对电能质量要求也不断提高。这使电力系统的规模不断扩大，每年要有不少新建变电站投入运行，需要占用大片土地。同时，用电需求对电力系统自动化的要求越来越高。因此，如果新建或改建的变电站仍采用常规的一次、二次设备，必然难以满足以下几方面的要求：(1) 缩小变电站的占地面积；(2) 提高变电站的安全与经济运行水平；(3) 降低变电站造价，减小新建变电站的总体投资；(4) 变电站实施减人增效管理，并逐步实行无人值班。

在此背景下，提高变电站自动化水平，就成为一个迫切需要解决的问题。从变电站自动化的发展过程来看，可分为以下几个阶段。

1. 分立元件的自动装置阶段

长期以来，为了保证电力系统的正常运行，研究单位和制造厂家陆续生产出各种功能的自动装置，例如，自动重合闸装置、低频自动减负荷装置、备用电源自投和各种继电保护装置等。电力部门可根据需要，分别选择配置。20 世纪 70 年代以前，这些自动装置主要采用模拟电路，由晶体管等分立元件组成，对提高变电站的自动化水平，保证系统的安全运行，发挥了一定的作用。但这些自动化装置之间互不相干，独立运行，而且没有智能，没有故障自诊断能力。在长期运行中，若装置自身出现故障，不能提供报警信息，有时甚至会影响电网运行的安全。此外，分立元件组成的装置可靠性不高，经常需要维修，而且体积大，不利于减少变电站的占地面积。因此，需要有更高性能的装置代替这些自动化装置。

2. 微处理器为核心的智能自动装置阶段

20 世纪 70 年代诞生了微处理器。随着我国的改革开放，20 世纪 80 年代开始引入微处理器技术，并迅速应用于电力行业中。在变电站自动化方面，首先将原来由晶体管等分立元件组成的自动装置逐步用大规模集成电路或微处理机来代替。由于采用了数字电路，统一了数字信号电平，缩小了体积，明显地显示出了大规模集成电路的优越性。特别是由微处理器构成的自动装置，利用微处理器的计算和逻辑判断能力，提高了测量的准确度和控制的可靠性，还扩充了新的监控功能，例如自动装置本身的故障自诊断能力，这种功能的实现不仅提高了变电站自动控制的能力，而且提高了变电运行的可靠性。

然而，这些微机型的自动装置多数仍然是各自独立运行，不能互相通信，不能共享资源，变电站内实际上形成了众多的自动化孤岛。因此，这些微机型的自动化装置仍然解决不了前述变电站设计和运行中存在的许多问题。

随着数字技术和微机技术的发展，变电站内自动化孤岛问题引起了国内外科技工作者的关注，并对其开展研究，寻求解决问题的途径。因此，变电站综合自动化是科学技术发展和变电站自动控制技术发展的必然结果。

3. 变电站综合自动化系统的发展阶段

(1) 国外变电站综合自动化的发展概况

20 世纪 70 年代末，英国、意大利、法国、西德、澳大利亚等国新装的远动装置都是微型机的，个别有用 16 位小型计算机的，布线逻辑的远动装置已开始淘汰。监控系统的功能逐步扩大，供电网的监控功能正以综合自动化为目标迅速发展，除"三遥"外，还增加了：1) 寻找并处理单相接地故障；2) 作为保护拒动或断路器拒动的补充保护；3) 负荷管理；4）成组数据记录，其中包括负荷曲线、最大需量、运行数据、事故及事件顺序记录等；5）自动重合闸及继电保护。这表明国外变电站自动化水平明显提高，变电站综合自动化初显雏形。

1975 年，日本的关西电子公司和三菱电气公司开始研究用于配电变电站的数字控制系统（称为 SDCS-1），于 1979 年 9 月完成样机，同年 12 月安装并进行现场试验。1980 年已开始商品化生产。

20 世纪 80 年代以后，研究变电站综合自动化系统的国家和大公司越来越多，包括德国西门子公司、ABB 公司、AEG 公司、美国 GE 公司、西屋公司、法国阿尔斯通公司等。这些公司都有自己的综合自动化系统产品。

1985 年，西门子公司在德国汉诺威正式投运第一套变电站综合自动化系统 LSA67B，至 1993 年已有 300 多套同类型的系统在德国本土及欧洲其他国家不同电压等级的变电站投入运行。之后该公司的产品在我国部分城市变电站也陆续得到应用。

由此可见，国外研究变电站综合自动化始于 20 世纪 70 年代后期，80 年代发展较快。著名的厂商较多，彼此间刚开始就十分注意这一领域的技术规范和标准的制定与协商，避免各自为政造成不良后果。

为了配合变电站综合自动化方面的进展，国际电工委员会第 57 次技术委员会（IECTC57）成立了"变电站控制和保护接口"工作组，负责起草该接口的通信标准。该工作组由 12 个国家（主要集中在北美和欧洲，亚洲有中国，非洲有南非）2000 位成员参加。从 1994 年 3 月到 1995 年 4 月举行了四次讨论会，于 1995 年 2 月向 IEC 秘书处提交了保护通信伙伴标准 IEC60870—5—103，为控制与保护之间的通信提供了一个国际标准。

（2）我国变电站综合自动化的发展过程

我国变电站综合自动化的研究工作始于 20 世纪 80 年代中期。1987 年，清华大学电机工程系研制成功第一个符合国情的变电站综合自动化系统，在山东威海望岛变电站成功投入运行。该系统主要由 3 台微机及其外围接口电路组成。

20 世纪 80 年代后期，不少高等院校、研究单位和生产厂家投入到变电站综合自动化的研究中。20 世纪 90 年代，变电站综合自动化已成为热点，召开了规模很大的全国变电站综合自动化研讨和技术经验交流会。规模比较大的单位有南瑞公司、四方公司等，而变电站综合自动化系统的产品可谓层出不穷。

变电站综合自动化系统的研究和生产之所以会产生如此热潮，其根本原因在于变电站实现综合自动化，能够全面提高变电站的技术水平，提高运行的可靠性和管理水平。近几年来，大规模集成电路技术和通信技术的迅猛发展，网络技术、现场总线等的出现，为提高变电站综合自动化技术水平提供了技术支持。20 世纪 90 年代中，变电站综合自动化实际上成为电力系统自动化最亮丽的热点，其功能和性能也不断完善。变电站综合自动化已经成为新建变电站的主导技术。

8.4.4　变电站综合自动化系统实例

随着变电站综合自动化技术在我国的广泛使用，国内很多变电站综合自动化系统的生产厂商，变电站综合自动化系统的型号更是层出不穷。本章选定 NS2000 变电站综合自动化系统作为实例介绍。

1. 概述

NS2000 变电站综合自动化系统是国电南瑞科技股份有限公司充分利用计算机软硬件技术、网络及现场总线技术、集成电路技术、结构技术、可靠性及电磁兼容技术、液晶显示技术、表面贴装加工技术的最新成果，对公司原有的 BJ、DISA、BSJ 系统进行了继承和发展，制成基于网络的适应范围广泛的新一代变电站综合自动化系统。

NS2000 变电站综合自动化系统采用分层分布式结构，除了具有一般分布式系统的可靠性高、扩展性好、易于维护、工程成本低等特点外，还具有如下特点。

（1）电站综合自动化全面解决方案

NS2000 产品系列覆盖了 10kV 到 500kV 电压等级线路、馈线、电容器、电抗器、变压器、电动机、发电机保护装置及其监控装置，适用范围覆盖所有电压等级的变电站、开关站和集控站，对于各种电压等级的变电站自动化系统提供全面优化的解决方案。

（2）基于国际标准设计的开放式系统

NS2000 系统结构体系、接口标准、通信协议等按照 IEC 及其他国际标准设计，能够实现与第三方智能设备的互操作，易与采用国际标准和开放协议厂家的设备和系统集成。

（3）基于新结构、新器件、新加工工艺、高标准电磁兼容设计的高可靠性的硬件平台

旋转框机柜、背插式机箱、全封闭式单元机箱等新结构，具有良好的电气屏蔽性能。基于 16 位、32 位高性能处理器、CPLD、FLASH、现场总线器件、以太网新器件的硬件平台，集成度高，并经严格的筛选，从源头提高可靠性；模件全部采用表面贴片及多层印制加工工艺，保证了系统的长期可靠性；系统各个组成环节的全面电磁兼容设计，使得系统整体的电磁兼容能力达到了比较高的水平，全面超过了国家标准对变电站自动化系统的要求，通过电磁兼容国际标准 IEC61000—4 中规定的最严酷等级的测试。

（4）基于嵌入式实时多任务操作系统 V_xWORKS 的软件平台，使软件的可靠性和实时性大大增强

与 WINDOWS 不同，V_xWORKS 是专门为要求高可靠性及强实时性的嵌入式工业控制系统而开发的实时多任务操作系统，它的内核经过了 FAA 及 FDA 认证，加上集成开发环境提供的先进开发、调试手段，使得系统的软件具有极高的可靠性。V_xWORKS 提供了各种硬件的驱动、标准的协议，如 TCP/IP、PPP、X25、TELNET 等，使得 NS2000 系统的网络解决方案轻松自如，可随操作系统的升级而自动升级。

（5）采用商用和实时统一的、面向对象的及图模库一体化的数据库管理系统

实时数据库是一个使用 ATL 生产的多线程模式的进程内和进程外 COM 服务器，提供一致的读写接口。运用多线程技术可以保证访问数据的及时响应。对数据库的访问采用 COM 顾客端形式操纵数据库中的数据。服务器采用对象化的设备描述方法，构造的主要对象有：断路器、隔离开关、变压器、线路、母线、电容器、电抗器、电压互感器、电流互感器等机器设备组。数据库采用商用数据库和实时数据库相结合的方式，采用统一的对外数据库接口，其他组件在访问数据时，只要指明所要访问的数据对象，不必关联数据存于实时数据库还是商用数据库。实时数据库按照分布式的要求进行设计，具有 Client/Serve 和 Producer/Consumer 模式，自动实行全网所有机器数据的同步。工程数据如画面、报表、采集量参数作为对象存入数据库，在任一台节点上对数据对象的修改，自动更新到网上所有其他节点。为了保证 COM 服务器内多线程共享数据时不发生冲突及保持数

据的一致性，读/写操作遵行以下规则：当一个线程正在写数据时，其他线程不能读或写数据；当一个线程正在读数据时，其他线程不能写数据，但可读数据；在有写请求时，写请求优先。

（6）基于 IEC1131—3 的 PLC 功能

按照 IEC1131-3 标准设计的可编程控制功能，完成单设备顺控、群控及全站范围内的控制逻辑闭锁。

（7）组态灵活

NS 2000 系统的保护监控既可合一，也可相对独立配置，能够实现与国内外主要厂家保护设备及其他智能设备的系统集成；既可集中组屏，也可分散安装；系统的可裁剪性好，可实现不同电压等级变电站自动化系统优化配置与高性价比。

（8）系统主要设备支持主备冗余配置

服务器、通信控制器、现场总线、以太网等关键部件和设备，可采用主备冗余配置，提高整个系统的可靠性。

（9）支持全站数据共享，不依赖于站控层实现全站控制操作的逻辑闭锁

间隔层测控装置具备直接上网的功能，可以监听到网上其余装置的以太网报文，从而获得变电站内全部的状态信息，使全站实时控制闭锁成为可能。

2. NS2000 功能及应用范围

（1）主要功能

1）监视功能：①数据采集（状态量、交/直流模拟量、脉冲量）与处理功能；②报警及事件记录功能；③历史数据记录功能；④图形功能；⑤显示及打印功能；⑥报表功能；⑦事故追忆功能。

2）控制功能：①支持多个远方调度控制中心的选择控制功能；②控制室计算机监控系统的当地控制功能；③间隔层设备的当地控制功能；④同期检测与同期合闸功能；⑤基于 IEC1131 组态的自动控制功能；⑥基于 IEC1131 组态的全站逻辑闭锁功能；⑦电压无功自动调节功能。

3）保护功能：①线路、馈线保护功能；②变压器、电抗器保护功能；③电动机保护功能；④发电机保护功能；⑤电容器保护功能。

4）组态功能：①系统配置组态功能；②图形组态功能；③数据库组态功能；④基于 IEC1131-3 标准的 PLC 控制功能状态。

5）通信功能：①具有多个支持多种介质及多种网络的通信接口（RS232、RS422、RS485、CAN、LONWORKS、以太网、电力载波、电缆、无线、光缆）；②与测控单元的高速数据网络通信功能；③与多种微机保护的数据网络通信功能；④与多种智能设备的数据网络通信（微机直流系统，智能电度表，智能消防报警，GPS 等）功能。

6）高级应用功能：①电压无功自动控制功能；②嵌入式微机五防功能；③小电流接地选线功能；④操作票及防误闭锁功能；⑤系统诊断与自恢复功能；⑥远程监视与维护功能。

（2）应用范围

NS2000 既适用于电力系统各种电压等级的变电站，也适用于发电厂、水电站中的开关站，也适用于有人值班、少人值班或无人值班变电站；既适用于新建变电站的综合自动

化系统，也适用于常规变电站的自动化改造；既能以集中组屏方式构成变电站综合自动化系统，又能以全分散或者两者兼顾的局部分散模式构成变电站综合自动化系统；既能构建保护、监控相对独立配置的变电站综合自动化系统，也能构建保护监控一体化配置的变电站综合自动化系统；既能实现现场总线的智能设备连接，也能实现 10M/100M 以太网的智能设备连接（间隔层直接上以太网）。

3. NS2000 系统构成

NS2000 变电站综合自动化系统采用分层分布式模块化设计思想，系统分为两层——站控层和间隔层。站控层与间隔层之间通过通信网络相连。典型系统结构如图 8-18～图 8-20 所示。

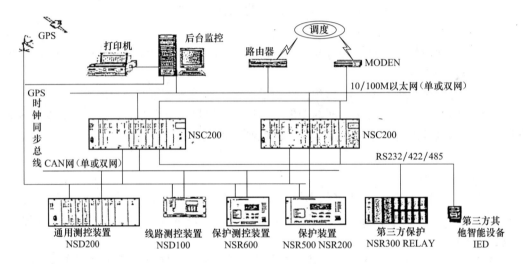

图 8-18　NS2000 变电站综合自动化系统典型结构（一）

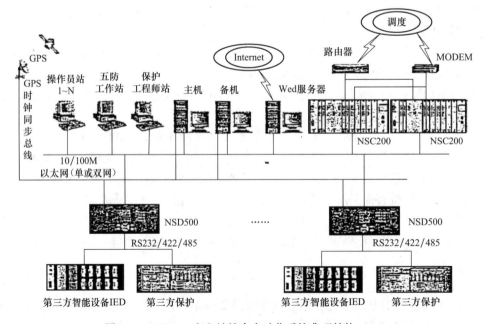

图 8-19　NS2000 变电站综合自动化系统典型结构（二）

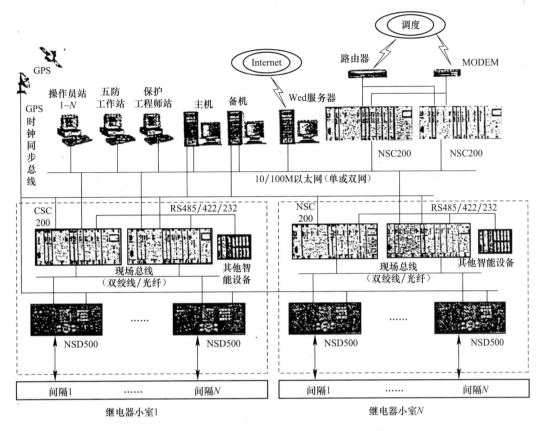

图 8-20　NS2000 变电站综合自动化系统典型结构（三）

思 考 题

8-1　什么是二次回路？其作用有哪些？

8-2　对断路器的控制和信号回路有哪些主要要求？什么是断路器事故跳闸信号回路的不对应原理？

8-3　什么叫备用电源自动投入装置（APD）？对之有哪些基本要求？

8-4　什么叫自动重合闸装置（ARD）？对之有哪些基本要求？

8-5　变配电站所用电源有哪几种？各有什么优缺点？

8-6　变电站综合自动化的基本概念是什么？

8-7　变电站实现综合自动化的优越性有哪些？

8-8　对变电站综合自动化的要求有哪些？

习 题 答 案

第 1 章

1-1 G：10.5kV；T_1：10.5/38.5kV；T_2：35/6.6kV；T_3：10/0.4kV；WL：35kV

第 2 章

2-1 负荷计算结果如下表所示：

设备名称	设备容量 P_e (kW)	需要系数 K_d	$\cos\psi$	$\tan\psi$	计算负荷			
					P_C (kW)	Q_C (kvar)	S_C (kVA)	I_C (A)
金属切削机床	800	0.2	0.5	1.73	160	277	320	486
通风机	56	0.8	0.8	0.75	44.8	33.6	56	85
车间总计	856				204.8	310.6		
	取 $K_{\Sigma p}=0.9$，$K_{\Sigma q}=0.95$				184	295	348	529

2-2 负荷计算结果如下表所示：

计算方法	计算系数 K_d 或 b/c	$\cos\psi$	$\tan\psi$	计算负荷			
				P_C (kW)	Q_C (kvar)	S_C (kVA)	I_C (A)
需要系数法	0.16	0.5	1.73	13.6	23.5	27.15	41.3
二项式系数法	0.14/0.4	0.5	1.73	20.9	36.2	41.8	63.5

2-3 补偿容量 $Q_c=206\text{kVar}$

2-4 $K_d=0.7$，$\cos\psi=0.85$

$P_c=84\text{kW}$，$Q_c=52\text{kVar}$

$S_c=99\text{kVA}$，$I_c=150.4\text{A}$

第 4 章

4-1 短路计算结果表

短路计算点	三相短路电流/kA					三相短路容量/M·VA
	$I_k^{(3)}$	$I''^{(3)}$	$I_\infty^{(3)}$	$i_{sh}^{(3)}$	$I_{sh}^{(3)}$	$S_k^{(3)}$
高压侧	2.86	2.86	2.86	7.29	4.32	52.0
低压侧	34.57	34.57	34.57	63.6	37.7	23.95

4-2　$S_{min} \geqslant 158mm^2$

4-3　$\sigma_{al} = 70MPa > \sigma_C = 16.4MPa$

4-4　$I_k^{(3)} = 15.38kA$　$i_{sh}^{(3)} = 28.30kA$　$I_{sh}^{(3)} = 16.76kA$　$S_k^{(3)} = 10.66M \cdot VA$

第5章

5-1　断路器型号为：SN10-10Ⅱ/1000-500；隔离开关的型号为：GN8-10T/1000；电流互感器的型号为：LQJ-10。

5-2　所选导线截面及穿管管径为：BV-450（3×25+2×16）-PC40。

5-3　电压损失为：3.81%，符合要求。

5-4　按经济电流密度可选 LJ-70，其 I_{al}（35℃）= 236A > I_{30} = 86.6A，满足发热条件，电压损失：$\Delta U\% = 1.85 < \Delta U_{al} = 5$，也满足要求

第7章

7-1　定时限过电流保护的动作电流为 6.35A，整定为 7A；动作时间为 $t = 0.5 + 0.5 = 1s$；灵敏度为 3.09 > 1.5，满足要求。速断保护的动作电流为 32.5A，整定为 35A；灵敏度为 1.98 > 1.5，满足要求。

7-2　过电流保护动作电流为 6.25A，整定为 6A；动作时间为：0.5s；灵敏度为 3.8 > 1.5，满足要求；速断保护的动作电流整定为 40A；速断电流倍数 n_{qb} 为 6.67。

7-3　所选熔断器的型号为 RT0-100/50；导线截面及穿管管径为 BV-4×4mm²，穿 Φ20mm 的硬塑料管。

7-4　应选 DZ20J-400 型低压断路器，额定电流为 315A，电缆型号为 VV-3×185+2×95mm²，瞬时脱扣器动作电流为 3150A。

附　　录

附录 A　常用文字符号表

一、电气设备的文字符号

文字符号	中文含义	英文含义	旧符号
A	装置，设备	device，equipment	—
A	放大器	ampliffier	FD
APD	备用电源自动投入装置	auto-put-into device of reserve-source	BZT
ARD	自动重合闸装置	auto-reclosing device	ZCH
C	电容；电容器	electric capacity；capacitor	C
F	避雷器	arrester	BL
FU	熔断器	fuse	RD
G	发电机；电源	generator；source	F
GN	绿色指示灯	green indicator lamp	LD
HDS	高压配电所	high-voltage distrbution substation	GPS
HL	指示灯，信号灯	indicator lamp，pilot lamp	XD
HSS	总降压变电所	head step-down substation	ZBS
K	继电器；接触器	relay；contactor	J；C，JC
KA	电流继电器	current relay	LJ
KAR	重合闸继电器	auto-reclosing relay	CHJ
KG	气体断电器	gas relay	WSJ
KH	热继电器	heating relay	RJ
KM	中间继电器	medium relay	ZJ
	辅助继电器	auxiliary relay	
KM	接触器	contactor	C，JC
KO	合闸接触器	closing contactor	HC
KR	干簧继电器	reed relay	GHJ
KS	信号继电器	signal relay	XJ
KT	时间继电器	time-delay relay	SJ
KU	冲击继电器	impulsing relay	CJJ
KV	电压继电器	voltage relay	YJ
L	电感；电感线圈	inductance；inductive coil	L
L	电抗器	reactor	L，DK
M	电动机	motor	D
N	中性线	neutral wire	N
PA	电流表	ammeter	A
PE	保护线	protective wire	—
PEN	保护中性线	protective neutral wire	N

续表

文字符号	中文含义	英文含义	旧符号
PJ	电度表	Watt-hour merer，var-hour meter	Wh，varh
PV	电压表	Voltmeter	V
Q	电力开关	power switch	K
QA	自动开关（低压断路器）	auto-switch	ZK
QDF	跌开式熔断器	drop-out fuse	DR
QF	断路器	circuit-breaker	DL
QF	低压断路器（自动开关）	low-voltage circuit-breaker（auto-switch）	ZK
QK	刀开关	knife-swtch	DK
QL	负荷开关	load-switch	FK
QM	手动操作机构辅助触点	auxiliary cotact of manual operating mechanism	—
QS	隔离开关	switch-disconnector	GK
R	电阻；电阻器	resistance；resistor	*R*
RD	红色指示灯	red indicator lamp	HD
RP	电位器	potential meter	W
S	电力系统	electric power system	XT
S	起辉器	glow starter	S
SA	控制开关	control switch	KK
SA	选择开关	selector switch	XK
SB	按钮	push-button	AN
STS	车间变电所	shop transformer substation	CBS
T	变压器	transformer	B
TA	电流互感器	current transformer	LH
TAN	零序电流互感器	neutral-current transformer	LLH
TV	电压互感器	voltage transformer	YH
U	变流器	converter	BL
U	整流器	rectifier	ZL
VD	二极管	diode	D
V	晶体（三级）管	transistor	T
W	母线；导线	busbar；wire	M；*l*，XL
WA	辅助小母线	auxiliary small-busbar	—
WAS	事故音响信号小母线	accident sound signal small-busbar	SYM
WB	母线	busbar	M
WC	控制小母线	control small-busbar	KM
WF	闪光信号小母线	flash-light signal small-busbar	SM
WFS	预告信号小母线	forecast signal small-busbar	YBM
WL	灯光信号小母线	lighting signal small-busbar	DM
WL	线路	line	*l*，XL
WO	合闸电源小母线	switch-on source small-busbar	HM
WS	信号电源小母线	signal source small-busbar	XM
WV	电压小母线	Voltage small-busbar	YM
X	电抗	reactance	X
X	端子板，接线板	terminal block	—

文字符号	中文含义	英文含义	旧符号
XB	连接片；切换片	link; switching block	LP；QP
YA	电磁铁	electromagnet	DC
YE	黄色指示灯	yellow indecator lamp	UD
YO	合闸线圈	clossing operation coil	HQ
YR	跳闸线圈，脱扣器	opening operation coil，release	TQ
l	线	line	l, x
l	长延时	long-delay	l
M	电动机	motor	D
m	最大，幅值	maximum	m
man	人工的	manual	rg
max	最大	maximum	max
min	最小	minimum	min
N	额定，标称	reted, nominal	e
n	数目	number	n
nat	自然的	natural	zr
np	非周期性的	non-periodic, aperiodic	$f\text{-}zq$
oc	断路	open circuit	dl
oh	架空线路	over-head line	K
OL	过负荷	over-load	gh
op	动作	operating	dx
OR	过流脱扣器	over-current release	TQ
p	有功功率	active power	p, yg
p	周期性的	periodic	zq
p	保护	protect	J, b
pk	尖峰	peak	jf
q	无功功率	reactive power	q, wg
qb	速断	quick break	sd
QF	断路器（含自动开关）	circuit-breaker	DL（含 ZK）
r	无功	reactive	r, Wg
RC	室空间	room cabin	RC
re	返回，复归	rerun, reser	f, fh
rel	可靠	reliability	k
S	系统	system	XT
s	短延时	short-delay	—
saf	安全	safety	aq
sh	冲击	shock，impulse	cj, ch
st	启动	start	q, qd
step	跨步	step	kp
T	变压器	transformer	B
t	时间	time	t
TA	电流互感器	current transformer	LH
tou	接触	touch	jc
TR	热脱扣器	thremal release	R, RT
TV	电压互感器	Voltage transformer, potential transformer	YH
u	电压	Voltage	u

文字符号	中文含义	英文含义	旧符号
w	结线，接线	Wiring	JX
w	工作	work	gz
w	墙壁	wall	qb
WL	导线，线路	Wire，line	l，XL
x	某一数值	a number	x
XC	［触头］接触	contact	jc
α	吸收	absorption	α
ρ	反射	reflection	ρ
θ	温度	temperature	θ
Σ	总和	total，sum	Σ
τ	透射	transmission	τ
ϕ	相	phase	φ，p
0	零，无，空	Zreo，nothing，empty	0
o	停止，停歇	stoping	o
o	每（单位）	per（unit）	o
0	中性线	neutral wite	0
0	起始的	initial	0
o	周围（环境）	ambient	o
o	瞬时	instantaneous	o
30	半小时［最大］	30min［maximum］	30

二、物理量下角标的文字符号

文字符号	中文含义	英文含义	旧符号
a	年	annual，year	n
a	有功	active	a，yg
Al	铝	Aluminium	Al，L
al	允许	allowable	yx
av	平均	average	pj
C	电容；电容器	electric capacity；capacitor	C
c	计算	calculate	js
c	顶棚，天花板	ceiling	DP
cab	电缆	cable	L
cr	临界	critical	lj
Cu	铜	Copper	Cu，T
d	需要	demand	x
d	基准	datum	j
d	差动	differential	cd
dsq	不平衡	disequilibrium	bp
E	地；接地	earth；earthing	d；jd
e	设备	equipment	S，SB
e	有效的	efficient	yx
ec	经济的	economic	j，ji
eq	等效的	equivalent	dx
es	电动稳定	electrodynamic stable	dw
FE	熔体，熔件	fuse-element	RT

续表

文字符号	中文含义	英文含义	旧符号
Fe	铁	Iron	Fe
FU	熔断器	fuse	RD
h	高度	height	h
h	谐波	harmonic	—
i	任一数目	arbitrary number	i
i	电流	current	i
ima	假想的	imaginary	jx
k	短路	short-circuit	d
KA	继电器	relay	J
L	电感	inductance	L
L	负荷，负载	load	H，fz
L	灯	lamp	D

附录 B　敷设安装方式及部位标注代号

类　别	表达内容	标准代号		常用非标表示
		英文代号	汉语拼音代号	
线路敷设方式	用轨型护套线敷设	—	—	GBV
	用塑制线槽敷设	PR	XC	VXC
	用硬质塑制管敷设	PC	VG	—
	用半硬塑制管敷设	FEC	ZVG	
	用可挠型塑制管敷设	—	—	KRG
	用薄电线管敷设	TC	DG	—
	用厚电线管敷设	—	—	G
	用水煤气钢管敷设	SC	G	GG
	用金属线槽敷	SR	GC	GXC
	用电缆桥架（或托盘）敷设	CT	—	
	用瓷夹敷设	PL	CJ	
	用塑制夹敷设	PCL	VT	
	用蛇皮管敷设	CP	—	
	用瓷瓶式或瓷柱式绝缘子敷设	K	CP	
线路敷设部位	沿钢索敷设	SR	S	
	沿屋架或层架下弦敷设	BE	LM	
	沿柱敷设	CLE	ZM	
	沿墙敷设	WE	QM	—
	沿天棚敷设	CE	PM	
	在能进入的吊顶内敷设	ACE	PNM	
	暗敷在梁内	BC	LA	
	暗敷在柱内	CLC	ZA	
	暗敷在屋面内或顶板内	CC	PA	
	暗敷在地面内或地板内	FC	DA	
	暗敷在不能进入的吊顶内	AC	PNA	
	暗敷在墙内	WC	QA	

附录C　技术数据

导体或电缆长期允许工作温度和短路时的允许最高温度及相应的热稳定系数　附表C-1

导体种类	导体材质	长期允许工作温度（℃）	短路允许最高温度（℃）	短路热稳定系数（As·mm^{-2}）
母线	铝	70	200	87
	铜	70	300	171
10kV 油浸纸绝缘电缆	铝	60	200	88
	铜	60	250	153
10kV 油浸纸绝缘电缆	铝	65	200	87
	铜	65	250	150
6～10kV 交联聚乙烯绝缘电缆	铝	90	200	77
	铜	90	250	137
聚氯乙烯（PVC）绝缘电缆	铝	65	160	76
	铜	65	160	115

常用高压断路器的主要技术数据 i_{max}　　附表C-2-1

类别	型号	额定电压（kV）	额定电流（A）	开断电流（kA）	断流容量（MV·A）	动稳定电流峰值（kA）	热稳定电流（kA）	固有分闸时间（s）≤	合闸时间（s）≤	配用操动机构型号
少油户外	SW2—35/1000	35	1000	16.5	1000	45	16.5（4s）	0.06	0.4	CT2—XG
	SW2—35/1500		1500	24.8	1500	63.4	24.8（4s）			
少油户内	SN10—35Ⅰ	35	1000	16	1000	45	16（4s）	0.06	0.2	CT10
	SN10—35Ⅱ		1250	20		50	20（4s）		0.25	CT10Ⅳ
	SN10—10Ⅰ	10	630	16	300	40	16（4s）	0.06	0.15	CT18
			1000	16	300	40	16（4s）		0.2	CD10Ⅰ
	SN10—10Ⅱ		1000	31.5	500	80	31.5（2s）	0.06	0.2	CD10Ⅰ、Ⅱ
			1250	40	750	125	40（2s）			
	SN10—10Ⅲ		2000	40	750	125	40（4s）	0.07	0.2	CD10Ⅲ
			3000	40	750	125	40（4s）			
真空户内	ZN23—35	35	1600	25		63	25（4s）	0.06	0.075	CT12
	ZN12—10/$\frac{1250}{2000}$—25	10	1250 2000	25		63	25（4s）			
	ZN12—10/1250～3150—$\frac{31.5}{40}$		1250 2000	31.5		80	31.5（4s）	0.06	0.1	CT8 等
			2500 3150	40		100	40（4s）			
	ZN24—10/1250—20		1250	20		50	20（4s）	0.06	0.1	CT8 等
	ZN24—10/$\frac{2500}{2000}$—31.5		1250 2000	31.5		80	31.5（4s）			
六氟化硫（SF$_6$）户内	LN2—35Ⅰ	35	1250	16		40	16（4s）	0.06	0.15	CT12Ⅱ
	LN2—35Ⅱ		1250	25		63	25（4s）			
	LN2—35Ⅲ		1600	25		63	25（4s）			
	LN2—10	10	1250	25		63	25（4s）	0.06	0.15	CT12Ⅰ CT8Ⅰ

常用高压断路器的主要技术数据

附表 C-2-2

型号	额定电压(kV)	额定电流(A)	额定开断电流(kA) 6kV	10kV	35kV	分间时间(ms)	额定转移电流(A)	短时耐受电流(kA) 1s	2s	3s	4s	5s	峰值耐受电流(kA)	热稳定允许通过的短路电流有效值(kA) 切除时间(s) 0~0.6	0.8	1.0	1.2	1.6
VD4	12	630、1250、1600、2000、2500、3150		16		45					16		40					24.91
		630、1250、1600、2000、2500、3150		20		45					20		50					31.14
		630、1250、1600、2000、2500、3150		25		45					25		63					38.92
		630、1250、1600、2000、2500、3150		31.5		45					31.5		80				56.35	49.05
		630、1250、1600、2000、2500、3150		40		45					40		100					62.28
		630、1250、1600、2000、2500、3150		50		45					50		125					77.85
VM1	12	630、1250		16		45				16			40			33.81	24.79	21.57
		630、1250		20		45				20			50				30.98	26.97
VM1	12	630、1250、1600、2000、2500		25		45				25			63				38.73	33.71
		630、1250、1600、2000、2500		31.5		45				31.5			80			53.24	48.80	42.48
		1250、1600、2000、2500		40		45				40			100			67.61	61.97	53.94
Evolis	12	630、1250		25		65					25		63					38.92
VB2-12	12	630、1250		31.5		65					31.5		80				56.35	49.05
VB2-12		1250		25							25		63					38.92
VB2-12	12	1250、2000、2500		40		45~65					40		100					62.28
3AH3	12	1250、2000、2500		25		45~65					25		63					38.92
		1250、2000、2500		31.5		45~65					31.5		80				56.35	49.05

真空断路器

常用高压隔离开关技术数据　　　　　　　　附表 C-3

型　号	额定电压（kV）	额定电流（A）	极限通过电流峰值（kA）	热稳定电流（kA）		
				2s	4s	5s
GW$_2$-35G	35	600	40		20	
GW$_2$-35GD						
GW$_4$-35						
GW$_4$-35G		600	50		15.8	
GW$_4$-35W	35	1000	80		23.7	
GW$_4$-35D		2000	104		46	
GW$_4$-35DW						
GW$_5$-35G		600	72		16	
GW$_5$-35GD	35	1000	83		25	
GW$_5$-35GW		1600				
GW$_5$-35GDW		2000	100		31.5	
GW$_1$-10	10	200	15			7
		400	25			14
GW$_1$-10W		600	35			20
GN$_2$-35	35	400	52			14
		600	64			25
GN$_2$-35T		1000	70			27.6
GN$_2$-10	10	2000	85			51
		3000	100			71
GN$_4$-10T	10	200	25.5			10
		400	40			14
		600	52			20
GN5-10T		1000	75			30
GN$_8^6$-6T/200	6	200	25.5			10
GN$_8^6$-6T/400	6	400	52			14
GN$_8^6$-6T/600	6	600	52			20
GN$_8^6$-10T/200	10	200	25.5			10
GN$_8^6$-10T/400	10	400	52			14
GN$_8^6$-10T/600	10	600	52			20
GN$_8^6$-10T/1000	10	1000	75			30
GN19-10/400	10	400	31.5		12.5	
GN19-10/630	10	630	50		20	
GN19-10/1000	10	1000	80		31.5	
GN19-10/1250	10	1250	100		40	

续表

型　号	额定电压（kV）	额定电流（A）	极限通过电流峰值（kA）	热稳定电流（kA）		
				2s	4s	5s
GN19-10C$_1$/400	10	400	31.5		12.5	
GN19-10C$_1$/630	10	630	50		20	
GN19-10C$_1$/1000	10	1000	80		31.5	
GN19-10C$_1$/1250	10	1250	100		40	
GN22-10/2000	10	2000	100	40		
GN22-10/3150	10	3150	126	50		
GN□-10D/400	10	400	31.5		12.5	
GN□-10D/630	10	630	50		20	
GN□-10D/1000	10	1000	80		31.5	
GN□-10D/1250	10	1250	100		40	
JN□-10	10	400	80	31.5		
JN1-10Ⅱ/20	10	630	50	20		
JN1-10Ⅲ/31.5	10	1250	80	31.5		
JN-35	35		50		20	
GW5-35G	35	600	72		16	
GW5-35G	35	1000	83		25	
GW5-35GD	35	600	72		16	
GW5-35GD	35	1000	83		25	
GW5-35GK	35	600	72		16	
GW5-35GK	35	1000	83		25	

注：1. GN8 型号为带有套管的隔离开关，GN8-10Ⅱ T 型为闸刀侧有套管。2. GN19-10C 型为穿墙型，GN19-10C$_1$ 型为闸刀侧有套管，GN19-10C$_2$ 型为静触侧有套管，GN19-10C$_3$ 型为两侧均有套管。3. GN22 型采用环氧树脂支柱瓷瓶，体积小，重量轻。4. GN□-10D 型产品是在 GN19 型基础上改进成带有接地闸刀的隔离开关。5. JN-35、JN□-10 型用以检修时接地用开关，一保证人身安全，JN1 与 JN□-型可用于手车式开关柜内作接地开关。6. GW5 型号后 G 表示改进型，D 表示带有接地闸刀型，K 表示快分型。

高压负荷开关技术数据

附表 C-4

型　号	额定电压（kV）	额定电流（A）	最大开断电流/A		额定开断容量（MV·A）		极限通过电流（kA）	5s 热稳定电流（kA）	闭合电流峰值（kA）	备　注
			6kV	10kV						
FN$_2$—10R	10	400	2500	1200	25		25	8.5	—	
FN$_3$—10	10	400	$\cos\varphi=0.15$	$\cos\varphi=0.7$	$\cos\varphi=0.5$	$\cos\varphi=0.7$	25	8.5	15	有过载保护的热脱扣器
			850	1450	15	25				
FN$_3$—10R	6	400	850	1950	9	20	25	8.5		
PW$_2$—10G	10	100 200 400		1500	—		14	7.8 7.8 12.7	—	
FW$_3$—35	35	200		100			7	5	7	
FW$_4$—10	10	200 400		800			15	5		

RN1 型户内高压熔断器技术数据　　　　　附表 C-5

型　号	额定电压（kV）	额定电流（A）	最大开断电流（有效）值（kA）	最小开断电流（额定电流倍数）	当开断极限短路电流时，最大电流（峰值）（kA）	质量（kg）	熔体管质量（kg）
RN1—35	35	7.5	3.5	不规定	1.5	20	2.5
		10			1.6	20	2.5
		20		1.3	2.8	27	7.5
		30			3.6	27	7.5
		40			4.2	27	7.5
RN1—10	10	20	12	不规定	4.5	10	1.5
		50			8.6	11.5	2.8
		100		1.3	15.5	14.5	5.8
		150			—	21	11
		200			—	21	11
RN1—6	6	20	20	不规定	5.2	8.5	1.2
		75			14	9.6	2
		100		1.3	19	13.6	5.8
		200			25	13.6	5.8
		300			—	17	8.8

注：1. 最大三相断流容量均匀为 200MV·A。

　　2. 过电压倍数，均不超过 2.5 倍的工作电压。

　　3. RN1—6～10 可配熔断体的额定电流等级分为 2A、3A、5A、7.5A、10A、15A、20A、30A、40A、50A、75A、100A、150A、200A、300A；RN1—35 可配熔断体的额定电流等级分为 2A、3A、5A、7.5A、10A、15A、20A、30A、40A。

RW 型高压熔断器技术数据　　　　　附表 C-6

型　号	额定电压（kV）	额定电流（A）	断流容量（MV·A）	
			上限	下限
RW3—10/50	10	50	50	5
RW3—10/100		100	100	10
RW3—10/200		200	200	20
RW3—10/10		100	75	—
RW4—10G/50	10	50	89	7.5
RW4—10G/100		100	124	10
RW4—10/50		50	75	—
RW4—10/100		100	100	—
RW4—10/200		200	100	30
RW5—35/50	35	50	200	15
RW5—35/100—400		100	400	10
RW5—35/200—800		200	800	30
RW5—35/100—400GY		100	400	30

XGN□—10 开关柜的常用一次接线方案　　　　　　　　　　　　　附表 C-7

方案编号	01	02	03	04	09	10
主接线图						
旋转式隔离开关 GN□—10	1	1	1	1	2	2
电流互感器 LZZJ—10		1	2	3		1
真空断路器 ZN□—10	1	1	1	1	1	1
操作机构 CD10 或 CT8	1	1	1	1	1	1
接地开关 JN□—10	1	1	1	1		

方案编号	11	12	13	14	15	16
主接线图						
旋转式隔离开关 GN□—10	2	2	1	1	1	1
电流互感器 LZZJ—10	2	3		1	2	3
真空断路器 ZN□—10	1	1	1	1	1	1
操作机构 CD10 或 CT8	1	1	1	1	1	1
接地开关 JN□—10			1	1	1	1

方案编号	17	18	19	20	26	41
主接线图						
旋转式隔离开关 GN□—10	2	2	2	2	2	
电流互感器 LZJJ—10		1	2	3	2	
真空断路器 ZN□—10	1	1	1	1	1	
操作机构 CD10 或 CT8	1	1	1	1	1	
隔离开关 GN24—10						
电压互感器 JD2—10						

续表

方案编号	42	43	46	64	65	67
主接线图						
旋转式隔离开关 GN□—10				1	1	1
电流互感器 LZJJ—10						所用变压器可带3～6回低压出线
真空断路器 ZN□—10						
操作机构 CD10 或 CT8						
隔离开关 GN24—10	1	1	1			
电压互感器 JD2—10	2			2		

注：可加装带电指示装置及阻容器吸收器或氧化锌避雷器。

KYN□—10 型开关柜常用的一次接线方案　　　附表 C-8

方案编号	03	04	07	08	17	33	37
方案接线							
SN10—Ⅰ、Ⅱ、Ⅲ；ZN$_{28}$—10	1	1	1	1	1		
CD10 或 CT$_8$	1	1	1	1	1		
电流互感器 LDJ$_1$—10	2	2	3	3	2		
电压互感器 JDJ							2
电压互感器 JDZJ							
熔断器 RN2—10							3
接地开关 JN—10	1	1	1	1			
避雷器 FS2							

续表

方案编号	38	41	42	45	46	60	64
方案接线							
SN10—Ⅰ、Ⅱ、Ⅲ；ZN28—10							低压 LMZ—0.5,3 个变压器 10/0.4 kVS7—30 限流型熔断器低压空气开关1～6个
CD10 或 CT8							
电流互感器 LDJ1—10						2	
电压互感器 JDJ		2		2		2	
电压压感器 JDZJ	3		3		3		
熔断器 RN2—10	3	3	3	3	3	3	
接地开关 JN—10							
避雷器 FS2		3	3	3	3		

注：在进线柜中可加装带电指示装置，在出线柜中可加装阻容吸收器或氧化锌避雷器。

JYN2—10 型开关柜常用的一次接线方案　　　　附表 C-9

方案编号	01	02	03	04	05	07	12
一次接线							
SN10—10Ⅰ、Ⅱ、Ⅲ，ZN—10	1	1	1	1	1	1	
CD10 或 CT8	1	1	1	1	1	1	
电流互感器 LZZB6—10	2	2	3	3	2	2	
电压互感器 JDZ6—10							
电压互感器 JDZJ6—10					2		
熔断器 RN2—10							
避雷器 FS2							
接地开关 JN—10Ⅰ		1		1			

续表

方案编号	19	20	21	22	23	24	26
一次接线							30kVA (20kVA) ...
SN10—10 Ⅰ、Ⅱ、 Ⅲ，ZN—10							
CD10 或 CT8							
电流互感器 LZZB6—10							
电压互感器 JDZ6—10	2		2		2		所用变压器 柜1～6回出线
电压互感器 JDZJ6—10		3		3		3	
熔断器 RN2—10	3	3	3	3	3	3	
避雷器 FS2	3	3	3	3	3	3	
接地开关 JN—10Ⅰ							

注：在进出线柜中都可加装带电指示装置，在出线柜中可装阻容吸收器或氧化锌避雷器。

刀开关及转换开关技术数据　　　　　　　　　　　　附表 C-10

型　号	额定电流（A）	ls 热稳定电流（kA）	动稳定电流（峰值）（kA）		相　数
			手柄式	杠杆式	
HD11～14	100 200 400 600 1000 1500	6 10 20 25 30 40	15 20 30 40 50 —	20 30 40 50 60 80	1，2，3
HH3	10，15，20，30， 60，100，200		500～5000A		2，3
HH4	10，30，60，		500～3000A		2，3
HZ5	10，20，40，60				2，3，4 极
HZ10	10，25，60，100				2，3

常用低压熔断器参数

附表 C-11

型　号		额定电压（V）	熔丝额定电流（A）	分断能力（交流周期分量有效值）(kA)	备　注
高分断熔断器	NT00	500 或 600	4，6，10，16，20，25，32，36，40，50，63，80，100，125，160	120（500V）50（600V）	引进西德 AEG 公司技术
	NT0		4，6，10，16，20，25，32，36，40，50，63，80，100，125，160		
	NT1		80，100，125，160，200，224，250		
	NT2		125，160，200，224，250，300，315，355，400		
	NT3		315，355，400，425，500，630		
	NT4		800，1000		
圆柱形管状填料熔断器	gF1，aM1	500	2，4，6，8，10，12，16	50	符合 IEC 标准
	gF2，aM2	500	2，4，6，8，10，12，16，20，25		
	gF3，aM3	500	4，6，8，10，12，16，20，25，32，40		
	gF4，aM4	500	10，12，16，20，25，32，40，50，63，80，100，125		
快速熔断器	RS0	250	30，50，80，100，150，200，250，300，350，480		符合 IEC 标准
	RS0	500	10，15，20，30，40，50，60，80，100，150，200，250，300，320，350，420，480，600		
	RS3		10，15，20，30，40，50，60，80，100，150，200，250，300，320，350，480		
	RS0	750	200，320，480，700		
	RS3		200，250，300，350		
RT12（RT10）熔断器	RT12—20	415	2，4，6，10，16，20	80	符合 IEC 标准
	RT12—32		20，25，32		
	RT12—63		32，40，50，63		
	RT12—100		63，80，100		

RM10 型低压熔断器的主要技术数据和保护特性曲线　　附表 C-12

1. 主要技术数据

型　号	熔管额定电压/V	额定电流/A		最大分断能力	
		熔管	熔体	电流/kA	$\cos\varphi$
RM10—15	交流 220，380，500 直流 220，440	15	6，10，15	1.2	0.8
RM10—60		60	15，20，25，35，45，60	3.5	0.7
RM10—100		100	60，80，100	10	0.35
RM10—200		200	100，125，160，200	10	0.35
RM10—350		350	200，225，260，300，350	10	0.35
RM10—600		600	350，430，500，600	10	0.35

2. 保护特性曲线

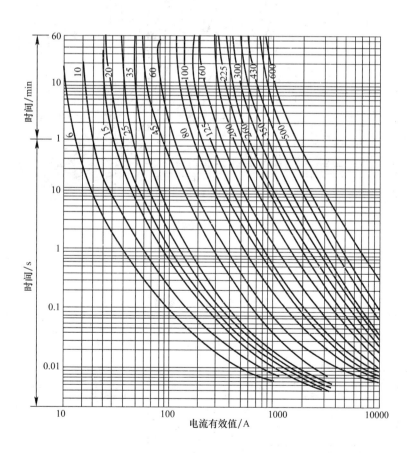

RT0 型低压熔断器的主要技术数据和保护特性曲线　　　　附表 C-13

1. 主要技术数据

型　号	熔管额定电压（V）	额定电流（A）		最大分断电流（kA）
		熔管	熔体	
RT0—100	交流 380	100	30，40，50，60，80，100	50 （cosφ＝0.1～0.2）
RT0—200		200	（80，100），120，150，200	
RT0—400		400	（150，200），250，300，350，400	
RT0—600	直流 440	600	（350，400），450，500，550，600	
RT0—1000		1000	700，800，900，1000	

2. 保护特性曲线

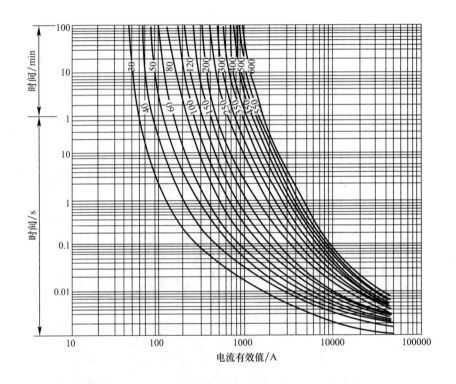

注：表中括号内的熔体电流尽可能不采用。

常用高断流能力的低压断路器参数　　　　附表 C-14

型　号		额定电压（V）	脱扣器额定电流（A）	额定分断能力（交流周期分量有效值）（kA）	动稳定电流（峰值）（kA）	Is 热稳定电流（kA）
引进德国 AEG 公司技术	ME630，ME800，ME1000，ME1250	400	200，300，350，400，500，630，750，800，1000，1250，1600，2000，2400，3200，4000，5000	30（N 级）50（S1 级）	105	30（N 级）50（S1 级）
	ME1600，ME2000，ME2500	400		40	130	60
	ME3200，ME4000，ME5000	400		40	180	80

常用的低压断路器参数　　　　　　　　　　　附表 C-15

型　号		额定电压（V）	壳架电流（A）	脱扣器整定电流（A）	分断能力（kA）	外形尺寸 宽×高×厚（mm）
替代 DZ10 的新产品	DZ20Y—100	500	100	16，20，32，40，50，63，80，100	18	105×165×86.5
	DZ20J—100				35	
	DZ20G—1000				75	
	DZ20Y—200	500	200	100，125，160，180，200	25	108×268×105
	DZ20J—200				42	
	DZ20G—200				70	
	DZ20J—400	500	400	250，315，350，400	42	210×268×138
	DZ20G—400				80	
	DZ20Y—630	500	630	250，315，350，400，500，600	30	210×268×138
	DZ20J—630				65	
引进日本寺崎公司技术	TG—30	660	30	15，20，30	30	90×150×85
	TG—100	660	100	15，20，30，40，50，60，75，100	30	105×160×85
	TG—225	660	225	125，150，175，200，225	40	140×260×103
	TG—225B	660			42	
	TG—400B	660	400	250，300，350，400	42	140×260×103
	TG—600B	660	600	450，500，600	65	210×273×103
	TO—100	380	100	15，20，30，40，50，60，75，100	18	90×150×85
	TO—225	380	225	125，150，175，200，225	25	105×200×103
	TO—400	380	400	125，150，175，200，225，300，350，400	30	140×260×103
	TO—600	380	600	450，500，600	30	210×273×103
法国施耐德公司生产	NS100N	380	100	10，25，32，40，63，80，100	25	三级：105×161×86 四级：140×161×86
	NS100H				70	
	NS100L				150	
	NS250N	380	250	100，125，160，200，250	36	三级：105×161×86 四级：140×161×86
	NS250H				70	
	NS250L				150	
	NS400N	380	400	160，200，225，300，350，400	45	三级：140×255×110 四级：185×255×110
	NS400H				70	
	NS400L				150	
	NS600N	380	630	250，300，350，400，500，630	45	三级：140×255×110 四级：185×255×110
	NS600H				70	
	NS600L				150	
ABB 公司产品	SH100	380	100	32，50，80，100	60	
	SH160	380	160	32，50，80，100，125，160	60	
	SH250	380	250	125，160，200，250	60	

续表

型　号		额定电压（V）	壳架电流（A）	脱扣器整定电流（A）	分断能力（kA）	外形尺寸 宽×高×厚（mm）
ABB公司产品	SH400	380	400	125，160，200，250，320，400	60	
	SH630	380	630	200，250，320，400，500，630	60	
国营常熟开关厂	CM1—100L	380	100	16，20，32，40，50，63，80，100	35	92×200×86
	CM1—100M	380	100		50	
	CM1—225L	380	225	100，125，160，180，200，225	35	107×215×110
	CM1—225M	380	225		50	
	CM1—400L	380	400	225，250，315，350，400	50	150×457×155
	CM1—400M	380	400		65	
	CM1—630L	380	630	400，500，630	50	182×470×160
	CM1—630M	380	630		65	

型　号		额定电压（V）	脱扣器额定电流（A）	额定分断能力（交流周期分量有效值）（kA）		动稳定电流（峰值）（kA）	Is热稳定电流（kA）
法国梅兰日兰生产	M08，M10，M12，M16（M08为额定电流800A，依此类推）	440	200，300，350，400，500，630，800，1000，1250，1600，2000，2500，3000，3200，3500，4000	N1	40	84	30
				H1	65	143	50
				H2	100	220	50
				L1	130	242	12
	M20，M25	440		N1	55	121	55
				H1	75	165	75
				H2	100	220	75
				L1	130	242	17
	M32，M40	440		H1	75	165	75
				H2	100	220	75
引进日本寺崎公司技术	AH—6B 600A	380	250，400，630	42		88.2	30
	AH—10B 1000A	380	800，400，630，1000	50		105	40
	AH—16B 1600A	380	800，1000，1250，1600	65		143	50
	AH—20C 2000A	380	1000，1250，1600，2000	65		143	50
	AH—20CH 2000A	380	1000，1250，1600，2000	70		154	50
	AH—30C 3200A	380	1600，2000，2500，3200	65		143	65
	AH—30CH 3200A	380	1600，2000，2500，3200	85		187	85
	AH—40C 4000A	380	3200，4000	120		264	100
ABB公司产品	F1B 1250A，1600A，2000A	380	800，1000，1250，1600，2000，2500，3200，3600，4000，5000，6300	40		85	40
	F1N 1250A，1600A，2000A	380		50		102	40
	F1S 1250A，1600A，2000A	380		55		120	50
	F2S 2500A，3000A	380		65		143	65

续表

型 号		额定电压（V）	脱扣器额定电流（A）	额定分断能力（交流周期分量有效值）（kA）	动稳定电流（峰值）（kA）	Is热稳定电流（kA）
ABB公司产品	F3S 2000A，2500A，3000A	380	800，1000，1250，1600，2000，2500，3200，3600，4000，5000，6300	75	165	75
	F4S 3200A	380		75	165	75
	F4S 3600A	380		80	176	80
	F5S 3200A，4000A，5000A	380		100	220	100
	F5H 3200A，4000A，K5000A	380		120	260	100
	F6S 6300A	380		100	220	100
	F6H 6300A	380		120	260	100

类别	型 号	额定电流（A）	过电流脱扣器额定电流（A）	短路分断能力			数据来源
				电压（V）	I_{cs}（kA）	I_{cu}（kA）	
开启式	DW50	1000	200 400 630 800 1000	400	30	42	上海电器科学研究所及北京明日电器有限公司
	DW15HH	2000	630 800 1000 2000	400	40	50	
		4000	2000 2500 3200 4000		60	80	
	DW45	2000	630 800 1000 1250 1600 2000	690	50	50	
		3200	2500 2900 3200		50	65	
		4000	3200 3600 4000		65	75	
		6300	4000 5000 6300		65	75	

类别	型　号	额定电流（A）	过电流脱扣器额定电流（A）	短路分断能力			数据来源
				电压（V）	I_{cs}（kA）	I_{cu}（kA）	
开启式	E1	1600	800、1000、1250、1600	690	42、50	42、50	ABB电气公司
	E2	2000	800、1000、1250、1600、2000		42、65、85、130	42、65、85、130	
	E3	3200	800、1000、1250、1600、2000、2500、3200		65、75、85、130	65、75、100、130	
	E4	4000	3200、4000		75、100、150	75、100、150	
	E6	6300	4000、5000、6300		100、125	100、150	
	MT（06～16）	630	250～630	690	50	50	施耐德电气公司
		800	320～800				
		1000	400～1000				
		1250	500～1250				
		1600	640～1600				
	MT（08～40）	800	320～800		65 100 150	65 100 150	
		1000	400～1000				
		1250	500～1250				
		1600	630～1600				
		2000	800～2000				
		2500	1000～2500				
		3200	1250～3200				
		4000	1600～4000				
	MT（40b～63）	4000	1600～4000		100 150	100 150	
		5000	2000～5000				
		6300	2500～6300				
塑壳式	S	63	10～63	400	15、25	30、50	上海电器科学研究所及北京明日电器有限公司
		100	16～100		30、40、50	50、65、100	
		225	100～225		30、40、50	50、70、100	
		400	200～400		30、40、50	50、70、100	
		630	400～630		30、40、50	50、70、100	
		800	400～800		30、40、50	50、70、100	
		1250	630～1250		35、40	65、80	
		2500	1000～2500		35、50	65、100	

类别	型　号	额定电流（A）	过电流脱扣器额定电流（A）	短路分断能力 电压（V）	I_{cs}（kA）	I_{cu}（kA）	数据来源
塑壳式	S1	125	10～125	500	13	25	ABB电气公司
	S2	160	12.5～160	690	35、50	35、50	
	S3/S4	160	32～160		35、65、75	35、65、85、100	
		250	200～250		35、65、75	35、65、85、100	
	S5	400	320～400		35、65、75	35、65、100	
		630	500～630		35、65、75	35、65、100	
	S6	800	630～800		35、50、65、75	35、50、65、100	
	S7	1250	1250		50、65	50、65、100	
		1600	1600				
	S500	63	1、2、4、6、10、16、20、25、32、40、50、63	400		25～50	
	S260	63				6	
	S280	100	80、100			6	
	S270	100	0.5～100			10	
	NS（compact）	80	无	690	70	70	施耐德电气公司
		100	40～100		25、70、150	25、70、150	
		160	64～160		36、70、150	36、70、150	
		250	100～250		36、70、150	36、70、150	
		400	160～400		45、70、150	45、70、150	
		630	250～630		40、70、150	45、70、150	
		800	320～800		37.5、35	50、70	
		1000	400～1000		37.5、35	50、70	
		1250	500～1250		37.5、35	50、70	
	C65a	63	1、2、4、6、10、16、20、25、32、40、50、63	230/400	4.5	4.5	
	C65N				6	6	
	C65H				10	10	
	C65L				15	15	
	NC100H	100	63、80、100	230/400	10	10	
	NC125H	125	125	230/400	10	10	
	NC100LS	63	10、16、20、25、32、40、50、63	230/400	36	36	
	C120N	125	125	230/400	10	10	

科必可低压柜常用的一次接线方案

附表 C-16

一次线方案 编号	03			04			05			06		
	03A	03B	03C	04A	04B	04C	05A	05B	05C	06A	06B	06C
接线图												
用途	柜顶出线						母联					
变压器容量 (kV·A)	100~315	400~630	800	1000~1250	1600	2000	100~315	400~630	800	1000~1250	1600	2000
主开关设备	ME630 AH6B	ME1000 AH10B	ME1600 AH16B	ME2000 2500 AH20C	ME3200 AH30C	ME4000 AH40C	ME630 AH6B	ME1000 AH10B	ME1600 AH16B	ME2000 2500 AH20C	ME3200 AH30C	ME4000 AH40C
电流互感器	LMK_1-0.66/BH-0.66						LMK_1-0.66/BH-0.66					
分断电流/kA	42	50	65	65	65	120	42	50	65	65	65	120
小室尺寸 高度	9M/6M	9M/6M	9M/6M	9M/9M	9M/9M	9M/9M	9M/6M	9M/6M	9M/6M	9M/9M	9M/9M	9M/9M
小室尺寸 宽度	4M/4M	4M/4M	4M/4M	5M/5M	7M/6M	8M/6M	4M/4M	4M/4M	4M/4M	5M/5M	7M/6M	8M/6M
小室尺寸 深度	4M/4M	4M/4M	4M/4M	4M/4M	4M/4M	5M/5M	4M/4M	4M/4M	4M/4M	4M/4M	4M/4M	5M/5M
安装形式	插入式						插入式					

续表

一次方案编号	16		17		29			39	40
	16A	16B	17A	17B	29A	29B	29C		
接线图									
用途	馈线		馈线		馈线			电容器（主柜）	电容器（辅柜）
额定电流（A）	15~85	100~500	15~200	200~500	40~100	200	400	75kVar	120kVar
主开关设备	TG100	TG225~600	TG100~225	TG400~600	TG100	TG225	TG400	QSA400；GJ16-32（5个）	GJ16-32（8个）
电流互感器	LMZ1-0.5		LMZ1-0.5		LMZ1-0.5			LMZ1-0.5	
分断电流（kA）	30	40~65	30~40	42~65	30	40	42	电容器：BZMJ0.4-15-3	BZMJ0.4-15-3
小室尺寸 高度	1M（2M）	2M（3M）	2M（2M）	3M（3M）	1M	2M	2M	1M	1M
小室尺寸 宽度	3M（2M）	3M（2M）	3M（2M）	3M（3M）	3M	3M	3M	3M	3M
小室尺寸 深度	1.5M	1.5M	1.5M	1.5M	3M	3M	3M	3M	3M
安装形式	固定分隔式				抽屉式			抽屉式	抽屉式

注：1. "M" 模数，M=192mm。
　　2. "9M/6M" 分子用于 ME630，分母用于 AH6B。
　　3. "（ ）"中对应宽度 "（ ）"中的 M 值。

附表 C-17

GCK 低压柜常用的一次接线方案

方案编号	01	02	04	05	06		
一次接线	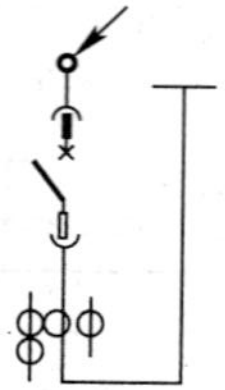	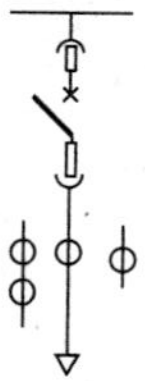	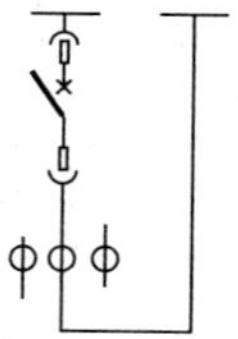	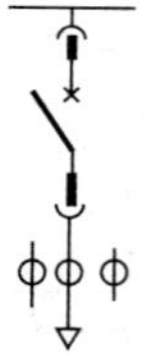			
用度	架空受电	电缆受电	母联	馈电	馈电		
柜宽（mm）	1800	1800	1800	600	600		
小室高度（mm）				900	200	400	600
断路器	ME630~4000A（引进德国 AEG 公司技术） AH600~4000A（引进日本寺崎公司技术） M800~5000A（法国 MG 公司产品） F1250~6300A（德国 ABB 公司产品）			ME630~1000A F1250A AH600~1000A M800~1000A DWX15C—200~630A	TG30B~100B TO100B NS100 SH100~125	TG225B TO225 NS—250 SH—160~250	TG400B TO400 NS400 SH400
电流互感器	BHG—0.66			BHG—0.66	BHG—0.66	BHG—0.66	BHG—0.66
说明	额定电流超过 4000A，用户与制造厂协商						

续表

方案编号	15	17		18	
一次接线					
用途	电源切换	功率因数补偿		功率因数补偿	
柜宽（mm）	600	600	800	600	800
小室高度（mm）	1800	1800		1800	
断路器	ME630~1000A AH600~1000A M800~1000A F1250A				
刀熔开关		QSA—400	QSA—630	QSA—400	QSA—630
熔断器		RT20	RT20	RT20	RT20
接触器		B30C	B30C	B30C	B30C
电容器		BCMJ0.4—16—3	BCMJ0.4—16—3	BCMJ0.4—16—3	BCMJ0.4—16—3
电流互感器	BHG—0.66	BHG—0.66	BHG—0.66	BHG—0.66	BHG—0.66
补偿容量（kvar）		6 路（96） 8 路（128） 10 路（160）	12 路（192） 16 路（256）	6 路（96） 8 路（128） 10 路（160）	12 路（192） 16 路（256）
说明	电气联锁、手动或自动切换	干式电容器，功率因数手动、自动调节（主柜）		干式电容器，功率因数随主柜手动、自动调节（辅柜）	

注：此低压柜的型号及尺寸取自上海广电电气（集团）有限公司的产品，其他厂的编号抽屉高度有略不同，使用时请注意。

电流互感器主要参数

1. 电流互感器基本特性（1）

型　号	额定一次电流（A）	一次安匝	穿孔尺寸	可以穿过的铝母线尺寸	额定二次负荷（Ω）		
					0.5级	1级	3级
LMZ₁—0.5	5, 10, 15, 30, 50, 75, 150	150	φ30	25×3	0.2	0.3	—
	20, 40, 100, 200	200	φ30	25×3			
	300	300	φ35	30×4			
	400	400	φ45	40×5			
LMZJ₁—0.5	5, 10, 15, 20, 30, 50, 75, 100, 150, 300	300	φ35	30×4	0.4	0.6	—
	40, 200, 400	400	φ45	40×5			
	500, 600	500, 600	53×9	50×6			
	800	800	63×12	60×8			
LMZB₁—0.5	同 LMZJ₁—0.5（5～800A）				—	—	1.0
LMZJ₁—0.5	1000, 1200, 1500	1000 1200 1500	100×50	2×（80×8）	0.8	1.2	2.0
	2000, 3000	2000 3000	140×70	2×（120×10）			
LMK₁—0.5	5, 10, 15, 30, 50, 75, 150	150	φ30	25×3	0.2	0.3	—
	20, 40, 100, 200	200	φ30	25×3			
	300	300	φ35	30×4			
	400	400	φ45	40×5			
LMKJ₁—0.5	5, 10, 15, 20, 30, 50, 75, 100, 150, 300	300	φ35	30×4	0.4	0.6	—
	40, 200, 400	400	φ45	40×5			
	500, 600	500, 600	53×9	50×6			
	800	800	63×12	60×8			

2. 电流互感器基本特性（2）

型　号	额定电流比	级次组合	二次负荷（Ω）				1s热稳定倍数	动稳定倍数
			0.5级	1级	3级	(C) D级		
LFZ₁—10	5, 10, 15, 20, 30, 40, 50, 75, 100, 150, 200, 300, 400/5	0.5/3；1/3	0.4	0.4	0.6	—	90 80 75	160 140 130
	5, 10, 15, 20, 30, 40, 50, 75, 100, 150, 200/5	0.5/3；1/3	0.4	0.6	0.6	—	90	160
LA—10	5, 10, 15, 20, 30, 40, 50, 75, 100, 150, 200/5	0.5/3；1/3	0.8	1.2	1			
	300, 400/5	0.5/3；1/3					75	135
	500/5	0.5/3；1/3	0.4	0.4	0.6		60	110
	600, 800, 1000/5	0.5/3；1/3	0.4	0.4	0.6		50	90

2. 电流互感器基本特性（2）

型　号	额定电流比	级次组合	二次负荷（Ω）				1s热稳定倍数	动稳定倍数
			0.5级	1级	3级	(C) D级		
LAJ—10 LBJ—10	400，500，600，800，1000，1200，1500，6000/5	0.5D；1/D；D/D	1	1	—	1.2	75	135
	500/5	0.5/D；1/D；D/D	1	1	—	1.2		
	600，800/5	0.5/D；1/D；D/D	1	1	—	1.2	50	90
	1000，1200，1500/5	0.5/D；1/D；D/D	1.6	1.6	—	1.6	—	—
	2000，3000，4000，5000，6000/5	0.5/D；1/D；D/D	2.4	2.4	—	2		
LMZ$_1$—10	2000，3000/5 4000，5000/5	0.5D；D/D	1.6(2.4) 2(30)			2 2.4		
LQJ—10	5，10，15，20，30，40，50，75，100，150，200，400/5	0.5/3；1/3	0.4	0.4	0.6	0.6	75~90 (5~100/5) 60~75 (150~ 400/5)	225 (5~100/5) 150~160 (150~ 400/5)
LQJC—10		0.5/C；1/C						
LCW—35	15~1000/5	0.5；3	2	4	2	4	65	100
LCWD$_1$—35	15~1500/5	0.5/D	2			2	30~75	77~191

各型电压互感器的二次负荷值

附表 C-19

型　式		额定变化系数	在下列准确等级下额定容量（V·A）			最大容量（V·A）	备　注
			0.5级	1级	3级		
单相（屋内式）	JDG—0.5	380/100	25	40	100	200	
	JDG—0.5	500/100	25	40	100	200	
	JDG3—0.5	380/100		15		60	
	JDG—3	1000~3000/100	30	50	120	240	
	JDJ—6	3000/100	30	50	120	240	
	JDJ—6	6000/100	50	80	240	400	
	JDJ—10	10000/100	80	150	320	640	
三相（屋内式）	JSJW—6	3000/100/100/3	50	80	200	400	有辅助二次线圈接成开口三角形
	JSJW—6	6000/100/100/3	80	150	320	640	
	JSJW—10	10000/100/100/3	120	200	480	960	

续表

型　式		额定变化系数	在下列准确等级下额定容量（V·A）			最大容量（V·A）	备　注
			0.5级	1级	3级		
单相（屋内式）	JDZ—6	1000/100	30	50	100	200	浇注绝缘，可代替JDJ型，用于三相结合接成Y(100、$\sqrt{3}$)时使用容量为额定容量的1/3
	JDZ—6	3000/100	30	50	100	200	
	JDZ—6	6000/100	50	80	200	300	
	JDZ—10	10000/100	80	150	300	500	
	JDZ—10	11000/100	80	150	300	500	
	JDZ—35	35000/100	150	250	500		试制中
	JDZJ—6	$\dfrac{1000}{\sqrt{3}}\Big/\dfrac{100}{\sqrt{3}}\Big/\dfrac{100}{3}$	40	60	150	300	浇注绝缘，用三台取代JSJW，但不能单相运行
	JDZJ—6	$\dfrac{3000}{\sqrt{3}}\Big/\dfrac{100}{\sqrt{3}}\Big/\dfrac{100}{3}$	40	60	150	300	
	JDZJ—6	$\dfrac{6000}{\sqrt{3}}\Big/\dfrac{100}{\sqrt{3}}\Big/\dfrac{100}{3}$	40	60	150	300	
	JDZJ—10	$\dfrac{10000}{\sqrt{3}}\Big/\dfrac{100}{\sqrt{3}}\Big/\dfrac{100}{3}$	40	60	150	300	
单相（屋外式）	JDJ—35	35000/100	150	250	600	1200	
	JDJJ—35	$\dfrac{35000}{\sqrt{3}}\Big/\dfrac{100}{\sqrt{3}}\Big/\dfrac{100}{3}$	150	250	600	1200	
	JCC—60	$\dfrac{60000}{\sqrt{3}}\Big/\dfrac{100}{\sqrt{3}}\Big/\dfrac{100}{3}$	—	500	1000	2000	

导体在正常和短路时的最高允许温度及热稳定系数　　　　　附表 C-20

导体种类和材料			最高允许温度（℃）		热稳定系数 C（A·$s^{\frac{1}{2}}$·mm^{-2}）
			额定负荷时	短路时	
母线	铜		70	300	171
	铝		70	200	87
油浸纸绝缘电缆	铜芯	1~3kV	80	250	148
		6kV	65（80）	250	150
		10kV	60（65）	250	153
		35kV	50（65）	175	
	铝芯	1~3kV	80	200	84
		6kV	65（80）	200	87
		10kV	60（65）	200	88
		35kV	50（65）	175	

续表

导体种类和材料		最高允许温度（℃）		热稳定系数 C (A·s$^{\frac{1}{2}}$·mm^{-2})
		额定负荷时	短路时	
橡胶绝缘导线和电缆	铜芯	65	150	131
	铝芯	65	150	87
聚氯乙烯绝缘导线和电缆	铜芯	70	160	115
	铝芯	70	160	76
交联聚乙烯绝缘电缆	铜芯	90（80）	250	137
	铝芯	90（80）	200	77
含有锡焊中间接头的电缆	铜芯		160	
	铝芯		160	

注：1. 表中电缆（除橡胶绝缘电缆外）的最高允许温度是根据 GB 50217—1994《电力工程电缆设计规范》编制；
　　表中热稳定系数是参照《工业与民用配电设计手册》编制。
　　2. 表中"油浸纸绝缘电缆"中加括号的数字，适于"不滴流纸绝缘电缆"。
　　3. 表中"交联聚乙烯绝缘电缆"中加括号的数字，适于 10kV 以上电压。

裸铜、铝及钢芯铝绞线的允许载流量　　　　　附表 C-21

铜　线			铝　线			铜芯铝绞线	
导线型号	载流量（A）		导线型号	载流量（A）		导线型号	屋外载流量（A）
	屋外	屋内		屋外	屋内		
TJ—10	95	60	LJ—16	105	80	LCJ—16	105
TJ—16	130	100	LJ—25	135	110	LGJ—25	135
TJ—25	180	140	LJ—35	170	135	LGJ—35	170
TJ—35	220	175	LJ—50	215	170	LGJ—50	220
TJ—50	270	220	LJ—70	265	215	LGJ—70	275
TJ—60	315	250	LJ—95	325	260	LGJ—95	335
TJ—70	340	280	LJ—120	375	310	LGJ—120	380
TJ—95	415	340	LJ—150	440	370	LGJ—150	445
TJ—120	485	405	LJ—185	500	425	LGJ—185	515
TJ—150	570	480	LJ—240	610	—	LGJ—240	610
TJ—185	645	550	LJ—300	680	—	LGJ—300	700
TJ—240	770	650	LJ—400	830	—	LGJ—400	800

注：按环境温度＋25℃，最高允许温度＋70℃

铜、铝母线槽持续载流量（A）　　　　　　　　附表 C-22-1

空气绝缘母线槽	—	—	63	100	125	160	200	250	315	400	500	630	800	1000	1250	1600	2000	2500	3150	4000	5000
密集绝缘母缘槽	25	40	63	100	—	160	200	250	—	400	—	630	800	1000	1250	1600	2000	2500	3150	4000	5000
耐火母线槽	—	—	63	100	125	160	200	250	315	400	500	630	800	1000	1250	1600	2000	2500	3150	4000	5000

单片母线的持续载流量（A，$\theta_n = 70℃$）　　　　　　　　附表 C-22-2

母线尺寸（宽×厚，mm）	单片铝母线 LMY								单片铜母线 TMY							
	交流				直流				交流				直流			
	25℃	30℃	35℃	40℃	25℃	30℃	35℃	40℃	25℃	30℃	35℃	40℃	25℃	30℃	35℃	40℃
15×3	165	155	145	134	165	155	145	134	210	197	185	170	210	197	185	170
20×3	215	202	189	174	215	202	189	174	275	258	242	223	275	258	242	223
25×3	265	249	233	215	265	249	233	215	340	320	299	276	340	320	299	276
30×4	365	343	321	296	370	348	326	300	475	446	418	385	475	446	418	385
40×4	480	451	422	389	480	451	422	389	625	587	550	506	625	587	550	506
40×5	540	507	475	438	545	512	480	446	700	659	615	567	705	664	620	571
50×5	665	625	585	539	670	630	590	543	860	809	756	697	870	818	765	705
50×6.3	740	695	651	600	745	700	655	604	955	898	840	774	960	902	845	778
63×6.3	870	818	765	705	880	827	775	713	1125	1056	990	912	1145	1079	1010	928
80×6.3	1150	1080	1010	932	1170	1100	1030	950	1480	1390	1300	1200	1510	1420	1330	1225
100×6.3	1425	1340	1255	1155	1455	1368	1280	1180	1810	1700	1590	1470	1875	1760	1650	1520
63×8	1025	965	902	831	1040	977	915	844	1320	1240	1160	1070	1345	1265	1185	1090
80×8	1320	1240	1160	1070	1355	1274	1192	1100	1690	1590	1490	1370	1755	1650	1545	1420
100×8	1625	1530	1430	1315	1690	1590	1488	1370	2080	1955	1830	1685	2180	2050	1920	1770
125×8	1900	1785	1670	1540	2040	1918	1795	1655	2400	2255	2110	1945	2600	2445	2290	2105
63×10	1155	1085	1016	936	1180	1110	1040	956	1475	1388	1300	1195	1525	1432	1340	1235
80×10	1480	1390	1300	1200	1540	1450	1355	1250	1900	1786	1670	1540	1990	1870	1750	1610
100×10	1820	1710	1600	1475	1910	1795	1680	1550	2310	2170	2030	1870	2470	2320	2175	2000
125×10	2070	1945	1820	1680	2300	2160	2020	1865	2650	2490	2330	2150	2950	2770	2595	2390

注：本表系母线立放的数据。当母线平放且宽度≤63mm 时，表中数据应乘以 0.95，＞63mm 时应乘以 0.92。

2～3 片组合涂漆母线的持续载流量（A，$\theta_n=70℃$）　　附表 C-22-3

母线尺寸（宽×厚，mm）	两片铜母线 TMY								两片铝母线 LMY							
	交流				直流				交流				直流			
	25℃	30℃	35℃	40℃	25℃	30℃	35℃	40℃	25℃	30℃	35℃	40℃	25℃	30℃	35℃	40℃
63×6.3	1740	1636	1531	1409	1990	1871	1751	1612	1350	1269	1188	1094	1555	1462	1368	1260
80×6.3	2110	1983	1857	1709	2630	2472	2314	2130	1630	1532	1434	1320	2055	1932	1808	1665
100×6.3	2470	2322	2174	2001	3245	3050	2856	2628	1935	1819	1703	1567	2515	2364	2213	2037
63×8	2160	2030	1901	1750	2485	2336	2187	2013	1680	1579	1478	1361	1840	1730	1619	1490
80×8	2620	2463	2306	2122	3095	2910	2724	2508	2040	1918	1795	1652	2400	2256	2112	1944
100×8	3060	2876	2693	2479	3810	3581	3353	3086	2390	2247	2103	1936	2945	2768	2592	2385
125×8	3400	3196	2992	2754	4400	4136	3872	3564	2650	2491	2332	2147	3350	3149	2948	2714
63×10	2560	2406	2253	2074	2725	2562	2398	2207	2010	1889	1769	1628	2110	1983	1857	1709
80×10	3100	2914	2728	2511	3510	3299	3089	2843	2410	2265	2121	1952	2735	2571	2407	2215
100×10	3610	3393	3177	2924	4325	4066	3806	3503	2860	2688	2517	2317	3350	3149	2948	2714
125×10	4100	3854	3608	3321	5000	4700	4400	4050	3200	3008	2816	2592	3900	3666	3432	3159

母线尺寸（宽×厚，mm）	三片铜母线 TMY								三片铝母线 LMY							
	交流				直流				交流				直流			
	25℃	30℃	35℃	40℃	25℃	30℃	35℃	40℃	25℃	30℃	35℃	40℃	25℃	30℃	35℃	40℃
63×6.3	2240	2106	1971	1814	2495	2345	2196	2021	1720	1617	1514	1393	1940	1824	1707	1571
80×6.3	2720	2557	2394	2203	3220	3027	2834	2608	2100	1974	1848	1701	2460	2312	2165	1993
100×6.3	3170	2980	2790	2568	3940	3703	3467	3191	2500	2350	2200	2025	3040	2858	2675	2462
63×8	2790	2623	2455	2260	3020	2839	2658	2446	2180	2049	1918	1766	2330	2190	2050	1887
80×8	3370	3168	2966	2730	3850	3619	3388	3119	2620	2463	2306	2122	2975	2797	2618	2410
100×8	3930	3694	3458	3183	4690	4409	4127	3799	3050	2867	2684	2471	3620	3403	3186	2932
125×8	4340	4080	3819	3515	5600	5264	4928	4536	3380	3177	2974	2738	4250	3995	3740	3443
63×10	3300	3102	2904	2673	3530	3318	3106	2859	2650	2491	2332	2147	2720	2557	2394	2203
80×10	3990	3751	3511	3232	4450	4183	3916	3605	3100	2914	2728	2511	3440	3234	3027	2786
100×10	4650	4371	4092	3767	5385	5062	4739	4362	3650	3431	3212	2957	4160	3910	3661	3370
125×10	5200	4888	4576	4212	6250	5875	5500	5063	4100	3854	3608	3321	4860	4568	4277	3937

注：本表系母线立放的数据，母线间距等于厚度。

VV、VLV 三芯电力电缆持续载流量 (A)

附表 C-23-1

型　号	VV、VLV																
额定电压 (kV)	0.6/1																
导体工作温度 (℃)	70																
敷设方式	敷设在隔热墙中的导管内								敷设在明敷的导管内								
环境温度 (℃)	25		30		35		40		25		30		35		40		
标称截面 (mm²)	铜芯	铝芯	铜芯	铝芯	铜芯	铝芯	铜芯	铝芯	铜芯	铝芯	铜芯	铝芯	铜芯	铝芯	铜芯	铝芯
1.5	13	—	13	—	12	—	11	—	15	—	15	—	14	—	13	—
2.5	18	13	17	13	15	12	14	11	21	15	20	15	18	14	17	13
4	24	18	23	17	21	15	20	14	28	22	27	21	25	19	23	18
6	30	24	29	23	27	21	25	20	36	28	34	27	31	25	29	23
10	41	32	39	31	36	29	33	26	48	38	46	36	43	33	40	33
16	55	43	52	41	48	38	45	35	65	50	62	48	58	45	53	41
25	72	56	68	53	63	49	59	46	84	65	80	62	75	58	69	53
35	87	68	83	65	78	61	72	56	104	81	99	77	93	72	86	66
50	104	82	99	78	93	73	86	67	125	97	118	92	110	86	102	80
70	132	103	125	98	117	92	108	85	157	122	149	116	140	109	129	100
95	159	125	150	118	141	110	130	102	189	147	179	139	168	130	155	120
120	182	143	172	135	161	126	149	117	218	169	206	160	193	150	179	139
150	207	164	196	155	184	145	170	134	—	—	—	—	—	—	—	—
185	236	186	223	176	209	165	194	153	—	—	—	—	—	—	—	—
240	276	219	261	207	245	194	227	180	—	—	—	—	—	—	—	—
300	315	251	298	237	280	222	259	206	—	—	—	—	—	—	—	—

注：墙内壁的表面散热系数不小于 10W/(m²·K)。

续表

| 标称截面 (mm²) | 敷设在空气中 | | | | | | | | 敷设在直埋地的管道内 | | | | | | | |
| | 25 | | 30 | | 35 | | 40 | | 1 | | 1.5 | | 2 | | 2.5 | |
	铜芯	铝芯	铜芯	铝芯	铜芯	铝芯	铜芯	铝芯	铜芯	铝芯	铜芯	铝芯	铜芯	铝芯	铜芯	铝芯
1.5	19	—	18	—	16	—	15	—	21	—	19	—	18	—	18	—
2.5	26	20	25	19	23	17	21	16	28	21	26	19	25	18	24	18
4	36	27	34	26	31	24	29	22	36	28	34	26	32	25	31	24
6	45	34	43	33	40	31	37	28	46	35	42	33	40	31	39	30
10	63	48	60	46	56	43	52	40	61	47	57	44	54	42	52	40
16	84	64	80	61	75	57	69	53	79	61	73	57	70	54	67	52
25	107	82	101	78	94	73	87	67	101	77	94	72	90	69	86	66
35	133	101	126	96	118	90	109	83	121	94	113	88	108	84	103	80
50	162	124	153	117	143	109	133	101	143	110	134	103	128	98	122	94
70	207	159	196	150	184	141	170	130	178	138	166	128	158	122	151	117
95	252	193	238	183	223	172	207	159	211	162	196	151	187	144	179	138
120	292	224	276	212	259	199	240	184	239	185	223	172	213	164	203	157
150	338	259	319	245	299	230	277	213	271	210	253	195	241	186	230	178
185	385	296	364	280	342	263	316	243	304	236	283	220	270	210	258	200
240	455	349	430	330	404	310	374	287	350	271	326	253	311	241	297	230
300	526	403	497	381	467	358	432	331	396	306	369	286	352	273	336	260

型号：VV、VLV　　额定电压 (kV)：0.6/1　　导体工作温度 (℃)：70　　土壤热阻系数 (K·m/W)：20　　环境温度 (℃)：20

YJV、YJLV 三芯电力电缆持续载流量 （A）

附表 C-23-2

型号	YJV、YJLV																								
额定电压 (kV)	0.6/1																								
导体工作温度 (℃)	90																								
敷设方式	敷设在隔热墙中的导管内								敷设在明敷设的导管内								敷设在埋地的管道内								
环境温度 (℃) / 土壤热阻系数 (K·m/W)	25		30		35		40		25		30		35		40		20 (1)		20 (1.5)		20 (2)		20 (2.5)		
标准截面 (mm²)	铜芯	铝芯	铜芯	铝芯	铜芯	铝芯	铜芯	铝芯	铜芯	铝芯	铜芯	铝芯	铜芯	铝芯	铜芯	铝芯	铜芯	铝芯	铜芯	铝芯	铜芯	铝芯	铜芯	铝芯	
1.5	16	—	16	—	15	—	14	—	19	—	19	—	18	—	17	—	25	—	24	—	23	—	22	—	
2.5	22	18	22	18	21	17	20	16	27	21	26	21	24	20	23	19	34	25	31	24	30	23	29	22	
4	31	24	30	24	28	23	27	21	36	29	35	28	33	26	31	25	43	34	40	31	38	30	37	29	
6	39	32	38	31	36	29	34	28	45	36	44	35	42	33	40	31	54	42	50	39	48	37	46	36	
10	53	42	51	41	48	39	46	37	62	49	60	48	57	46	54	43	71	55	67	52	64	49	61	47	
16	70	57	68	55	65	52	61	50	83	66	80	64	76	61	72	58	93	71	86	67	82	64	79	61	
25	92	73	89	71	85	68	80	64	109	87	105	84	100	80	95	76	119	92	111	85	106	81	101	78	
35	113	90	109	87	104	83	99	79	133	107	128	103	122	98	116	93	143	110	134	103	128	98	122	94	
50	135	108	130	104	124	99	118	94	160	128	154	124	147	119	140	112	169	132	158	123	151	117	144	112	
70	170	136	164	131	157	125	149	119	201	162	194	156	186	149	176	141	210	162	195	151	186	144	178	138	
95	204	163	197	157	189	150	179	142	242	195	233	188	223	180	212	171	248	193	232	180	221	172	211	164	
120	236	187	227	180	217	172	206	163	278	224	268	216	257	207	243	196	283	219	264	204	252	195	240	186	
150	269	214	259	206	248	197	235	187	—	—	—	—	—	—	—	—	319	247	298	231	284	220	271	210	
185	306	242	295	233	283	223	268	212	—	—	—	—	—	—	—	—	358	278	334	270	319	247	304	236	
240	359	283	346	273	332	262	314	248	—	—	—	—	—	—	—	—	414	320	386	299	368	285	351	272	
300	411	325	396	313	380	300	360	284	—	—	—	—	—	—	—	—	467	363	435	338	415	323	396	308	

型　号	YJV、YJLV								YJV₂₂、YJLV₂₂														
额定电压（kV）	0.6/1								8.7/10														
导体工作温度（℃）	90																						
敷设方式	敷设在空气中																敷设在土壤中						
土壤热阻系数(K·m/W)																							
环境温度（℃）	25		30		35		40		25		30		35		40		20						
标称截面（mm²）	铜芯	铝芯	铜芯	铝芯	铜芯	铝芯	铜芯	铝芯	铜芯	铝芯	铜芯	铝芯	铜芯	铝芯	铜芯	铝芯	铜芯	铝芯	铜芯	铝芯	铜芯	铝芯	铜芯
1.5	23		23		22		20		—		—		—		—		—		—		—		—
2.5	33	24	32	24	30	23	29	21		—		—		—		—		—		—		—	
4	43	33	42	32	40	30	38	29	—	—		—		—		—		—		—		—	
6	56	43	54	42	51	40	49	38		—		—		—		—		—		—		—	
10	78	60	75	58	72	55	68	52	—		—		—		—		—		—		—	
16	104	80	100	77	96	73	91	70	—		—		—		—		—		—		—	
25	132	100	127	97	121	93	115	88	—	—		—		—		—		—		—		—	
35	164	124	158	120	151	115	143	109	173	131	(166)	126	(159)	121	151	114	167	130	149	116	136	106	129
50	199	151	192	146	184	140	174	132	210	159	202	153	194	147	183	139	198	156	177	139	162	127	153
70	255	194	246	187	236	179	223	170	265	204	255	196	245	188	232	178	247	192	220	171	201	156	190
95	309	236	298	227	286	217	271	206	322	248	310	238	298	228	282	216	291	230	259	205	237	187	224
120	359	273	346	263	332	252	314	239	369	287	355	276	341	265	323	251	331	262	295	234	270	214	255
150	414	316	399	304	383	291	363	276	422	322	406	310	390	298	369	282	375	295	335	263	306	240	289
185	474	360	456	347	437	333	414	315	480	370	462	356	444	342	420	323	419	331	374	295	342	270	323
240	559	425	538	409	516	392	489	372	567	436	545	419	523	402	495	381	487	382	435	341	397	311	375
300	645	489	621	471	596	452	565	428	660	499	635	480	610	461	577	436	552	430	493	383	450	350	425
400	—	—	—	—	—	—	—	—	742	558	713	537	684	516	648	488	601	460	537	410	490	375	463

附　录

附表 C-23-3

YFD-YJV、YFD-VV 预分支电缆持续载流量（A）

型号	YFD-YJV								YFD-VV							
额定电压（kV）	0.6/1															
导体工作温度（℃）	90								70							
敷设方式	敷设在空气中															
环境温度（℃）	25		30		35		40		25		30		35		40	
标称截面（mm²）	De	88	De	88	De	88	De	88	De	88	De	88	De	88	De	88
10	96	85	93	82	89	78	85	75	86	74	81	70	76	65	71	61
16	128	114	124	110	118	105	113	100	114	98	108	93	101	87	94	81
25	171	150	165	145	157	138	150	132	148	128	140	120	131	113	122	105
35	206	186	199	180	190	172	181	164	184	158	173	149	163	140	151	130
50	302	223	291	215	278	205	265	196	223	192	210	181	197	170	183	158
70	330	290	319	280	304	267	290	255	281	242	265	228	249	214	231	199
95	395	353	381	341	364	325	347	310	346	298	326	281	306	264	284	245
120	467	410	451	396	430	378	410	360	398	344	376	324	353	304	327	282
150	535	477	517	460	493	439	470	419	448	386	423	364	397	342	368	317
185	604	546	583	526	556	502	530	479	533	459	502	433	471	407	437	377
240	729	644	704	621	672	593	640	565	636	549	600	517	563	486	522	450
300	826	733	797	707	761	675	725	643	739	636	696	600	654	563	606	522
400	963	878	929	848	887	809	845	771	893	769	841	725	790	681	732	631

注：1. 根据《额定电压 0.6/1kV 铜芯塑料绝缘预制分支电力电缆》JG/T 147—2002；

(1) 主干电缆截面为 10mm²，支线电缆截面为 6mm²；主干电缆截面为 16mm²，支线电缆截面为 16mm²；主干电缆截面为 25mm²，支线电缆截面为 10～25mm²；主干电缆截面为 35mm²，支线电缆截面为 10～35mm²；主干电缆截面为 50mm²，支线电缆截面为 50～95mm²；主干电缆截面为 70mm²，支线电缆截面为 50～120mm²；主干电缆截面为 95mm²，支线电缆截面为 10～95mm²；主干电缆截面为 120mm²，支线电缆截面为 10～120mm²；主干电缆截面 150，185mm²，支线电缆截面为 10～120mm²；主干电缆截面 240，300mm²，支线电缆截面为 10～95mm²；主干电缆截面为 400mm²，支线电缆截面为 10～150mm²；终合的预分支电缆主干电缆的最大截面为 300mm²。

(2) 表中数据根据生产厂家的技术资料编制、计算得出，仅供设计人员参考。

2. 表中数据根据生产厂家的技术资料编制、计算得出，仅供设计人员参考。

3. De 指电缆外径。

附表 C-23-4

WDZ-YJ (F) E 电力电缆明敷时持续载流量 (A)

型　号	WDZ-YJ (F) E							
额定电压 (kV)	0.6/1							
	三芯							
导体工作温度 (℃)	135 (最大载流量)				90 (推荐载流量)			
环境温度 (℃)	25	30	35	40	25	30	35	40
标称截面 (mm²)								
1.5	33	32	31	31	26	25	23	23
2.5	44	43	42	41	34	32	31	30
4	58	57	55	54	44	42	40	39
6	75	73	71	69	57	54	52	50
10	105	102	99	97	79	76	72	70
16	136	132	128	125	107	102	97	94
25	185	180	175	170	136	130	124	120
35	228	222	216	210	171	163	156	150
50	277	270	262	255	210	201	192	185
70	354	344	334	325	267	256	244	235
95	436	424	412	400	330	316	301	290
120	512	498	484	470	387	370	353	340
150	583	567	551	535	444	425	405	390
185	675	657	638	620	513	490	468	450
240	806	784	762	740	615	588	561	540

注: 1. 四芯及以上电缆载流量按三芯电缆载流量选用。
　　2. 耐火型电缆型号为 WDZN-YJ (F) E，其载流量可参考上表。

电线、电缆明敷时环境空气温度不等于30℃的载流量校正系数 K_t　　附表 C-24

环境温度（℃）	PVC**	XLPE 或 EPR**	矿物绝缘*	
			PVC 外护层和易于接触的裸护套（70℃）	不允许接触的裸护套（105℃）
10	1.22	1.15	1.26	1.14
15	1.17	1.12	1.20	1.11
20	1.12	1.08	1.14	1.07
25	1.06	1.04	1.07	1.04
35	0.94	0.96	0.93	0.96
40	0.87	0.91	0.85	0.92
45	0.79	0.87	0.77	0.88
50	0.71	0.82	0.67	0.84
55	0.61	0.76	0.57	0.80
60	0.50	0.71	0.45	0.75
65		0.65		0.70
70		0.58		0.65
75		0.50		0.60
80		0.41		0.54
85				0.47
90				0.40
95				0.32

* 更高的环境温度，与制造厂协商解决。
** PVC 聚氯乙烯绝缘及护套电缆；XLPE 交联聚乙烯绝缘电缆；EPR 乙丙橡胶绝缘电缆。

埋地敷设时环境温度不等于20℃时的校正系数 K_t 值　　附表 C-25
（用于地下管道中的电缆载流量）*

埋地环境温度（℃）	PVC**	XLPE 和 EPR**	埋地环境温度（℃）	PVC**	XLPE 和 EPR**
10	1.10	1.07	50	0.63	0.76
15	1.05	1.04	55	0.55	0.71
25	0.95	0.96	60	0.45	0.65
30	0.89	0.93	65		0.60
35	0.84	0.89	70		0.53
40	0.77	0.85	75		0.46
45	0.71	0.80	80		0.38

* 本表适用于电缆直埋地及地下管道埋设。
** PVC 聚氯乙烯绝缘及护套电缆，XLPE 交联聚乙烯绝缘电缆，EPR 乙丙橡胶绝缘电缆。

BV 绝缘电线敷设在明敷导管内的持续载流量（A） 附表 C-26-1

型 号	BV															
额定电压（kV）	0.45/0.75															
导体工作温度（℃）	70															
环境温度（℃）	25				30				35				40			
标称截面（mm²）／电线根数	2	3	4	5、6	2	3	4	5、6	2	3	4	5、6	2	3	4	5、6
1.5	18	15	13	11	17	15	13	11	15	14	12	10	14	13	11	9
2.5	25	22	20	16	24	21	19	16	22	19	17	15	20	18	16	13
4	33	29	26	23	32	28	25	22	30	26	23	20	27	24	21	19
6	43	38	33	29	41	36	32	28	38	33	30	26	35	31	27	24
10	60	53	47	41	57	50	45	39	53	47	42	36	49	43	39	33
16	80	72	63	56	76	68	60	53	71	63	56	49	66	59	52	46
25	107	94	84	74	101	89	80	70	94	83	75	65	87	77	69	60
35	132	116	106	92	125	110	100	87	117	103	94	81	108	95	87	75
50	160	142	127	111	151	134	120	105	141	125	112	98	131	116	104	91
70	203	181	162	142	192	171	153	134	180	160	143	125	167	148	133	116
95	245	219	196	171	232	207	185	162	218	194	173	152	201	180	160	140
120	285	253	227	199	269	239	215	188	252	224	202	176	234	207	187	163

注：1. 导线根数系指带负荷导线根数。

2. 表中数据根据国家标准 GB/T 16895.15—2002 第 523 节：布线系统载流量编制或根据其计算得出。

BV 绝缘电线敷设在隔热墙中导管内的持续载流量（A） 附表 C-26-2

型 号	BV															
额定电压（kV）	0.45/0.75															
导体工作温度（℃）	70															
环境温度（℃）	25				30				35				40			
标称截面（mm²）／电线根数	2	3	4	5、6	2	3	4	5、6	2	3	4	5、6	2	3	4	5、6
1.5	14	13	11	9	14	13	11	9	13	12	10	8	12	11	9	8
2.5	20	19	15	13	19	18	15	13	17	16	14	12	16	15	13	11
4	27	25	21	19	26	24	20	18	24	22	18	16	22	20	17	15
6	36	32	28	24	34	31	27	23	31	29	25	21	29	26	23	20
10	48	44	38	33	46	42	36	32	43	39	33	30	40	36	31	27
16	64	59	50	44	61	56	48	42	57	52	45	39	53	48	41	36

续表

型 号	BV															
额定电压（kV）	0.45/0.75															
导体工作温度（℃）	70															
环境温度（℃）	25				30				35				40			
标称截面（mm²）	电线根数															
	2	3	4	5、6	2	3	4	5、6	2	3	4	5、6	2	3	4	5、6
25	84	77	67	59	80	73	64	56	75	68	60	52	69	63	55	48
35	104	94	83	73	99	89	79	69	93	83	74	64	86	77	68	60
50	126	114	100	87	119	108	95	83	111	101	89	78	103	93	82	72
70	160	144	127	111	151	136	120	105	141	127	112	98	131	118	104	91
95	192	173	153	134	182	164	145	127	171	154	136	119	158	142	126	110
120	222	199	178	155	210	188	168	147	197	176	157	138	182	163	146	127
150	254	228	203	178	240	216	192	168	225	203	180	157	208	187	167	146
185	289	259	231	202	273	245	221	191	256	230	204	179	237	213	189	166
240	340	303	271	237	321	286	256	224	301	268	240	210	279	248	222	194
300	389	347	310	271	367	328	293	256	344	308	275	240	319	285	254	222

注：1. 导线根数系指带负荷导线根数。

2. 墙内壁的表面散热系数不小于10W/(m²·K)。

3. 表中数据根据国家标准GB/T 16895.15—2002 第523节：布线系统载流量编制或根据其计算得出。

BV 绝缘电线明敷及穿管载流量（A，$\theta_n = 70℃$）

附表 C-26-3

敷设方式		每管四线靠墙							每管五线靠墙			直线在空气中敷设（明敷）			
线芯截面（mm²）		环境温度				管径			管径			明敷环境温度			
		25℃	30℃	35℃	40℃	SC	MT	PC	SC	MT	PC	25℃	30℃	35℃	40℃
BV 0.45/0.75kV	1.0					15	16	16	15	16	16	20	19	18	17
	1.5	15	14	13	12	15	16	16	15	19	20	25	24	23	21
	2.5	20	19	18	17	15	19	20	15	19	20	34	32	30	28
	4	27	25	24	22	20	25	20	20	25	25	45	42	40	37
	6	34	32	30	28	20	25	25	20	25	25	53	55	52	48
	10	48	45	42	39	25	32	32	32	38	32	80	75	71	65
	16	65	61	75	53	32	38	32	32	38	32	111	105	99	91
	25	85	80	75	70	32	(51)	40	40	51	40	155	146	137	127
	35	105	99	93	86	50	(51)	50	50	(51)	50	192	181	170	157
	50	128	121	114	105	50	(51)	63	50		63	232	219	206	191
	70	163	154	145	134	65		63	65			298	281	264	244
	95	197	186	175	162	65		63	80			361	341	321	297
	120	228	215	202	187	65			80			420	396	372	345
	150	(261	246	232	215)	80			100			483	456	429	397

敷设方式	每管四线靠墙							每管五线靠墙			直线在空气中敷设（明敷）			
	环境温度				管径			管径			明敷环境温度			
线芯截面（mm²）	25℃	30℃	35℃	40℃	SC	MT	PC	SC	MT	PC	25℃	30℃	35℃	40℃
BV 0.45/0.75kV　185	(296	279	262.	243)	100			100			552	521	490	453
240										652	615	578	535	
300											752	709	666	617
400											903	852	801	741
500											1041	982	923	854
630											1206	1138	1070	990

注：1. 表中：SC 为低压流体输送焊接钢管，表中管径为内径；MT 为黑铁电线管，表中管径为外径；PC 为硬塑料管，表中管径为外径。

2. 管径根据《电气装置工程 1000V 及以下配电工程施工及验收规范》GB 50258—96，按导线总截面×保护管内孔面积的 40% 计。

3. θ_n 为导电线芯最高允许工作温度。

4. 每管五线中，四线为载流导体，故载流量数据同每管四线。

5. 本表摘自《全国民用建筑工程设计技术措施·电气》（2003）。

BV-105 绝缘电线敷设在明敷导管内的持续载流量（A）　附表 C-26-4

型　号	BV-105											
额定电压（kV）	0.45/0.75											
导体工作温度（℃）	105											
环境温度（℃）	50			55			60			65		
	电线根数											
标称截面（mm²）	2	3	4	2	3	4	2	3	4	2	3	4
1.5	19	17	16	18	16	15	17	15	14	16	14	13
2.5	27	25	23	25	23	21	24	22	20	23	21	19
4	39	34	31	37	32	29	35	30	28	33	28	26
6	51	44	40	48	41	38	46	39	36	43	37	34
10	76	67	59	72	63	56	68	60	53	64	57	50
16	95	85	75	90	81	71	85	76	67	81	72	63
25	127	113	101	121	107	96	114	102	91	108	96	86
35	160	138	126	152	131	120	144	124	113	136	117	107
50	202	179	159	192	170	151	182	161	143	172	152	135
70	240	213	193	228	203	184	217	192	174	204	181	164
95	292	262	233	278	249	222	264	236	210	249	223	198
120	347	311	275	331	296	261	314	281	248	296	265	234
150	399	362	320	380	345	305	360	327	289	340	308	272

注：BV-105 的绝缘中加了耐热增塑剂，线芯允许工作温度可达 105℃，适用于高温场所，但要求电线接头用焊接或绞接后表面锡焊处理。电线实际允许工作温度还取决于电线与电线及电线与电器接头的允许温度，当接头允许温度为 95℃ 时，表中数据应乘以 0.92；85℃ 时应乘以 0.84。

WDZ-BYJ（F）绝缘电线明敷时持续载流量（A）　　附表 C-26-5

型号	WDZ-BYJ（F）															
额定电压（kV）	0.45/0.75															
导体工作温度（℃）	135（最大载流量）								90（推荐载流量）							
环境温度（℃）	25		30		35		40		25		30		35		40	
标称截面（mm²）	电线根数															
	2	3	2	3	2	3	2	3	2	3	2	3	2	3	2	3
1.5	34	27	33	26	32	25	32	25	26	20	25	19	23	18	23	18
2.5	46	37	45	36	44	35	43	34	35	27	33	26	32	24	31	24
4	62	49	60	47	58	46	57	45	46	36	44	34	42	33	41	32
6	79	63	77	61	75	59	73	58	60	47	57	45	55	43	53	42
10	109	92	106	90	103	87	100	85	86	69	82	66	79	63	76	61
16	152	125	148	121	144	118	140	115	114	94	109	90	104	86	100	83
25	207	174	201	169	195	164	190	160	153	131	147	125	140	119	135	115
35	256	212	249	206	242	200	235	195	193	159	185	152	176	145	170	140
50	310	267	302	259	293	252	285	245	233	199	223	190	213	182	205	175
70	397	343	386	333	375	324	365	315	302	256	288	245	275	234	265	225
95	495	430	482	418	468	406	455	395	370	324	354	310	338	296	325	285
120	583	506	567	492	551	478	535	465	438	381	419	365	400	348	385	335
150	670	588	651	572	633	556	615	540	501	444	479	425	457	405	440	390
185	773	692	752	673	731	654	710	635	581	518	555	495	530	473	510	455
240	931	833	906	810	880	787	855	765	701	627	670	599	639	572	615	550
300	1079	975	1049	948	1019	921	990	895	815	729	779	697	743	665	715	640

注：1. 单根电缆载流量按表中数据选取。

2. 耐火型电线型号为 WDZN-BYJ（F），其载流量可参考上表。

3. 表中数据根据生产厂家提供的资料编制、计算得出，仅供设计人员参考。

BLX 和 BLV 型铝芯绝缘线穿硬塑料管时的允许载流量（导线正常最高允许温度为65℃）（单位：A）

附表 C-26-6

1. BLX 和 BLV 型铝芯绝缘线明敷时的允许载流量（导线正常最高允许温度为65℃）　　（单位：A）

芯线截面/mm²	BLX型铝芯橡胶线				BLV型铝芯塑料线			
	环境温度							
	25℃	30℃	35℃	40℃	25℃	30℃	35℃	40℃
2.5	27	25	23	21	25	23	21	19
4	35	32	30	27	32	29	27	25
6	45	42	38	35	42	39	36	33
10	65	60	56	51	59	55	51	46
16	85	79	73	67	80	74	69	63
25	110	102	95	87	105	98	90	83
35	138	129	119	109	130	121	112	102
50	175	163	151	138	165	154	142	130
70	220	206	190	174	205	191	177	162
95	265	247	229	209	250	233	216	197
120	310	280	268	245	283	266	246	225
150	360	336	311	284	325	303	281	257
185	420	392	363	332	380	355	328	300
240	510	476	441	403	—	—	—	—

续表

2. BLX 和 BLV 型铝芯绝缘线穿钢管时的允许载流量（导线正常最高允许温度为65℃） （单位：A）

导线型号	芯线截面/mm²	2根单芯线 环境温度				2根穿管管径/mm		3根单芯线 环境温度				3根穿管管径/mm		4~5根单芯线 环境温度				4根穿管管径/mm		5根穿管管径/mm	
		25℃	30℃	35℃	40℃	G	DG	25℃	30℃	35℃	40℃	G	DG	25℃	30℃	35℃	40℃	G	DG	G	DG
BLX	2.5	21	19	18	16	15	20	19	17	16	15	15	20	16	14	13	12	20	25	20	25
	4	28	26	24	22	20	25	25	23	21	19	20	25	23	21	19	18	20	25	20	25
	6	37	34	32	29	20	25	34	31	29	26	20	25	30	28	25	23	20	25	25	32
	10	52	48	44	41	25	32	46	43	39	36	25	32	40	37	34	31	25	32	32	40
	16	66	61	57	52	25	32	59	55	51	46	32	32	52	48	44	41	32	40	40	(50)
	25	86	80	74	68	32	40	76	71	65	60	32	40	68	63	58	53	40	(50)	40	—
	35	106	99	91	83	32	40	94	87	81	74	32	(50)	83	77	71	65	40	(50)	50	—
	50	133	124	115	105	40	(50)	118	110	102	93	50	(50)	105	98	90	83	50	—	70	—
	70	164	154	142	130	50	(50)	150	140	129	118	50	(50)	133	124	115	105	70	—	70	—
	95	200	187	173	158	70	—	180	168	155	142	70	—	160	149	138	126	70	—	80	—
	120	230	215	198	181	70	—	210	196	181	166	70	—	190	177	164	150	70	—	80	—
	150	260	243	224	205	70	—	240	224	207	189	70	—	220	205	190	174	80	—	100	—
	185	295	275	255	233	80	—	270	252	233	213	80	—	250	233	216	197	80	—	100	—
BLV	2.5	20	18	17	15	15	15	18	16	15	14	15	15	15	14	12	11	15	15	15	20
	4	27	25	23	21	15	15	24	22	20	18	15	15	22	20	19	17	15	20	20	20
	6	35	32	30	27	15	20	32	29	27	25	15	20	28	26	24	22	20	25	25	25
	10	49	45	42	38	20	25	44	41	38	34	20	25	38	35	32	30	25	25	25	32
	16	63	58	54	49	25	25	56	52	48	44	25	32	50	46	43	39	25	32	32	40
	25	80	74	69	63	25	32	70	65	60	55	32	32	65	60	56	51	32	40	32	(50)
	35	100	93	86	79	32	40	90	84	77	71	32	40	80	74	69	63	40	(50)	40	—
	50	125	116	108	98	40	50	110	102	95	87	40	(50)	100	93	86	79	50	(50)	50	—
	70	155	144	134	122	50	50	143	133	123	113	40	(50)	127	118	109	100	50	—	70	—
	95	190	177	164	150	50	(50)	170	158	147	134	50	—	152	142	131	120	70	—	70	—
	120	220	205	190	174	50	(50)	195	182	168	154	50	—	172	160	148	136	70	—	80	—
	150	250	233	216	197	70	(50)	225	210	194	177	70	—	200	187	173	158	70	—	80	—
	185	285	266	246	225	70	—	255	238	220	201	70	—	230	215	198	181	80	—	100	—

续表

3. BLX和BLV型铝芯绝缘线穿硬塑料管时的允许载流量（导线正常最高允许温度为65℃）　（单位：A）

导线型号	芯线截面/mm²	2根单芯线 环境温度				2根穿管管径/mm	3根单芯线 环境温度				3根穿管管径/mm	4~5根单芯线 环境温度				4根穿管管径/mm	5根穿管管径/mm
		25℃	30℃	35℃	40℃		25℃	30℃	35℃	40℃		25℃	30℃	35℃	40℃		
BLX	2.5	19	17	16	15	15	17	15	14	13	15	15	14	12	11	20	25
	4	25	23	21	19	20	23	21	19	18	20	20	18	17	15	20	25
	6	33	30	28	26	20	29	27	25	22	20	26	24	22	20	25	32
	10	44	41	38	34	25	40	37	34	31	25	35	32	30	27	32	32
	16	58	54	50	45	32	52	48	44	41	32	46	43	39	36	32	40
	25	77	71	66	60	32	68	63	58	53	32	60	56	51	47	40	40
	35	95	88	82	75	40	84	78	72	66	40	74	69	64	58	40	50
	50	120	112	103	94	40	108	100	93	86	50	95	88	82	75	50	50
	70	153	143	132	121	50	135	126	116	106	50	120	112	103	94	50	65
	95	184	172	159	145	50	165	154	142	130	165	150	140	129	118	65	80
	120	210	196	181	166	65	190	177	164	150	65	170	158	147	134	80	80
	150	250	233	215	197	65	227	212	196	179	75	205	191	177	162	80	90
	185	282	263	243	223	80	255	238	220	201	80	232	216	200	183	100	100
BLV	2.5	18	16	15	14	15	16	14	13	12	15	14	13	12	11	20	25
	4	24	22	20	18	20	22	20	19	17	20	19	17	16	15	20	25
	6	31	28	26	24	20	27	25	23	21	20	25	23	21	19	25	32
	10	42	39	36	33	25	38	35	32	30	25	33	30	28	26	32	32
	16	55	51	47	43	32	49	45	42	38	32	44	41	38	34	32	40
	25	73	68	63	57	32	65	60	56	51	40	57	53	49	45	40	50
	35	90	84	77	71	40	80	74	69	63	40	70	65	60	55	50	65
	50	114	106	98	90	50	102	95	88	80	50	90	84	77	71	65	65
	70	145	135	125	114	50	130	121	112	102	50	115	107	99	90	65	75
	95	175	163	151	138	65	158	147	136	124	65	140	130	121	110	75	75
	120	206	187	173	158	65	180	168	155	142	65	160	149	138	126	75	80
	150	230	215	198	181	75	207	193	179	163	75	185	172	160	146	80	90
	185	265	247	229	209	75	235	219	203	185	75	212	198	183	167	90	100

注：1. BX和BV型钢芯绝缘导线的允许载流量约为同截面的BLX和BLV型铝芯绝缘导线允许载流量的1.29倍。

2. 表C-26-6中的钢管C—焊接钢管，管径按内径计；DG—电线管，管径按外径计。

3. 表C-26-6中4~5根单芯线穿管的载流量，是指三相四线制的TN—C系统、TN—S系统和TN—C—S系统中的相线载流量。其中性线（N）或保护中性线（PEN）中可有不平衡电流通过。如果线路是供电给平衡的三相负荷，第四根导线为单纯的保护线（PE），则虽有四根导线穿管，但其载流量仍应按3根线穿管的载流量考虑，而管径则应按4根线穿管选择。

4. 管径在工程中常用英制尺寸（英寸in）表示。管径的国际单位制（SI制）与英制的近似对照如下面附表C-27所示。

管径的国际单位制（SI 制）与英制的近似对照　　　　附表 C-27

SI 制，mm	15	20	25	32	40	50	65	70	80	90	100
英制，in	$\frac{1}{2}$	$\frac{3}{4}$	1	$1\frac{1}{4}$	$1\frac{1}{2}$	2	$2\frac{1}{2}$	$2\frac{3}{4}$	3	$3\frac{1}{2}$	4

LGJ 型钢芯铝绞线的电阻和电抗　　　　附表 C-28

绞线型号	LGJ—16	LGJ—25	LGJ—35	LJG—50	LJG—70	LGJ—95	LGJ—120	LGJ—150	LGJ—185	LGJ—240	LGJ—300	LGJ—400
电阻（$\Omega \cdot km^{-1}$）	2.04	1.38	0.95	0.64	0.46	0.33	0.27	0.21	0.17	0.132	0.107	0.082
几何均短（m）						电抗（$\Omega \cdot km^{-1}$）						
1.0	0.387	0.374	0.359	0.351	—	—	—	—	—	—	—	—
1.25	0.401	0.388	0.373	0.365	—	—	—	—	—	—	—	—
1.5	0.412	0.400	0.385	0.376	0.365	0.354	0.347	0.340	—	—	—	—
2.0	0.430	0.418	0.403	0.394	0.383	0.372	0.365	0.358	—	—	—	—
2.5	0.444	0.432	0.417	0.408	0.397	0.386	0.379	0.372	0.365	0.357	—	—
3.0	0.456	0.443	0.428	0.420	0.409	0.398	0.391	0.384	0.377	0.369	—	—
3.5	0.466	0.453	0.438	0.429	0.418	0.406	0.400	0.394	0.386	0.378	0.371	0.362

500V 聚氯乙烯绝缘和橡胶绝缘四芯电力电缆每米阻抗值（单位：$m\Omega \cdot m^{-1}$）　　附表 C-29

线芯标称截面（mm^2）	$t=65℃$时线芯电阻 R_1，R_2，R_{0x}，R，R_{01}				铅皮电阻 R_{01}	橡胶绝缘电缆			聚氯乙烯绝缘电缆		
	铝		铜			正、负序电抗 X_1X_2，X	零序电抗		正、负序电抗 X_1X_2，X	零序电抗	
	相线 R	零线 R_{01}	相线 R	零线 R_{01}			相线 X_{0x}	零线 X_{01}		相线 X_{0x}	零线 X_{01}
$3\times4+1\times2.5$	9.237	14.778	5.482	8.772	6.38	0.106	0.116	0.135	0.100	0.114	0.129
$3\times6+1\times4$	6.158	9.237	3.665	5.482	5.83	0.100	0.115	0.127	0.099	0.115	0.127
$3\times10+1\times6$	3.695	6.158	2.193	3.665	4.10	0.097	0.109	0.127	0.094	0.108	0.125
$3\times16+1\times6$	2.309	6.158	1.371	3.655	3.28	0.090	0.105	0.134	0.087	0.104	0.134
$3\times25+1\times10$	1.057	3.695	0.895	2.193	2.51	0.085	0.105	0.131	0.082	0.101	0.137
$3\times35+1\times10$	1.077	3.695	0.639	2.193	2.02	0.083	0.101	0.136	0.080	0.100	0.138
$3\times50+1\times16$	0.754	2.309	0.447	1.371	1.75	0.082	0.095	0.131	0.079	0.101	0.135
$3\times70+1\times25$	0.538	1.507	0.319	0.895	1.29	0.079	0.091	0.123	0.078	0.079	0.127
$3\times95+1\times35$	0.397	1.077	0.235	0.639	1.06	0.080	0.094	0.126	0.079	0.097	0.125
$3\times120+1\times35$	0.314	1.077	0.188	0.639	0.98	0.078	0.092	0.130	0.076	0.095	0.130
$3\times150+1\times50$	0.251	0.754	0.151	0.447	0.89	0.077	0.092	0.126	0.076	0.093	0.120
$3\times185+1\times50$	0.203	0.754	0.123	0.447	0.81	0.077	0.091	0.131	0.076	0.094	0.128

注：1. 铅皮电抗忽略不计。
　　2. 铅包电缆的 R_{01} 应用零线和铅皮两部分交流电阻的并联值。

室内明敷及穿管的铝、铜芯绝缘导线的电阻和电抗　　　附表 C-30

芯线截面（mm²）	铝（$\Omega \cdot km^{-1}$）			铜（$\Omega \cdot km^{-1}$）		
	电阻 R_0（65℃）	电抗 X_0		电阻 R_0（65℃）	电抗 X_0	
		明线间距 100mm	穿管		明线间距 100mm	穿管
1.5	24.39	0.342	0.14	14.48	0.342	0.14
2.5	14.63	0.327	0.13	8.69	0.327	0.13
4	9.15	0.312	0.12	5.43	0.312	0.12
6	6.10	0.300	0.11	3.62	0.300	0.11
10	3.66	0.280	0.11	2.19	0.280	0.11
16	2.29	0.265	0.10	1.37	0.265	0.10
25	1.48	0.251	0.10	0.88	0.251	0.10
35	1.06	0.241	0.10	0.63	0.241	0.10
50	0.75	0.229	0.09	0.44	0.229	0.09
70	0.53	0.219	0.09	0.32	0.219	0.09
95	0.39	0.206	0.09	0.23	0.206	0.09
120	0.31	0.199	0.08	0.19	0.199	0.08
150	0.25	0.191	0.08	0.15	0.191	0.08
185	0.20	0.184	0.07	0.13	0.184	0.07

TJ 型裸铜绞线的电阻和电抗　　　附表 C-31

导线型号	TJ—10	TJ—16	TJ—25	TJ—35	TJ—50	TJ—70	TJ—95	TJ—120	TJ—150	TJ—185	TJ—240	TJ—300
电阻（$\Omega \cdot km^{-1}$）	1.34	1.20	0.74	0.54	0.39	0.28	0.20	0.158	0.123	0.103	0.078	0.062
线间几何均距（m）	电抗（$\Omega \cdot km^{-1}$）											
0.4	0.355	0.333	0.319	0.308	0.297	0.283	0.274					
0.6	0.381	0.358	0.345	0.336	0.325	0.309	0.300	0.292	0.287	0.280		
0.8	0.399	0.377	0.363	0.352	0.341	0.327	0.318	0.310	0.305	0.298		
1.0	0.413	0.391	0.377	0.366	0.355	0.341	0.332	0.324	0.319	0.313	0.305	0.298
1.25	0.427	0.405	0.391	0.380	0.369	0.355	0.346	0.338	0.333	0.320	0.319	9.312
1.50	0.438	0.416	0.402	0.391	0.380	0.366	0.357	0.349	0.344	0.338	0.330	0.323
2.0	0.457	0.437	0.421	0.410	0.398	0.385	0.376	0.368	0.363	0.357	0.349	0.342
2.5		0.449	0.435	0.424	0.413	0.399	0.390	0.382	0.377	0.371	0.363	0.356
3.0		0.460	0.446	0.435	0.423	0.410	0.401	0.393	0.388	0.282	0.374	0.376
3.5		0.470	0.456	0.445	0.433	0.420	0.411	0.408	0.398	0.392	0.384	0.377
4.0		0.478	0.464	0.453	0.441	0.428	0.419	0.411	0.406	0.400	0.392	0.385
4.5			0.471	0.460	0.448	0.435	0.426	0.418	0.413	0.407	0.399	0.392
5.0				0.467	0.456	0.442	0.433	0.425	0.420	0.414	0.406	0.399
5.5					0.462	0.448	0.439	0.433	0.426	0.420	0.412	0.405
6.0					0.468	0.454	0.445	0.437	0.432	0.428	0.418	0.411

三相母线每米阻抗值（单位：$m\Omega \cdot m^{-1}$）　　　附表 C-32

母线规格 $a \times b$ (mm×mm)	$t=70℃$时电阻，R_1, R_2, R_{0x}, R, R_{01}		当相间中心距离D为下列诸值（mm）时，相线正、负序电抗值X_1, X_2				当零线与邻近相线中心距离D_n为下列诸值（mm）时，相线或零线的零序电抗值X_{0x}, X_{01}					
							200			1500	3500	6000
	铝	铜	160	200	250	350	$D=200$	$D=250$	$D=350$			
25×3	0.469	0.292	0.218	0.232	0.240	0.267	0.255	0.261	0.270	0.344	0.397	0.431
25×4	0.355	0.221	0.215	0.229	0.237	0.265	0.252	0.258	0.268	0.341	0.395	0.428
30×3	0.394	0.246	0.207	0.221	0.230	0.256	0.244	0.250	0.259	0.333	0.386	0.420
30×4	0.299	0.185	0.205	0.219	0.227	0.255	0.242	0.248	0.258	0.331	0.385	0.418
40×4	0.225	0.140	0.189	0.203	0.212	0.238	0.226	0.232	0.241	0.315	0.368	0.402
40×5	0.180	0.113	0.188	0.202	0.210	0.237	0.225	0.231	0.240	0.314	0.367	0.401
50×5	0.144	0.091	0.175	0.189	0.199	0.224	0.212	0.218	0.227	0.301	0.354	0.388
50×6	0.121	0.077	0.174	0.188	0.197	0.223	0.211	0.217	0.226	0.300	0.353	0.387
60×6	0.102	0.067	0.164	0.187	0.188	0.213	0.201	0.206	0.216	0.290	0.343	0.377
60×8	0.077	0.050	0.162	0.176	0.185	0.211	0.199	0.205	0.214	0.288	0.341	0.375
80×6	0.077	0.050	0.147	0.161	0.172	0.196	0.184	0.190	0.199	0.273	0.326	0.360
80×8	0.060	0.039	0.146	0.160	0.170	0.195	0.183	0.188	0.198	0.272	0.325	0.359
80×10	0.049	0.033	0.144	0.158	0.168	0.193	0.181	0.187	0.196	0.270	0.323	0.357
100×6	0.063	0.042	0.134	0.148	0.160	0.183	0.171	0.177	0.186	0.260	0.313	0.347
100×8	0.048	0.032	0.133	0.147	0.158	0.182	0.170	0.176	0.185	0.259	0.312	0.346
100×10	0.041	0.027	0.132	0.146	0.156	0.181	0.169	0.174	0.184	0.258	0.311	0.345
120×8	0.042	0.028	0.122	0.136	0.149	0.171	0.159	0.165	0.174	0.248	0.301	0.335
120×10	0.035	0.023	0.121	0.135	0.147	0.170	0.158	0.164	0.173	0.247	0.300	0.334

注：1. 零线的零序电抗是按零线的材料与相线相同计算的。
　　2. 本表所列数据对于母线平放或竖放均适用。

LJ 型裸铝铰线的电阻和电抗　　　附表 C-33

铰线型号	LJ—16	LJ—25	LJ—35	LJ—50	LJ—70	LJ—95	LJ—120	LJ—150	LJ—185	LJ—240	LJ—300
电阻（$\Omega \cdot km^{-1}$）	1.98	1.28	0.92	0.64	0.46	0.34	0.27	0.21	0.17	0.132	0.106
线间几何均距（m）	电抗（$\Omega \cdot km^{-1}$）										
0.6	0.358	0.345	0.336	0.325	0.312	0.303	0.295	0.288	0.281	0.273	0.267
0.8	0.377	0.363	0.352	0.341	0.330	0.321	0.313	0.305	0.299	0.291	0.284
1.0	0.391	0.377	0.366	0.355	0.344	0.335	0.327	0.319	0.313	0.305	0.298
1.25	0.405	0.391	0.380	0.369	0.358	0.349	0.341	0.333	0.327	0.319	0.302
1.5	0.416	0.402	0.392	0.380	0.370	0.360	0.353	0.345	0.339	0.330	0.322
2.0	0.434	0.421	0.410	0.398	0.388	0.378	0.371	0.363	0.356	0.348	0.341
2.5	0.448	0.435	0.424	0.413	0.399	0.392	0.385	0.377	0.371	0.362	0.355
3	0.459	0.448	0.435	0.424	0.410	0.403	0.396	0.388	0.382	0.374	0.367
3.5			0.445	0.433	0.420	0.413	0.406	0.398	0.392	0.383	0.376
4.0			0.453	0.441	0.428	0.419	0.411	0.406	0.400	0.392	0.385

6kV 和 10kV 油浸纸绝缘和不滴流浸渍纸绝缘三芯电力电缆每千米阻抗　　附表 C-34

标称截面 (mm²)	6kV						10kV					
	$t=65℃$时 线芯交流电阻 $R（\Omega \cdot km^{-1}）$		电抗 $X（\Omega \cdot km^{-1}）$	$U_j=6.3kV$ $S_j=100MV \cdot A$时 电阻和电抗标幺值			$t=60℃$时 线芯交流电阻 $R（\Omega \cdot km^{-1}）$		电抗 $X（\Omega \cdot km^{-1}）$	$U_j=10.5kV$ $S_j=100MV \cdot A$时 电阻和电抗标幺值		
				R_*		X_*				R_*		X_*
	铝	铜		铝	铜		铝	铜		铝	铜	
10	3.695	2.193	0.107	9.310	5.525	0.269						
16	2.309	1.371	0.099	5.818	3.454	0.250	2.270	1.347	0.110	2.059	1.222	0.100
25	1.507	0.895	0.088	3.797	2.255	0.221	1.482	0.879	0.098	1.344	0.797	0.089
35	1.077	0.639	0.083	2.714	1.610	0.210	1.058	0.628	0.092	0.960	0.570	0.084
50	0.754	0.447	0.079	1.900	1.126	0.200	0.741	0.440	0.087	0.672	0.399	0.079
70	0.538	0.319	0.076	1.356	0.804	0.191	0.529	0.314	0.083	0.235	0.285	0.075
95	0.397	0.235	0.074	1.000	0.592	0.185	0.390	0.231	0.080	0.354	0.210	0.073
120	0.314	0.188	0.072	0.791	0.474	0.182	0.309	0.185	0.078	0.280	0.168	0.071
150	0.251	0.151	0.072	0.632	0.380	0.180	0.247	0.148	0.077	0.224	0.134	0.070
185	0.203	0.123	0.070	0.511	0.310	0.176	0.200	0.121	0.075	0.181	0.110	0.068
240	0.159	0.097	0.069	0.401	0.244	0.174	0.156	0.095	0.073	0.141	0.086	0.067

6kV 和 10kV 交联聚乙烯绝缘三芯电力电缆每千米阻抗　　附表 C-35

标称截面 (mm²)	6kV						10kV			
	$t=90℃$时 线芯交流电阻 $R（\Omega \cdot km^{-1}）$		电抗 $X（\Omega \cdot km^{-1}）$	$U_j=6.3kV$、 $S_j=100MV \cdot A$时 电阻和电抗标幺值			电抗 $X（\Omega \cdot km^{-1}）$	$U_j=10.5kV$、 $S_j=100MV \cdot A$时 电阻和电抗标幺值		
				R_*		X_*		R_*		X_*
	铝	铜		铝	铜			铝	铜	
16	2.505	1.487	0.124	6.311	3.747	0.312	0.133	2.272	1.349	0.121
25	1.635	0.970	0.111	4.119	2.444	0.280	0.120	1.483	0.880	0.109
35	1.168	0.693	0.105	2.943	1.746	0.264	0.113	1.059	0.629	0.103
50	0.817	0.485	0.099	2.058	1.222	0.249	0.107	0.741	0.440	0.097
70	0.584	0.347	0.093	1.471	0.874	0.236	0.101	0.530	0.318	0.091
95	0.430	0.255	0.089	1.083	0.642	0.225	0.96	0.390	0.231	0.087
120	0.341	0.204	0.087	0.859	0.514	0.219	0.095	0.309	0.185	0.087
150	0.273	0.163	0.085	0.688	0.411	0.214	0.093	0.248	0.148	0.084
185	0.221	0.134	0.082	0.557	0.338	0.208	0.090	0.200	0.122	0.082
240	0.172	0.105	0.080	0.433	0.265	0.202	0.087	0.156	0.095	0.079

380/220V 三相架空线路每米阻抗值（单位：mΩ·m⁻¹）

附表 C-36

导线标称截面 (mm²)	电阻 R_1, R_2, R_{0X}, R, R_{01}				导线排列方式及中心距离/mm			
	$t=70℃$ 时裸绞线		$t=65℃$ 绝缘导线		正、负序电抗 X_1, X_2, X ($D_j=824$) (A B N C 400 600 400)	零序电抗 X_{0X}, X_{01} ($D_0=621$) (A B N C 400 600 400)	正、负序电抗 X_1, X_2, X ($D_j=621$) (A B C 400 600)	正序电抗 X_{0X}, X_{01} ($D_0=824$) (A B C N 400 600 400)
	铝	铜	铝	铜				
10		2.23	3.66	2.19	0.40	0.38	0.38	0.40
16	2.35	1.39	2.29	1.37	0.38	0.37	0.37	0.38
25	1.50	0.89	1.48	0.88	0.37	0.35	0.35	0.37
35	1.07	0.64	1.06	0.63	0.36	0.34	0.34	0.36
50	0.75	0.45	0.75	0.44	0.35	0.33	0.33	0.35
70	0.54	0.32	0.53	0.32	0.34	0.32	0.32	0.34
95	0.40	0.24	0.39	0.23	0.32	0.31	0.31	0.32
120	0.32	0.19	0.31	0.19	0.32	0.30	0.30	0.32
150	0.25	0.15	0.25	0.15	0.31	0.29	0.29	0.31
185	0.20	0.12	0.20	0.12	0.30	0.28	0.28	0.30

注：零序电抗是指相绞线或零线的零序电抗。

S9-M 型 10kV 级无励磁调压全密封配电变压器　　　　　附表 C-37

技术参数 型号 Type	电压组合 Voltage Combination 高压 H.V. (kV)	分接范围 Tapping Range	低压 L.V. (kV)	联结组标号 Connection Symbol	短路阻抗 Short Circuit Impedance (%)	空载电流 No-Load Current (%)	空载损耗 No-Load Losses (W)	负载损耗 Load losses (W)	外型尺寸 Dimension (mm) 户内 Indoor 长L	户内 宽W	户内 高H	户外 Outdoor 长L	户外 宽W	户外 高H	轨距 Track Gauge (mm)	油重 Oil Weight (kg)	总重量 Total Weight 户内 Indoor	总重量 户外 Outdoor
S9-M-30		±5%	0.4	Yyn0 / Dyn11	4	2.2	130	600	860	585	1070				400	90	280	300
S9-M-50						2.0	170	870	890	615	1130	910	1050	1185	400	100	455	515
S9-M-63						1.9	200	1040	920	650	1160				550	115	505	
S9-M-80	6					1.7	250	1250	930	745	1180				550	120	520	
S9-M-100						1.6	290	1500	1080	822	1360				550	146	630	695
S9-M-125	6.3					1.5	340	1800	1070	825	1250				550	175	790	860
S9-M-160						1.4	400	2200	1130	1060	1255				550	185	865	935
S9-M-200	10					1.4	480	2600	1170	895	1342	1170	1320	1390	660	240	1040	1066
S9-M-250					4.5	1.2	560	3050	1155	915	1455	1220	1115	1520	660	240	1195	1300
S9-M-315						1.1	670	3650	1263	1050	1442	1235	1325	1545	660	255	1380	1580
S9-M-400						1.0	800	4300	1275	1035	1550	1370	1360	1610	660	290	1580	1685
S9-M-500						1.0	900	5100	1315	1142	1585	1315	1544	1665	660	325	1625	1945
S9-M-630						0.9	1200	6200	1385	1200	1136	1385	1555	1750	660	455	2300	2400
S9-M-800	6					0.8	1400	7500	1475	1422	1760	1690	1730	1870	660	520	2680	2820
S9-M-1000						0.7	1700	10300	1700	1635	1750	2000	1632	1850	660	645	3210	3000
S9-M-1250	6.3				5.5	0.6	1950	12800	1780	1864	1950	1930	1665	1780	820	690	3530	3650
S9-M-1600						0.6	2400	14500	1730	1730	2115	2290	1700	2110	820	870	4220	4340
S9-M-2000	10					0.6	2520	17820	2130	1789	2018	2635	1790	2130	820	1088	5340	5340
S9-M-2500						0.6	2970	20700	1850	2335	2115	1850	2335	2215	1070	1070	6615	6800

技术参数

S10-M 型 10kV 级无励磁调压全密封电力变压器

附表 C-38

型号 Type	电压组合 Voltage Combinaxion			联结组标号 Connection Symbol	损耗 Losses (W)		空载电流 No-Load Current (%)	短路阻抗 Short Circuit Impedance (%)	重量 Weight (kg)			外型尺寸 Dimension (mm)			轨距 Track Gauge (mm)
	高压 H.V. (kV)	分接范围 Tapping Range	低压 L.V. (kV)		空载 No-Load	负载 Load			器身 Body	油 Oil	总重 Total	长 L	宽 W	高 H	
S10-M-630	6 / 6.3 / 10 / 10.5 / 11	±5% / ±2×2.5%	3 / 3.15 / 6.3	Yyn0 / Dyn11	1040	6800	1.3	4.5	1364	455	2300	1750	1300	1760	820
S10-M-800					1230	8420	1.2		1590	710	2680	1790	1500	1860	820
S10-M-1000					1440	9860	1.1		1120	810	3180	1810	1730	1880	820
S10-M-1250					1760	11730	1		2156	940	3920	1900	1750	2000	820
S10-M-1600					2120	14030	0.9		2470	1110	4860	1950	1810	2110	820
S10-M-2000					2480	16830	0.9	5.5	3240	1210	5500	2080	1900	2140	1070
S10-M-2500					2920	19550	0.8		3725	1430	6420	2100	2000	2220	1070
S10-M-3150					3520	22950	0.8		4160	1500	7050	2200	2120	2300	1070
S10-M-4000					4240	27200	0.7		4962	1800	9100	2400	2400	2800	1070
S10-M-5000					5120	31200	0.7		6260	2150	10500	2630	2630	2920	1070
S10-M-6300					6000	34850	0.6		7450	2400	13000	2840	2840	3050	1070

10kV 级 SCB10 系列干式电力变压器的主要技术数据　　附表 C-39

高压：10（11，10，5，6.3，6）kV　低压：0.4kV　联结组别：D Yn11 或 Y yn0 高压分接头范围：±5％

型　　号	额定容量 （kV·A）	空载损耗 （W）	负载损耗 （W）	阻抗电压 （％）	阻抗电流 （％）	外形尺寸 （长×宽×高）/mm
SCB10-100/10	100	380	1370	4	1.6	1120×750×1100
SCB10-160/10	160	510	1850	4	1.6	1120×750×1120
SCB10-200/10	200	600	2200	4	1.4	1120×860×1150
SCB10-250/10	250	700	2400	4	1.4	1220×860×1180
SCB10-315/10	315	820	3020	4	1.2	1230×860×1190
SCB10-400/10	400	970	3480	4	1.2	1240×860×1190
SCB10-500/10	500	1100	4260	4	1	1260×860×1230
SCB10-630/10	630	1140	5200	6	1	1405×860×1260
SCB10-800/10	800	1340	6020	6	0.8	1425×1020×1385
SCB10-1000/10	1000	1560	7090	6	0.8	1500×1020×1470
SCB10-1250/10	1250	1830	8460	6	0.6	1580×1270×1600
SCB10-1600/10	1600	2150	10240	6	0.6	1660×1270×1655
SCB10-2000/10	2000	2910	12600	6	0.5	1800×1270×1850
SCB10-2500/10	2500	3500	15000	6	0.5	1900×1270×1990

熔断体允许通过的启动电流　　附表 C-40

熔断体额定电流 （A）	允许通过的启动电流（A）		熔断体额定电流 （A）	允许通过的启动电流（A）	
	aM 型熔断器	gG 型熔断器		aM 型熔断器	gG 型熔断器
2	12.6	5	63	396.9	240
4	25.2	10	80	504.0	340
6	37.8	14	100	630.0	400
8	50.4	22	125	787.7	570
10	63.0	32	160	1008	750
12	75.5	35	200	1260	1010
16	100.8	47	250	1575	1180
20	126.0	60	315	1985	1750
25	157.5	82	400	2520	2050
32	201.6	110	500	3150	2950
40	252.0	140	630	3969	3550
50	315.0	200			

注　1. aM 型熔断器数据引自奥地利"埃姆·斯奈特"（M·SCHNEIDER）公司的资料，其他公司的数据可能不同，但差异不大。

　　2. gG 型熔断器的允通启动电流是根据 GB 13539.6—2002 的图 4a）（I）和图 4b）（I）"gG"型熔断体时间—电流带查出低限电流值，再参照我国的经验数据和欧洲熔断器协会的参考资料适当提高而得出，适用于刀形触头熔断器和圆筒形帽熔断器。

　　3. 本表按电动机轻载和一般负载启动编制。对于重载启动、频繁启动和制动的电动机，按表中数据查得的熔断体电流宜加大一级。

按电动机功率配置熔断器的参考规格 附表 C-41

电动机额定功率（kW）	电动机额定电流（A）	电动机启动电流（A）	熔断体额定电流（A）	
			aM 熔断器	gG 熔断器
0.55	1.6	8	2	4
0.75	2.1	12	4	6
1.1	3	19	4	8
1.5	3.8	25	4 或 6	10
2.2	5.3	36	6	12
3	7.1	48	8	16
4	9.2	62	10	20
5.5	12	83	16	25
7.5	16	111	20	32
11	23	167	25	40 或 50
15	31	225	32	50 或 63
18.5	37	267	40	63 或 80
22	44	314	50	80
30	58	417	63 或 80	100
37	70	508	80	125
45	85	617	100	160
55	104	752	125	200
75	141	1006	160	200
90	168	1185	200	250
110	204	1388	250	315
132	243	1663	315	315
160	290	1994	400	400
200	361	2474	400	500
250	449	3061	500	630
315	555	3844	630	800

注　1. 电动机额定电流取 4 极和 6 极的平均值；电动机启动电流取同功率中最高两项的平均值，均为 Y2 系列的数据，但对 Y 系列也基本适用。
　　2. aM 熔断器规格参考了法国"溯高美"（SOCOMEC）和奥地利"埃姆斯奈特"（MSchneider）公司的资料；gG 熔断器规格参考了欧洲熔断器协会的资料，但均按国产电动机数据予以调整。

附录 D　应急电源配置

一、应急电源配置表

用户负荷等级	市电电源情况	负荷名称			
		应急照明	消防中心、计算机房、通信及监控中心等	消防电力	非消防重要负荷
特别重要负荷	二路独立电源Ⓐ	双市电＋发电机＋EPS① 双市电＋EPS②	双市电＋发电机＋UPS① 双市电＋UPS②	双市电＋发电机⑥	双市电⑤

续表

用户负荷等级	市电电源情况	负荷名称			
		应急照明	消防中心、计算机房、通信及监控中心等	消防电力	非消防重要负荷
一级负荷	二路独立电源Ⓐ	双市电＋EPS② 双市电⑤	双市电＋UPS②	双市电⑤	双市电⑤
	一路独立电源 一路公用电源Ⓑ				
	二路低压电源Ⓓ				
	一路独立电源	市电＋发电机＋EPS③ 市电＋EPS④	市电＋发电机＋UPS③ 市电＋UPS④	双回路＋发电机⑦	双回路＋发电机⑦
二级负荷	一路独立电源 一路公用电源	市电＋EPS④ 双市电⑤	双市电＋UPS② 市电＋UPS④	双市电⑤	双市电⑤ 双回路 市电⑧
	二路公用电源				
	二回路电源Ⓒ				
	二路低压电源				
	一路独立电源	市电＋EPS④	市电＋UPS④	双回路 市电⑧	双回路 市电⑧

注：1. 应急电源的配置采用集中式 EPS 配置方案，具体工程中可以采用按防火分区、按楼号、按楼层配置或采用灯具内自带电源配置。

2. 应急照明包括备用照明、疏散照明及安全照明，其允许断电时间、安全照明不大于 0.25s，疏散照明及备用照明不大于 5s，其中金融商业场所的备用照明不大于 1.5s，宜采用 EPS 作为应急电源装置。

3. 消防中心、计算机房、通信及监控中心等，是以计算机为主要的监控手段，进行实时性监控，要求应急电源在线运行，需要配置 UPS 不间断电源装置或工艺设备自带不间断电源装置。

4. Ⓐ-Ⓓ及①-⑧注视见以下配置说明。

二、应急电源配置说明：

1. Ⓐ二路独立电源是指由不同的上级变电站引来的二路专用电源，或是由同一变电站不同的变压器母线段引来的二路专用电源，该不同的变压器应由不同的高压电网供电。

2. Ⓑ一路公用电源是指引自公用干线的电源，即一路电源为二户或多户供电。

3. Ⓒ二回路电源，是指由同一上级变电站的同一台变压器母线段引来的二路电源，或由不同变压器母线段引来的二路电源，但该变电站是由同一高压电网供电的。

4. Ⓓ二路低压电源是指二路低压 220/380V 电源，该二路低压电源应是引自变电所的二台不同的变压器母线段。

5. ①双市电＋发电机＋EPS（UPS）是指由双路市电、发电机及 EPS（UPS）等组成的应急供电系统。如附图 D-1 所示。

6. ②双市电＋EPS（UPS）是指由二路高压电源及 EPS（UPS）组成的应急供电系统。如附图 D-2 所示。

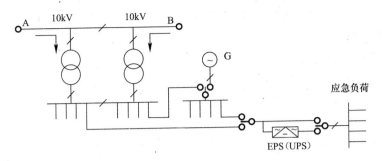

附图 D-1　双市电＋发电机＋EPS（UPS）应急供电系统示意图

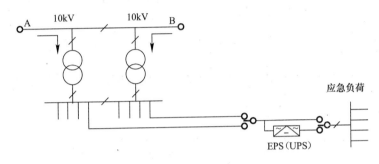

附图 D-2　双市电＋EPS（UPS）应急供电系统示意图

7. ③市电＋发电机＋EPS（UPS）是指由一路市电、发电机及 EPS（UPS）组成的应急供电系统。如附图 D-3 所示。

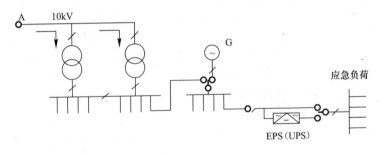

附图 D-3　市电＋发电机＋EPS（UPS）应急供电系统示意图

8. ④市电＋EPS（UPS）是指由市电及 EPS（UPS）组成的应急供电系统。变压器高压侧是一路独立电源，变压器可以是二台，也可以是一台。如附图 D-4 所示。

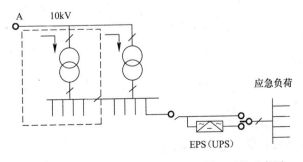

附图 D-4　市电＋EPS（UPS）应急供电系统示意图

9. ⑤双市电是指由二路市网电源组成的应急供电系统，不设置 EPS（UPS）电源装置。如附图 D-5 所示。

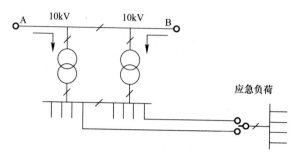

附图 D-5　双市电应急供电系统示意图

10. ⑥双市电＋发电机是指由二路市电及发电机组成的应急供电系统。如附图 D-6 所示。

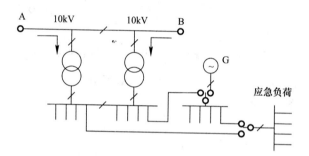

附图 D-6　双市电＋发电机应急供电系统示意图

11. ⑦双回路＋发电机是指由一路高压电源供二台变压器，由变压器及发电机组成的应急供电系统。如附图 D-7 所示。

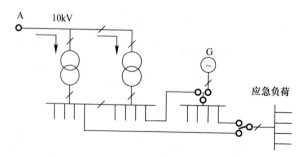

附图 D-7　双回路＋发电机应急供电系统示意图

12. ⑧双回路市电是指由高压电源为一路，设二台变压器由二台变压器低压侧引出的二回路低压电源组成的应急供电系统。如附图 D-8 所示。

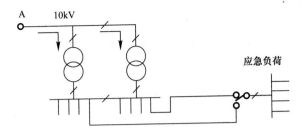

附图 D-8　双回路市电应急供电系统示意图

参 考 文 献

[1] 马志溪. 建筑电气工程 (第二版). 北京：化学工业出版社，2011.

[2] 中国航空工业规划设计研究院组织编写. 工业与民用配电设计手册 (第三版). 北京：中国电力出版社出版，2005.

[3] 戴瑜兴. 民用建筑电气设计手册 (第二版). 北京：中国建筑工业出版社，2007.

[4] 王晓丽. 供配电系统. 北京：机械工业出版社，2004.

[5] 王晓丽. 建筑供配电与照明. 北京：人民交通出版社，2008.

[6] 刘介才. 供配电技术 (第二版). 北京：机械工业出版社，2011.

[7] 陈元丽. 现代建筑电气设计实用指南. 北京：中国水利水电出版社，2000.

[8] 焦留成. 实用供配电技术手册. 北京：机械工业出版社，2001.

[9] 雍静. 供配电系统. 北京：机械工业出版社，2003.

[10] 刘思亮. 建筑供配电. 北京：中国建筑工业出版社，2003.

[11] 行业标准. 民用建筑电气设计规范 JGJ/T 16—2008. 北京：中国计划出版社，2008.

[12] 行业标准. 住宅建筑电气设计规范 JGJ 242—2011. 北京：中国建筑工业出版社，2011.

[13] 中华人民共和国国家标准. 供配电系统设计规范 GB 50052—2009. 北京：中国计划出版社，2010.

[14] 中华人民共和国国家标准. 低压配电设计规范 GB 50054—2011. 北京：中国计划出版社，2012.

[15] 中国建筑标准设计研究院组织编制. 国家建筑标准设计图集. 建筑电气常用数据 04DX101-1. 北京：中国计划出版社，2006.

[16] 中华人民共和国国家标准. 电能质量 供电电压偏差 GB/T 12325—2008. 北京：中国标准出版社，2008.

[17] 中华人民共和国国家标准. 电能质量 电压波动和闪变 GB/T 12326—2008. 北京：中国标准出版社，2008.

[18] 中华人民共和国国家标准. 低压开关设备和控制设备 GB 14048.2—2008/IEC 60947-2：2006. 北京：中国标准出版社.

[19] 中华人民共和国国家标准. 标准电压 GB/T 156—2007. 北京：中国标准出版社，2007.

[20] 中华人民共和国国家标准. 电工术语 发电、输电及配电通用术语 GB/T 2900.50—2008. 北京：中国标准出版社，2008.

[21] 住房和城乡建设部工程质量安全监管司，中国建筑标准设计研究院. 全国民用建筑工程设计技术措施 (电气). 北京：中国计划出版社，2009.